U0162050

高等职业院校"互联网+"立体化教材——公共基础课系列

信息技术基础

主　编：田启明　张焰林

副主编：王志梅　施莉莉　张　浩

参　编：冯云华　王贤志　张琼琼　齐光可
　　　　陈国浪　肖红宇　张苏豫　郑迎亚
　　　　徐兴雷　张雅洁　郑博闻　何宇华

电子工业出版社

Publishing House of Electronics Industry

北京·BEIJING

内 容 简 介

本书是与信息技术课程教学配套的教材，包括计算机系统、WPS 长文档管理、WPS 表格数据计算、WPS 演示文稿制作、现代信息技术和信息素养共 6 篇 21 个项目，全面翔实地介绍了计算机硬软件系统、长文档编辑、排版美化、演示文稿编辑、演示文稿合成、动画制作、数据管理、公式函数、排序、筛选、分类汇总、透视图表、信息检索、云计算、物联网、区块链、人工智能、大数据、信息素养和社会责任等知识技能点。

本书为基于项目驱动的教学教材，结构清晰、语言简洁、图解丰富、案例详尽，既可作为应用型本科院校、中高等职业院校所有专业信息技术基础教学的配套教材，又可作为熟悉办公应用和认知现代信息技术的培训教材，还可作为从事办公软件应用工作的企业人员的自学用书。

未经许可，不得以任何方式复制或抄袭本书之部分或全部内容。

版权所有，侵权必究。

图书在版编目（CIP）数据

信息技术基础 / 田启明，张焰林主编 . —北京：电子工业出版社，2022.1
ISBN 978-7-121-37905-5

Ⅰ . ①信… Ⅱ . ①田… ②张… Ⅲ . ①电子计算机—教材 Ⅳ . ①TP3

中国版本图书馆 CIP 数据核字（2021）第 270956 号

责任编辑：魏建波
印　　刷：三河市华成印务有限公司
装　　订：三河市华成印务有限公司
出版发行：电子工业出版社
　　　　　北京市海淀区万寿路 173 信箱　邮编：100036
开　　本：787×1092　1/16　印张：22.5　字数：576 千字
版　　次：2022 年 1 月第 1 版
印　　次：2022 年 1 月第 1 次印刷
定　　价：66.00 元

凡所购买电子工业出版社图书有缺损问题，请向购买书店调换。若书店售缺，请与本社发行部联系，联系及邮购电话：(010) 88254888，88258888。

质量投诉请发邮件至 zlts@phei.com.cn，盗版侵权举报请发邮件至 dbqq@phei.com.cn。

本书咨询联系方式：(010) 88254609，hzh@phei.com.cn。

前　言

当前正处于信息高速发展的时代，云计算、物联网、区块链、人工智能、大数据等新一代信息技术在社会经济、产业转型、科学研究和日常生活等诸多领域引发了一系列革命性突破，从而改变了人类思维、生产、生活和学习的方式。因此，信息技术应用能力成为大学生必备的基础能力。

本书作为信息技术课程教学的配套教材，针对实际专业岗位应用所需的信息技术基础知识和技能，紧密结合学生认知特点和现代信息技术的发展趋势，选取21个典型项目，覆盖计算机软硬件系统、WPS长文档管理、WPS表格数据计算、WPS演示文稿制作、现代信息技术和信息素养培养六大块内容。本书重点介绍了国产操作系统和国产办公应用软件，并精心设计了可实施性强的新一代信息技术体验项目。本书所有项目均构建了知识目标、技能目标和思政目标，项目内容紧扣"思政"和"实用"进行开发，项目载体与学生学习生活和现代信息技术应用紧密结合，系统实现知识技能体系与价值体系的双轨并建。每个项目均采用"学习目标—项目效果—知识技能—实施步骤—项目拓展—项目小结—项目练习"7个环节，通过锻炼学生技能应用场景的迁移能力，培养学生举一反三、触类旁通的能力。书中还精心设计了"想""动""问""议""记"五类互动环节，便于学生在学习和实践过程中思考、交流和记录。

本书配套素材和课件可扫码下载。

本书由田启明、张焰林担任主编，由王志梅、施莉莉、张浩担任副主编，冯云华、王贤志、张琼琼、齐光可、陈国浪、肖红宇、张苏豫、郑迎亚、徐兴雷、张雅洁、郑博闻和何宇华参编。其中，张浩、何宇华负责编写第一篇"计算机系统"；冯云华、齐光可负责编写第二篇"WPS长文档管理"；张焰林、王贤志、肖红宇、施莉莉负责编写第三篇"WPS表格数据计算"；田启明、施莉莉、张琼琼负责编写第四篇"WPS演示文稿制作"；陈国浪、张苏豫、郑迎亚、徐兴雷、施莉莉、张雅洁、郑博闻负责编写第五篇"现代信息技术"；田启明、张焰林、王志梅负责编写第六篇"信息素养"。全书由田启明负责统稿和校正。

由于本书作者学识和水平有限，因此教材难免存在疏漏和不足之处，恳请同行专家和广大读者给予批评和指正。

编　者

项目素材

项目课件

目 录

第一篇　计算机系统

第二篇　WPS 长文档管理

第三篇　WPS 表格数据计算

第四篇　WPS 演示文稿制作

第五篇　现代信息技术

第六篇　信息素养

第一篇

计算机系统

计算机系统篇主要介绍计算机主要硬件、操作系统安装、WPS 安装。本篇通过项目 1 "计算机选配"、项目 2 "系统软件安装"介绍了计算机分类、主要性能指标、软件分类、操作系统安装等知识与技能点。在项目实施过程中，培养学生独立解决问题的学习态度，养成及时了解系统或软件最新信息的习惯，通过系统安装和软件安装提升学习成就感。

项目 1　计算机选配

　　知识目标：了解计算机常见配件的外观特征，能区分识别各种不同类型的配件或设备，了解计算机常见的性能指标，理解主频、外频及倍频的意义，理解存储容量的意义，理解显示器的接口意义，明白计算机选配的要素。

　　能力目标：能按照不同的需求，利用互联网选择所需配件，掌握配件选择的方法和步骤，具备选配计算机的能力，具备为计算机升级的能力。

　　思政目标：养成及时了解系统或软件最新信息的习惯，培养学生独立思考的学习态度，通过配置计算机提升学习成就感。

项目效果

　　高考结束后的暑假，你通过一个多月的打工为自己挣了五千余元的零花钱，特想利用这笔收入为自己配置一台计算机。通过了解熟悉计算机分类及各种性能指标，终于得到一份较为理想的计算机配置清单，如表 1.1 所示。

表 1.1　计算机配置单

配件名称	配件型号	数目	单价/元	总价/元
CPU	AMD Ryzen 5 3600	1	1199	1199
主板	华硕 PRIME A520M-K	1	499	499
内存	三星 8GB DDR4 2666	2	259	518
固态硬盘	东芝 RC500 系列（500GB）	1	599	599
显卡	影驰 GeForce GTX 1050Ti 大将	1	929	929
机箱	爱国者 YOGO M2	1	199	199
电源	酷冷至尊战剑 II 500W（MPW-5001-ACABN1）	1	219	219
散热器	乔思伯 CR-1400	1	69	69
键鼠套装	雷柏 V100S 背光游戏键鼠套装	1	89	89
合计				4320

知识技能

1.1 计算机分类

1.1.1 台式机与笔记本

从使用性上来说，笔记本（即笔记本电脑）最大的优势在于它的便携性，小巧的机身和相对较轻的重量非常适合移动办公；台式机最大的优势在于它的性能强，可扩展、可升级。从性价比来说，台式机的性价比要远远高于笔记本。从配置上来说，类似或相同的配置，台式机的性能要明显强于笔记本，因为笔记本为了轻薄和便携性，其内部的供电和散热会受限，所以会使用降频版的配件来降低功耗和散热，导致性能相对较弱。

1.1.2 品牌机与兼容机

品牌机指的是华为、联想、戴尔等公司生产的台式机，在主机上都会印有相应的 Logo 及铭牌，可以看到型号、序列号等信息。品牌机最大的优势在于整机保固，一般都有 3～5 年不等的质保期，出现问题可以直接联系厂家售后；另外它在稳定性和兼容性上都经过厂家的测试，后期的驱动升级也能在官网上找到，因此常常能在政府机构、学校、医院、大型公司看到此类机器。

兼容机常见于个人用户，它指的是主机的各个硬件是由配置者单独购买组装起来的，同样的配置它一般比品牌机便宜，但是它的保修却不是按品牌机那样整机保修，而是按照购买的配件单独保修的，一般 1～3 年不等。兼容机的可变性和可玩性非常强，往往是硬件知识丰富、动手能力强的用户的首选。

想一想：假设你有 5000 元的预算，你会如何选择一台计算机？

1.2　性能指标

1.2.1　CPU 简介

CPU 是计算机中最重要的组成部分，它相当于人的大脑，是整个计算机系统的核心。它是一块超大规模的集成电路，负责计算机系统指令的执行、数学与逻辑运算、数据存储及输入/输出等控制。按应用可分三类：移动平台（笔记本）CPU、桌面平台（家用台式机）CPU、服务器平台（服务器、超级计算机）CPU。Intel 和 AMD 两家 CPU 外观如图 1.1 所示。

图 1.1　Intel 和 AMD 两家 CPU 外观图

移动平台和桌面平台处理器领域主要有 Intel 和 AMD 两大巨头，性能如表 1.2 所示。

表 1.2　主流 CPU 性能对比表

性能	Intel	AMD	针对人群
发烧性能	i9	R9	面向发烧游戏与专业内容创作
高性能	i7	R7	面向高体验游戏与内容创作
主流性能	i5	R5	面向主流游戏与办公
入门性能	i3	R3	面向入门游戏与办公
低性能	奔腾	速龙	面向日常使用

CPU 常见性能参数介绍如下。

1. CPU 主频

CPU 主频即 CPU 内核工作的时钟频率，也可以理解为"核心速度"，如 i7 10700K，主频为 3.8GHz。

2. CPU 外频

CPU 的基准频率，单位为 MHz，外频是 CPU 与主板之间同步运行的速度。

3. CPU 倍频系数

倍频系数是指 CPU 主频与外频之间的相对比例关系，在相同外频下，倍频越高，CPU 的频率越高。Intel 带 K 结尾的 CPU 都是允许调整倍频的，即可以超频。

4. CPU 主频、外频、倍频系数三者的关系

主频=外频×倍频，CPU 的速度相对于其他设备非常的快，为了使 CPU 能和其他设备协同工作，于是引入了外频的概念，外频能够确保和其他设备较好地沟通运作。

5. CPU 缓存

缓存（Cache）又称为高速缓存，是可以进行高速数据传输的存储器。由于 CPU 运行速度远远高于内存和硬盘等存储器，因此有必要将常用的指令和数据等放进缓存，让 CPU 在缓存中直接读取，以提升计算机的性能，缓解高速设备与低速设备的速度差，加快处理速度。一般计算机中有一级、二级、三级缓存，当然容量越大越好。

1.2.2　内存简介

内存的作用是暂时存放 CPU 中的运算数据，以及与硬盘等外部存储器交换数据。计算机中所有程序的运行都是在内存中进行的，因此内存的性能对计算机的影响非常大。只要计算机在运行中，CPU 就会把需要运算的数据调到内存中进行运算，当运算完成后 CPU 再将结果传送出来。总而言之，内存是一种与 CPU 进行数据交换的快速通道。内存的速度仅次于 CPU 的硬件，无论读写都非常快，但它和其他外部存储器相比有一个致命的弱点，即断电或重启系统时，内存中的数据就会清除。

1. 内存的结构

目前常见的内存有 SDRAM、DDR、DDR2、DDR3、DDR4（目前主流）五代产品。内存结构如图 1.2 所示，由内存颗粒、PCB、SPD、金手指等几部分组成。

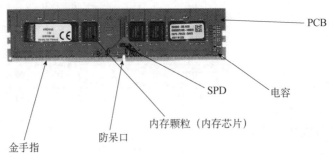

图 1.2　内存外观结构图

在内存上均匀排布着的这些黑色集成块，是内存颗粒，内存的性能主要就由它们决定。在内存的表面还有一个黑色小 ROM 芯片，是用于存储内存 SPD 信息的。SPD 信息是内存的"身份证"，上面记录着内存的各种信息：生产厂商、内存容量、频率、时序等。一条内存的容量越大、频率越高、时序越低，则往往代表它的性能越强。随着内存频率的不断提高，对散热

要求也越来越高，目前大部分 DDR4 内存都带有散热片。

2. 内存频率

内存主频和 CPU 主频一样，用来表示内存的速度，它代表着该内存所能达到的最高工作频率。内存主频越高在一定程度上代表着内存与 CPU 交换数据的速度越快。内存频率=等效频率=工作频率 ×2，工作频率是内存颗粒实际的工作频率，即用检测软件（如 CPU-Z）SPD 选项中显示的最大带宽，但是由于 DDR/DDR2/DDR3/DDR4 内存可以在脉冲的上升沿和下降沿都传输数据，因此传输数据的等效频率（标称频率）是工作频率的两倍，如 DDR4 的工作频率是 1333MHz，而等效频率是 2666MHz。

3. 内存的容量

内存容量是指该内存条的存储容量，是内存条的关键性参数，内存容量同硬盘容量，代表它能存储多少数据。目前市面上常见的有 4GB、8GB、16GB、32GB 内存，在条件允许的前提下推荐买大的，内存就像仓库，是一个高效的仓库，当然越大越好了，甚至你可以使用软件（如 Primo Ramdisk）将内存变成硬盘来使用，对一些响应要求高的软件（数据库、游戏等），大有好处。

1.2.3　硬盘简介

硬盘（Hard Disk）是计算机中最重要的存储器之一。计算机需要正常运行所需的大部分软件和数据都存储在硬盘上。目前硬盘分三类：机械硬盘、固态硬盘、混合硬盘（混合硬盘属过渡产品），如图 1.3 所示。

机械硬盘内部结构　　　　　　　　　　SSD固态硬盘内部结构

图 1.3　机械硬盘 VS 固态硬盘

1. 机械硬盘（HDD）

机械硬盘靠内部的磁盘来存储数据，一片磁盘可划成不同的磁道，每个磁道又分为不同的扇区，扇区是磁盘存储的最小数据块，计算机上的各个文件就分散存储在磁盘的各个扇区中。磁盘两面附有磁性物质，分 S 极和 N 极，不同极性的方向代表着 0 或者 1，通过距离磁盘上仅 3nm 距离的磁头进行数据读取（电磁感应）。当需要读取某文件时，该磁头会在电机的驱动下先行进到对应磁道，再等磁盘旋转至对应扇区才能读取，这个过程一般会有几毫秒的延迟。写入数据时，距离盘面 3nm 的磁头会利用电磁铁，改变磁盘上磁性材料的极性来记录数据。

通常机械硬盘会有多种转速可供选择，5400r/min 常见于笔记本电脑，7200r/min 常见于台式机，10000r/min 甚至 15000r/min 常见于服务器。由于机械硬盘的特性，平时在使用时，要尽量避免工作中的硬盘晃动，造成磁头碰触盘面形成坏块；避免接触磁铁，导致盘体磁化，数据丢失。

机械硬盘的品牌主要有希捷、西数、东芝、日立等。目前容量一般都在 TB 级别，常见的有 1TB、2TB、3TB、4TB、6TB、8TB 等，按个人需求选择即可。如果硬盘常常需要进行读写操作，则不推荐购买叠瓦式硬盘，否则对性能影响较大。

2. 固态硬盘（SSD）

固态硬盘有别于机械硬盘需要靠机械运作才能读写数据，它用集成的电路代替物理旋转磁盘，访问数据的时间及延迟大大缩短。它主要由主控、闪存、固件算法、缓存构成。

固态硬盘上的主控，本质是一颗处理器，类似于计算机 CPU。发出固态硬盘所有操作请求，主要作用是合理调配数据在各个闪存芯片上的负荷，让所有的闪存颗粒都能够在一定负荷下正常工作，协调和维护不同区块颗粒的协作；承担了整个数据中转、连接闪存芯片和外部接口工作；负责调用固态硬盘内部各项指令的完成，如 trim、磨损均衡、CG 回收等。一款主控芯片的好坏直接决定了固态硬盘的实际体验和使用寿命。

固态硬盘中的闪存颗粒有很多不同的变种，固态硬盘最为常用的是 NAND 闪存颗粒，负责存储数据，闪存的基本存储单元是浮栅晶体管。目前闪存有 4 种类型：SLC（单层次存储单元，可擦写约 10 万次）、MLC（双/多层存储单元，可擦写约 5000 次）、TLC（三层存储单元，可擦写约 1000～2000 次）及 QLC（四层存储单元，可擦写约 500～1000 次）。SLC 一个单元只有两种状态（0 或 1）储存一位信息；MLC 一个单元有 4 种状态（00/01/10/11）储存两位信息；TLC 一个单元有 8 种状态存储 3 位信息；QLC 一个单元有 16 种状态存储 4 位信息。每个存储单元存储的二进制位数越多，寿命越短，性能越差，但却大大降低了单位容量的成本。

固态硬盘的品牌主要有三星、英特尔、西数、东芝、浦科特等。目前主流的容量有 256GB、512GB、1TB、2TB 等。在条件允许的情况下尽量购买容量大的，这样的好处不仅仅在于存储空间的扩大，而且可以延长固态硬盘的寿命和增强性能。另外，在使用固态硬盘之前，确认 4K 对齐，这对固态硬盘非常重要，否则性能和寿命都将大减。

目前，机械硬盘和固态硬盘都被大量使用，各有优缺点：机械硬盘的优点在于容量大、价格低廉，数据丢失后较易恢复，但缺点是速度慢、不抗震，适用范围小，有噪音；固态硬盘则速度快、适用范围广，尤其适合在笔记本上使用，无噪音、重量轻，缺点是写入次数受限，颗粒损坏后，数据很难恢复。固态硬盘替代机械硬盘是趋势，推荐购买新计算机或者升级时加以配置。

硬盘的接口、总线、协议和速度如表 1.3 所示。

表 1.3　硬盘接口总线协议表

硬盘类型	接口	总线	协议	速度	备注
机械和固态硬盘	SATA 3.0	SATA	AHCI	理论 600MB/s	机械硬盘 80～160MB/s 固态硬盘 500MB/s
固态硬盘	M.2	PCI-E 3.0	NVMe	理论 4000MB/s	
固态硬盘	M.2	PCI-E 4.0	NVMe	理论 8000MB/s	

议一议：普通计算机既然是模块化装配而成的，那是否可以根据实际情况任意更换其中的某个设备或某些设备呢？

1.2.4　显示器大小与分辨率、接口类型

显示器有三种类型：CRT、LCD、OLED。

CRT 显示器是一种使用阴极射线管的显示器，是早期显示器的主流，目前已经退出显示器市场。LCD 显示器使用一种介于固体和液体之间的液晶，常态下呈液态，但是它的分子排列却和固体晶体一样非常规则。如果给液晶施加一个电场，则会改变它的分子排列，这时如果给它配合偏振光片，它就具有阻止光线通过的作用（在不施加电场时，光线可以顺利透过），如果再配合彩色滤光片，改变加给液晶上的电压的大小，就能改变某一颜色的透光量，这就是它显示的原理。OLED 显示器通过控制有机发光二极管来显示。可以认为每个像素点都是个小灯泡，通过控制屏幕上的每个灯泡的开关来显示图像，因此响应速度快，能够展现全黑，不漏光，但是由于使用的是有机化合物，因此 OLED 使用时间长了会很快老化。这就意味着不同区域根据使用程度的不同，老化的速度也不同，这时常常会出现不同区块偏亮、偏暗、残影等现象，就好像画面被烧在了屏幕上，这个现象称为烧频。目前电子设备上主要以 LCD 和 OLED 屏为主，OLED 在手机屏上使用较多。

显示器的尺寸是指显像管对角线的尺寸，单位是英寸。主流的尺寸和大小如表 1.4 所示。

表 1.4　显示器的尺寸和大小

16：9尺寸（普通家用频）	24	27	32	兼容性最好，产品选择最多，价格也相对便宜
大小（cm²）	53×30	62×37	70×40	
21：9尺寸（带鱼屏）	29	34	38	比较适合看电影，游戏沉浸感强，可以开多个窗口
大小（cm²）	70×32	80×34	89×38	

刷新率是指显示器一秒钟能够显示多少幅画面，或者叫帧数（FPS）。一般有 30、60、144、240Hz 这几种，对 FPS 类游戏较高的应用，推荐选择 144Hz 以上的刷新率。目前主流的分辨率如表 1.5 所示。高分辨率适合修图、建模等设计类应用，高刷新率适合玩游戏。

表 1.5　显示器的分辨率

名称	分辨率	说明	随着分辨率的提高，文字边缘的锯齿感会变好，但显卡的压力也成倍增加
1080P	1920×1080p		
2K	2560×1440p	像素约是 1080p 的两倍	
4K	3840×2160p	像素约是 2K 的两倍	

显示器的接口是显示器和计算机之间传递视频数据的接口，目前最常见的接口类型有 DP、HDMI、DVI、VGA，如图 1.4 所示。

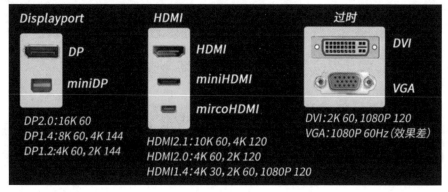

图 1.4　显示器接口类型

HDMI 是目前最通用的接口，且 HDMI2.0 以上才支持 4K、60 帧和 2K、120 帧。一部分显示器可能会在 HDMI 下无法达到 144 帧的刷新率，而 DP1.2 就能很好地兼容 2K、144 帧。因此在购买显示器时一定要根据自己的用途来确定显示器的接口和线材。HDMI 和 DP 还能够支持音频的传输，部分显示器上存在音频输出口或者内置音箱，还有一种 Type-C 接口的小众显示器。

动一动：为自己挑选一台合适的显示器，并阐明理由。

1.3　机器选配

1.3.1　挑选机器的准备工作

1. 确定自己的需求和定位

从常见需求的角度大致可以分为 6 种：学生经济型、家庭娱乐型、商务办公型、网吧娱乐型、发烧游戏型、图形图像型。

2. 了解常见品牌

品牌机有联想、戴尔、惠普、宏碁等；兼容机配件品牌有英特尔、AMD、英伟达、华硕、技嘉、微星、金士顿、海盗船、威刚、芝奇、三星、希捷、西数、东芝、日立、蓝宝石、迪兰恒进、索泰、七彩虹、航嘉、台达、振华、安钛克、长城等。

3. 确定购置计算机的预算

确定购置计算机所能承受的预算。

4. 了解售后服务

需要了解相关配件或整机的售后服务。

1.3.2　挑选机器的关键要素（以台式机为例）

1. CPU

在 CPU 上，自从 AMD 推出 RYZEN 系列后，大有赶超 Intel 之势。至于选哪个更好，可以参看 CPU 性能表，找出对应的系列，选好 CPU 和主板，换言之就是 CPU 对应主板的 CPU 插槽。选定好 CPU 后，就可参照对应的平台选择对应的系列。

2. 主板

E-ATX（加强型）：一般和高端 CPU 搭配使用，如 Intel 的 i9、i7 后缀带 X 系列的处理器，一般安装在全塔机箱内。

ATX（大板）：扩展性能中等，但对普通用户来说也绰绰有余，一般安装在中塔机箱内。

M-ATX（小板）：扩展性较差，但价格相对便宜，性价比高，如 B350M、B450M、B360M 等，后缀带有 M。一般安装在小型机箱内。

MINI-ITX（迷你型）：扩展性最差，如 B450i、Z390i、H270i 等，后缀带有 i。一般安装在迷你机箱内。

CPU 与主板搭配选择如表 1.6 和表 1.7 所示。

表 1.6　Intel 厂家的搭配

主板系列	芯片组（300 系列）	CPU 接口	可搭配的 CPU（粗体为建议搭配）
H 入门级	H310 H370	LGA1151	G4900/**G5400**/G5500 **i3-8100**/i5-8400/i5-9400F 等
B 中级	B360 B365	LGA1151	i3-8100/**i5-8400**/i5-8500 **i5-9400F**/i7-8700 等
Z 高级	Z370 Z390	LGA1151	i5-8600K/**i7-8700K**/ i5-9600K **i7-9700K**/ i9-9900K/等
X 顶级	X299	LGA2066	i7-7820X/ i7-9800x/ i9-7900X i9-7980XE/ i9-9980XE 等

表 1.7　AMD 厂家的搭配

主板系列	芯片组（300/400 系列）	CPU 接口	可搭配的 CPU（粗体为建议搭配）
A 入门级	A320	AM4	**速龙 200GE/R3 2200G** R5 2400G/第七代 APU 系列等
B 中级	B350 B450	AM4	**R5 2600/2600X** R7 2700 2700X 等
X 高级 AM4 接口	X370 X470	AM4	R5 1600X /R7 1700X/1800X **R7 2600X/2700X** 等
X 顶级 TR4 接口	X399	TR4	线程撕裂者 1920X/1950X **2950X**　2970WX　2990WX 等

3. 内存

内存是安插在主板上的，在购买之前最好到主板官网上查看能够支持的频率范围和最大容量，目前内存的容量推荐 16GB 起步，以满足日常应用的需求。

4. 硬盘

目前影响一台计算机性能的瓶颈主要在硬盘的速度，因此购买一个速度快、稳定性好的硬盘非常重要，推荐选购固态硬盘，并将操作系统等需要读写速度较快的软件安装其中。如果配置最新的计算机，可直接购买 M.2 接口、NVME 协议的固态硬盘，这样速度提升会非常明显；另外也可以再选购一块容量大点的机械硬盘，用来存储较大的文件。

5. 显卡

如果不是玩大型游戏或者做设计，其实完全可以考虑使用 CPU 内置核显，目前的核显性能有时候比市面上卖 300～500 元的独显要好，普通的使用完全足够了。如果核显不能满足需求则按需购买，另外还要留意显卡的接口是否和购买的显示器匹配。

6. 电源

电源是整台计算机的能源来源，类似于人体的心脏，选购时切记应选择大品牌、功率满足要求的电源，选择杂牌会有烧毁计算机其他部件的隐患。推荐的品牌有航嘉、安钛克、长城、海韵、台达等。推荐 80Plus 认证，有条件的话购买半模组或全模组电源。

1.4　计算机升级

升级计算机往往要先考虑是什么设备拖累了整机的性能速度。就目前的情况来说，硬盘是首要的考虑因素，早期固态硬盘未出现之前，最主要的是升级内存，这样做是为了将机械硬盘给 CPU 的数据能一次性读取到内存中，减少对硬盘的 I/O 操作来提高性能。而随着固态硬盘的普及和性能的提升，推荐购买高性能的固态硬盘，如果主板支持 M.2 接口、NVME 协议的，就直接购买这类型的固态硬盘即可；如果不支持，则购买 SATA3.0 接口的固态硬盘即可，提升的效果会非常明显。

另外一种升级方式是功能性升级，如以前没有做设计或打游戏，现在有新的要求，那么就可以根据需求购置一块显卡即可；再如对音质要求提高了，可以选择购置一块高品质的 PCI-E 声卡。

想一想：计算机选配或使用中，经常会提到"兼容性"这个概念，如何理解计算机中所涉及的"兼容性"？

实施步骤

任务要求：配一台在学校用于学习的台式机。

步骤一：明确需求和定位

假设主人公是一位刚刚进校的学生，目前就读法律专业，配计算机的目的

计算机选配

是用于专业学习，同时也是游戏的爱好者。

分析：从上述需求上看，法律专业学习对计算机性能的要求没有特别之处，反倒是游戏需求对计算机配置提出了更高的要求，如显卡和显示器。

步骤二：明确预算

主人公家境一般，入校前利用暑期打工也为自己积累了少许的费用，在确保自己生活开支足够的情况下，最终预算确定为 4300 元，好消息是入学前，一位亲戚送了一台电竞显示器。

分析：选配的前提实际上是预算+需求，两者不能分开。

步骤三：登录"模拟攒机"网站

登录"模拟攒机"网站（网址为 https://zj.zol.com.cn/）进行设备选配。

步骤四：选配 CPU 及散热器

从性能需求上考虑 Intel 的 I5 或 AMD 的 R5，在预算有限的情况下，性价比上更倾向于 R5。

分析：正常情况下，无论是从成本预算考虑还是性能上考虑，CPU 都是第一个要考虑的设备，现阶段而言，AMD 公司的 CPU 性价比优势比较明显，可以优先挑选。

步骤五：选配主板

既然选择了 AMD 的 R5，那就应该选择 AMD 芯片组的主板，深思熟虑后选择了 A520 的主板。

分析：正常情况下，选择 A 系列主板或 B 系列主板均可，这个时候可以从成本预算考虑先选择 A500 系列芯片组。

步骤六：选择显卡

因为主人公在需求中很在意机器的游戏性能，因此考虑使用独立显卡，鉴于近期独立显卡的价位，考虑用 NVIDIA 的一款经典显卡，如 GTX1050 系列显卡。

分析：主流游戏对 CPU 的性能是有要求的，因此从一开始就把 CPU 定位到非低端芯片，加之机器的游戏性能是机器的重要需求之一，所以显卡需要仔细衡量并挑选。

步骤七：选择内存

分析：主板要求支持 DDR4，所以挑选 DDR4 2666，容量上建议尽量配置 16GB。

步骤八：选择硬盘

分析：目前机器性能瓶颈最典型的是硬盘接口速率，因此必须选择固态硬盘。由于主板是带 M.2 接口的，所以这接口肯定是硬盘的首选，容量而言可以考虑 250G 或 500G。

步骤九：选择电源

分析：配有独立显卡后的主机，电源更为重要，目前整机估计在 200 余瓦，可以考虑选择 500W 左右的电源，也为未来升级更高的显卡做好充分的准备。

步骤十：选择机箱

分析：在预算有限的情况下，似乎没有太大的选择余地。

想一想：面对每一种配机需求的时候，如何做好优先级别考虑，又如何做好取舍考虑？

项目拓展

挑选笔记本时如何考虑 CPU

笔记本专用的 CPU 英文称 Mobile CPU（移动 CPU），它除了要求性能，还要求低热量和低耗电，最早的笔记本直接使用台式机的 CPU，但是随着 CPU 主频的提高，笔记本狭窄的空间不能迅速散发台式机 CPU 产生的热量，同时电池也无法负担台式机 CPU 庞大的耗电量，所以开始出现专门为笔记本设计的 Mobile CPU。

CPU 担负着笔记本系统中大部分的数据处理工作，很大程度上决定着笔记本的整体性能。而随着架构设计和制造工艺的革新，CPU 可实现的功能也越来越多，如内部集成显示核心和内存控制器、PCI-E 控制器等功能模块，实现对内存和独立显卡的直接控制和数据交换。这样做不仅降低了功耗，提升了笔记本的整体性能，而且还大大减少了笔记本主板上电子元器件的数量，使笔记本变得更加纤薄。

目前市场可选的 CPU 就两大品牌，即 Intel 和 AMD。AMD 最近发布的 Ryzen CPU 绝地反击，势头非常强劲。那么问题是该如何选择笔记本 CPU 呢？这里就 Intel 和 AMD 的 CPU 做简要介绍，具体的型号和级别可以参考 CPU 介绍，以下主要对性能影响较大的后缀意义（后缀一般与超频、核显和功耗这三个特性相关）做相关说明，如图 1.5 所示。

Intel	Core	i9-	9	900	k	
制造商	家族名称	CPU 级别	代数	SKU	台式机	笔记本
	Core 酷睿	i3 级			K:解锁倍频	M:移动版
	Xeon 至强	I5 级			X:至尊版	H:封装版
	Pentium 奔腾	I7 级	数字越大越好	数字越大越好	S:低功耗版	U:低功耗版
	Celeron 赛扬	I9 级			T:更低功耗版	Y:更低功耗版
	Atom 凌动					XM:至尊移动版
						MO:四核移动版

图 1.5　CPU 型号注释

1. Intel 笔记本 CPU

（1）Y：更低功耗版，能耗最少，散热要求最低，一般用在平板上。由于性能比较弱，不太推荐笔记本使用这种类型的 CPU。

（2）U：低功耗版，能耗较少，散热要求较低，很多超薄笔记本都在使用，能提供较长的续航能力，如 i7-10710U。

（3）H：封装版，性能强于 M（移动版），能耗也更高，续航更短，并且不能更换和升级 CPU，游戏笔记本使用较多，如 i7-9750H。

（4）HK：高性能可超频封装版（封装版），在 H 的基础上，可以超频，性能更强，续航也会缩短，游戏笔记本使用较多，如 i9-9980HK。

总结

性能上：$X > K > H > M > U > Y$。

2. AMD 笔记本 CPU

（1）U：低电压版，功耗低，带核显，如 R7 4700U。

（2）H：标准电压版，不可拆卸，性能更强，常用在游戏本上，如 R7 4800H。

项目小结

新的学年、新的开始，学生最重要的任务就是学习，好好利用计算机，在学习上可以事半功倍，学习之余还能利用它放松身心，做到劳逸结合。如今 Intel 和 AMD 都推出了很多新 CPU，Intel 主打"智能"，而 AMD 主打"多核""多任务"。加上之前的旧产品，对于普通用户来说，可选择的产品非常多。

计算机性能高低不同，面向的需求也不同，大家要根据自己的专业学习的需要选配不同性能的计算机。对于普遍没有产出能力的学生，在配置计算机时主要还是以实用、够用为主，不必太过超前，适合自己的才是最好的。

通过本项目学习，学生能够掌握台式机或笔记本选购的方法和步骤，熟悉各硬件设备的性能参数，在实际中能解决自己计算机升级及新设备的安装问题；同时能养成及时了解系统或软件最新信息的习惯，锻炼独立思考解决问题的学习能力。

记一记：学习了本项目后，你觉得有哪些收获？

项目练习

1. 有位长辈年近 70，希望能配上一台式机，主要用于平常上网，看看新闻，同时也进行股票证券的交易操作，请为该长辈选配合适的计算机配件，并罗列你的理由。

2. 你作为刚刚进入高校的学生，现在想为自己配上一台笔记本，作为平常学习使用，尝试选择一台笔记本，并阐述自己的理由。

3. 你的一位朋友开了一家公司，主要从事绘图设计，请你为公司的不同岗位配置计算机，你会如何考虑？若朋友本来就有部分机器，性能偏弱的话，如何升级计算机？

4. 由于你就读的专业有很多非常好的学习资源，同寝室的同学一起商量，大家一起出资购买一款大容量的存储设备，以方便大家在校园内随时访问、随时使用，你会如何考虑？

5. 在上一题基础上对比云盘，通过实际使用及操作罗列各自优缺点。

6. 通过实际应用，谈谈双屏幕的好处及适用场景。

项目 2　系统软件安装

学习目标

知识目标：了解不同类型计算机的启动快捷键，能区分识别软件分类，了解计算机常见桌面操作系统，了解计算机常见工具软件，明白推行国内操作系统的意义，理解统信操作系统的功能作用。

能力目标：能按照不同的需求，利用互联网选择所需系统或软件，掌握操作系统或工具软件的选择方法和步骤，掌握统信操作系统镜像 U 盘的制作方法，掌握统信操作系统的安装步骤，掌握统信操作系统的设置方法，掌握 WPS 在 Windows 系统下的安装步骤，具备为计算机安装系统和软件的能力。

思政目标：养成及时了解系统或软件最新讯息的习惯，培养学生独立解决问题的学习态度，并树立民族自信、科技自信和文化自信。

项目效果

国内都在推行国产操作系统，例如统一操作系统（UOS），周边的小伙伴也经常提起，借此在自己的计算机里也安装了一个全新的 UOS，如图 2.1 所示。

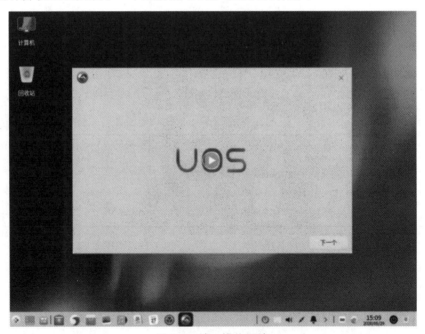

图 2.1　统一操作系统

　　办公软件是平常计算机里最常用的软件之一，Microsoft Office 虽然很强大但收费不低，相比较而言，WPS 免费且更倾向于国人的操作习惯，同时也自带了各种实用功能，使用起来非常方便。WPS 程序组如图 2.2 所示。

图 2.2　WPS 程序组

知识技能

2.1　软件分类

　　通常，计算机软件分为系统软件和应用软件两大类，其中系统软件用于管理计算机本身和应用程序，应用软件是为满足用户特定需求而设计的软件。

　　操作系统是最基本的系统软件，它和系统工具软件构成了系统软件。从普通用户角度看，操作系统为我们提供了一个良好的交互界面，使得我们不必了解有关硬件和系统软件的细节，就能方便地使用计算机。

　　总之，传统的操作系统定义如下：操作系统是控制和管理计算机系统内各种硬件和软件资源的计算机程序，它合理有效地组织计算机系统的工作，为用户提供一个使用方便、可扩展的工作环境，并起到连接计算机和用户的接口作用。计算机系统接口示意图如图 2.3 所示。

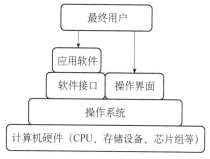

图 2.3　计算机系统接口示意图

2.1.1　操作系统

主流操作系统通常包含服务器操作系统、桌面操作系统、嵌入式操作系统和移动设备操作系统四大类，即 UNIX、Linux、Windows、iOS 4 种系列，典型的代表产品有 Windows 系列、iOS 系列、Android 系列。桌面操作系统以大名鼎鼎的 Windows 和 mac OS 为代表，Android 虽然也有图形界面，但是一般归类于 Linux。当然还有早期的 DOS 操作系统，也属于 PC 操作系统，但功能弱且无图形界面，是早期 Windows 的内核，现在已经被淘汰。Linux 是一个类似 UNIX 的操作系统，UNIX 要早于 Linux，Linux 的初衷就是要替代 UNIX，并在功能和用户体验上进行优化，所以 Linux 模仿了 UNIX（但并没有抄袭 UNIX 的源码），使得 Linux 在外观和交互上与 UNIX 非常类似。

（1）桌面操作系统：Windows 系列，用户群体大；mac OS 适合于开发；Linux 应用软件少，比较适合服务器操作系统。

（2）服务器操作系统：Linux 安全稳定免费，市场占有率高；Windows Server 付费，市场占有率低。

（3）嵌入式操作系统：Linux。

（4）移动设备操作系统：iOS、Android（基于 Linux）。

2.1.2　国产操作系统

在桌面操作系统和服务器操作系统领域，国产的操作系统主要有统一操作系统（UOS）、OpenEuler（华为）、麒麟操作系统、普华 OS、红旗 Linux、万里红 OS、中科方德、新支点操作系统，还有 2021 年 6 月份推出的鸿蒙系统。

1. 统一操作系统（UOS）

统信软件由诚迈科技、武汉深之度（Deepin）及国内领先的操作系统厂家联合成立，产品品牌为统一操作系统（UOS），分桌面版和服务器版两个系列，桌面版有 3 个版本：专业版、个人专业版和社区版，其中专业版主要面向政企用户，而非普通消费者；个人专业版主要面向中小企业和专业用户（指特定行业用户，而不是技术人员），支持 X86 和 ARM 平台；社区版也就是 Deepin，主要面向爱好者和专业技术人员，仅支持 X86 平台。服务器版也有 3 个版本：企业版、行业版、欧拉版。其属于信创领域适用度最好的民用操作系统。

2. 欧拉（EulerOS）

EulerOS 面向企业级通用服务器架构平台，基于 Linux 稳定系统内核，支持鲲鹏处理器和容器虚拟化技术。在 2019 年 9 月华为全链接大会上，华为宣布基于 EulerOS 正式成立 openEuler 开源社区。

3. 麒麟操作系统

麒麟软件由天津麒麟和中标软件合并而来，是公认的信创政府领域的国产 OS 领军者，产品包括银河麒麟（Kylin）、中标麒麟（NeoKylin）。大股东为中国软件，实际控制人为中国电子（CEC）。

4. 普华 OS

普华基础软件股份有限公司成立于 2008 年 10 月，是中国电子科技集团（CETC）公司下属一级公司。普华操作系统产品以开源 Linux 为基础，包括普华桌面操作系统、普华服务器操作系统、普华云操作系统。2019 年 12 月，普华基于华为 openEuler 社区发布了全球第一款企业级 Linux 服务器操作系统——普华服务器操作系统 V5.1（鲲鹏版）。

5. 红旗 Linux

由北京中科红旗软件技术有限公司开发，包括桌面版、工作站版、数据中心服务器版、HA 集群版和红旗嵌入式 Linux 等产品，曾位列国产操作系统第一名（60%市场份额），是中科院软件所孵化的企业，后面临经营困难，被大连五甲万京信息科技产业集团收购。

6. 万里红 OS

万里红科技成立于 2001 年，承接红旗 Linux 操作系统团队，已经与龙芯 CPU 进行了深度适配，共同打造出"万龙架构"（万里红 OS+龙芯 CPU），已经完成了与龙芯、飞腾、兆芯、海光、华为等主流 CPU 的适配，兼容几千种主流软硬件。

7. 中科方德

中科院软件的下属企业，产品线包括自主可控服务器操作系统、安全操作系统及桌面操作系统，与兆芯进行全面适配和深度优化。

8. 新支点操作系统

广东中兴新支点技术有限公司成立于 2004 年，中兴通讯的全资子公司，是专注于基础软件之操作系统的研发及 CPI 宽带物联网解决方案的专业技术型公司。旗下有新支点工业操作系统、服务器操作系统、桌面操作系统等。

9. 华为鸿蒙系统

HUAWEI Harmony OS 是一款基于微内核的面向全场景的分布式操作系统，于 2019 年 8 月 9 日正式发布。该系统实现模块化耦合，对应不同设备可弹性部署，可用于手机、平板、PC、汽车等各种不同的设备，是一个可将所有设备串联在一起的通用性系统。2021 年 6 月，鸿蒙操作系统全新定制的"HarmonyOS Sans"公开上线。

议一议：我们国家为什么要致力于发展芯片技术和推进操作系统国产化？

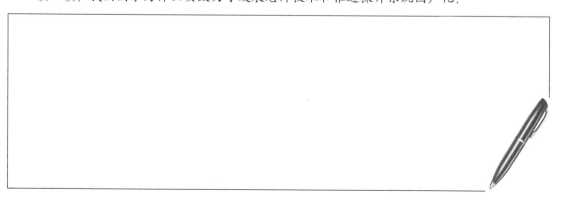

2.2 操作系统安装

2.2.1 安装流程

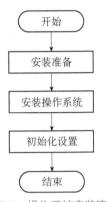

图 2.4　操作系统安装流程

操作系统是一个功能丰富的复杂软件，它的安装可以算是一项较为复杂的工程，因此在安装统信桌面操作系统前，有必要了解操作系统安装流程，如图 2.4 所示。

2.2.2 配置基础要求

不同操作系统的安装对计算机的基本配置要求不一，统一操作系统（UOS）对计算机的基本配置要求为：CPU 频率推荐 2GHz 及更高的处理器；内存推荐配置 4GB 以上，最低配置 2GB；硬盘需要至少 64GB 的空闲硬盘。此外，建议准备一个 8GB 的空白 U 盘作为启动盘，可登录统信官方网站下载镜像文件并制作启动盘。

（1）统信操作系统已经默认集成了启动盘制作工具，可以直接在启动器中单击使用。

（2）Windows 系统可以从光盘镜像中解压启动盘制作工具到计算机中使用。

（3）可以访问官网，下载指定版本的启动盘制作工具来使用。

2.2.3 安装准备

安装统信桌面操作系统前，需要准备好操作系统安装的物理机器、镜像文件和工具等。

进入官方网站下载页面，可以下载最新版本的统信桌面操作系统镜像文件。下载统信桌面操作系统镜像文件完成后，需要对其进行完整性校验。

（1）Windows 系统：推荐下载 NeroMD5Verifier、hash、hashcalc 工具中的任意一个，校验镜像文件的 MD5 值与下载页面提供的 MD5 值是否一致。

（2）Linux 系统：在对应的镜像文件下，打开终端，执行"md5sum +操作系统镜像名称"，例如，在终端输入 md5sum uos.iso。校验镜像文件的 MD5 值与下载页面提供的 MD5 值是否一致。

对镜像文件进行校验后，需要制作启动盘，并同时注意：

（1）制作启动盘前请提前备份 U 盘中的数据，制作时可能会清除 U 盘内的所有数据。

（2）制作前建议将 U 盘格式化为 FAT32 格式，以提高识别率。

（3）部分 U 盘实则为移动硬盘，因此无法识别，请更换为正规 U 盘。

（4）U 盘容量大小不得小于 8GB，否则无法成功制作启动盘。

（5）在制作启动盘过程中，请不要移除 U 盘，以防数据损坏或者丢失。

实施步骤

步骤一：使用启动盘制作工具制作启动盘

（1）在计算机的 USB 接口中插入 U 盘，运行启动盘制作工具。

（2）选择统信操作系统镜像文件及 U 盘。

（3）单击"开始"，制作启动盘，直至制作完成。

系统软件安装视频

步骤二：安装统信桌面操作系统

操作步骤以插入 U 盘安装统信操作系统为例。

（1）设置 U 盘启动计算机。开启需要安装统信桌面操作系统的计算机，按启动快捷键（如 F2），进入 BIOS 界面，将 U 盘设置为第一启动项并保存设置（不同的主板，设置的方式不同）。不同类型计算机，其启动快捷键也不同。可以参考如表 2.1 所示的启动快捷键启动计算机。

表 2.1　常见启动快捷键

机器类型	快捷键
普通台式机	Delete键
普通笔记本	F2键
惠普笔记本	F10键
联想笔记本	F12键
苹果笔记本	C键

（2）重启计算机，按从 U 盘引导进入统信操作系统安装界面。

（3）在安装界面系统默认选中"Install UOS 20 desktop"并倒计时 5 秒进入安装界面，在安装界面可以直接进行系统安装，如图 2.5 所示。

图 2.5　安装首页

（4）按方向键↓选中"Check iso md5sum"，系统会自动检测当前 iso 的 md5 值是否正确，如图 2.6 所示，检测成功后会提示"checksum success"，如图 2.7 所示。

图 2.6 md5 校验过程

图 2.7 md5 校验成功

（5）系统会根据选择语言的不同而显示不同语言版本的文字，系统默认选择的语言为"简体中文"，如图 2.8 所示。

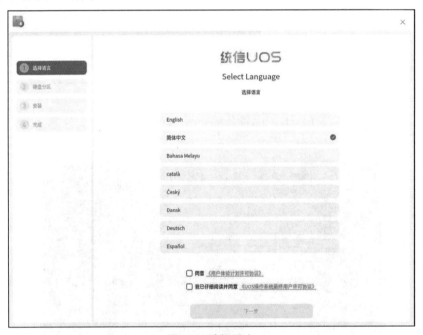

图 2.8 选择语言

（6）在"硬盘分区"界面，有"手动安装"和"全盘安装"两种类型。通过手动安装、全盘安装来对一块或者多块硬盘进行分区和系统安装。在"硬盘分区"界面会显示当前磁盘的分区情况和已使用空间/可用空间情况。以下步骤以单块磁盘为例。

①手动安装。选择硬盘：在手动安装界面，当程序检测到当前设备只有一块硬盘时，安装列表相应只显示一块硬盘，如图 2.9 所示。当程序检测到多块硬盘时，列表会显示多

块硬盘。

图 2.9 手动安装

新建分区：安装系统的分区挂载点必须选择根目录"/"。单击磁盘末尾的新增按钮，进入"新建分区"界面，选择挂载点为"/"，设置分区的空间，建议至少选择 64GB，如图 2.10 所示。

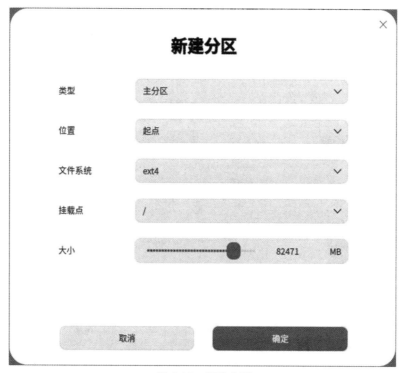

图 2.10 新建分区

新分区创建完后可以看到"安装到此"的提示,说明你可以选择在此分区安装系统,如图 2.11 所示。

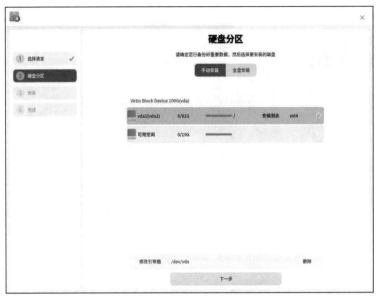

图 2.11　选择安装位置

单击可用空间末尾的新增按钮 ,可以根据个人需要新建其他的分区。新建的分区可以选择不同的文件系统、挂载点及大小。文件系统如 ext4、ext3、交换分区;挂载点如/home、/var、/tmp 等。

删除分区:先单击右下角的"删除"按钮,再选中需要删除的分区,在分区末尾单击删除按钮 ,如图 2.12 所示,能直接删除选中的分区。删除后的分区会变成空白分区,可以进行其他分区操作。

图 2.12　删除分区

②全盘安装。在"全盘安装"界面，当程序检测到当前设备只有一块硬盘时，硬盘会居中显示，选中硬盘后系统使用默认的分区方案对该磁盘进行分区，如图2.13所示。

图2.13　全盘安装

在"全盘安装"界面，当程序检测到当前设备有多块硬盘时，磁盘分区界面会以列表模式分别显示为系统盘和数据盘。如果选择系统盘进行安装，这个分区方案和单硬盘分区方案一致。如果选择数据盘进行安装，那么数据盘会变成系统盘，数据盘里的数据也会被格式化，同时原来的系统盘会变成数据盘。

③全盘加密。全盘加密的作用是保护磁盘数据，提高数据安全性。在"全盘安装"界面会有磁盘加密复选框，勾选"加密该磁盘"后，单击"下一步"按钮，将进入到"全盘加密"界面，在输入加密密码后，可以正常地安装系统，如图2.14所示。

图2.14　加密磁盘

磁盘加密安装成功后，在系统启动时界面会出现密码框，如图 2.15 所示，输入正确的密码后即可正常登录系统。

图 2.15　密码框

（7）准备安装。系统分区完成后单击"开始安装"，进入"准备安装"界面，在"准备安装"界面会显示分区信息和相关警告提示信息。用户需要确认相关信息后，再单击"继续安装"，系统进入"正在安装"界面。

说明：请备份好重要数据，并确认相关信息后，再单击"继续安装"。系统在安装过程中无法返回和关闭。

（8）正在安装。在"正在安装"界面，系统将自动安装统信操作系统直至安装完成。在安装过程中，系统展示着当前安装的进度状况及系统的新功能、新特色简介，如图 2.16 所示。

图 2.16　安装过程

（9）安装成功。当安装成功后，可以单击"立即体验"，系统会自动重启以进入统信操作系统。如果系统安装失败了，会出现安装失败提示信息。还可以将错误日志保存到储存设备中，以方便技术工程师更好地解决问题。注意，保存日志只能识别外置 U 盘或硬盘，并不能识别当前系统盘和系统安装引导盘。

（10）初始化设置。当统信桌面操作系统安装成功后，用户需要对系统进行初始设置，如选择语言、键盘布局、选择时区、设置时间、创建用户等。

① 选择语言。在安装系统前已经进行了语言选择，系统安装成功后，首次启动会先进入到"键盘布局"界面。如果需要修改语言，还可以单击"选择语言"页签重新选择语言，如图 2.17 所示。

图 2.17　选择语言

② 键盘布局。在"键盘布局"界面，根据个人使用习惯，设置需要的键盘布局，如图 2.18 所示。

图 2.18　设置键盘布局

③ 选择时区。在"时区设置"界面有"地图方式"和"列表方式"，还可以手动设置时区。

● 地图方式。在"时区设置"界面，用户可以在地图上单击选择自己所在的国家，安装器会根据选择显示相应国家或区域的城市，如果单击区域有多个国家或地区时，会以列表形式显示多个城市列表，用户可以在列表中选择代表城市。

● 列表方式。在时区列表模式下，用户可以先选择所在的区域再选择自己所在的城市。

④ 设置时间。在"选择时区"界面，勾选"手动设置时间"，可以手动设置日期和时间；不勾选时，系统会自动获取时区时间。

⑤ 创建账户。在"创建账户"界面可以设置用户头像、用户名、计算机名、密码等，

如图 2.19 所示。

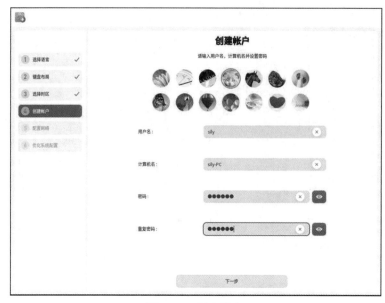

图 2.19　创建账户

⑥ 配置网络。安装器支持以太网网络配置，包含 DHCP 自动连接和手动连接，默认为自动获取 IP 地址。单击"编辑"按钮，可以手动配置 IP 地址、默认路由、子网掩码、DNS，如图 2.20 所示。

图 2.20　配置网络

⑦ 优化系统配置。完成初始化设置后，系统会自动进行优化配置。

（11）登录系统。系统自动优化配置完成后，进入登录界面。输入正确的密码后，可以直接进入桌面开始体验统信桌面操作系统，如图 2.21、图 2.22 所示。

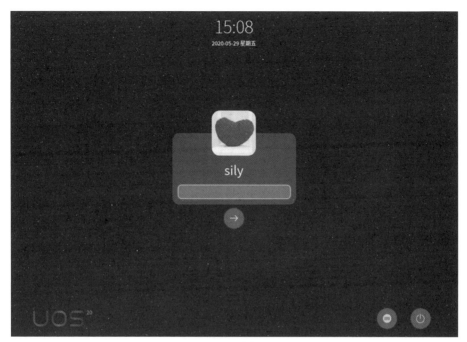

图 2.21 登录界面

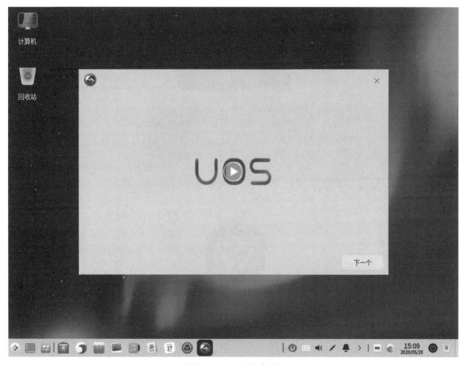

图 2.22 系统桌面

步骤三：WPS 安装

WPS 官网下载地址为 https://pc.wps.cn/，如图 2.23 所示。

图 2.23　WPS 官网下载界面

（1）双击要下载的安装文件，单击"立即安装"按钮，如图 2.24 所示。

图 2.24　安装界面一

（2）单击"立即安装"按钮之后，WPS 进入安装过程，如图 2.25 所示。

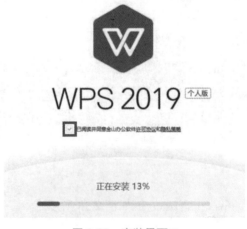

图 2.25　安装界面二

（3）按照提示，单击"开始探索"按钮，如图 2.26 所示。

欢迎使用 WPS 2019

图 2.26　安装界面三

（4）继续按照提示内容，选择模式，然后单击"下一步"按钮，如图 2.27 所示。

图 2.27　安装界面四

（5）单击"启动 WPS"按钮，成功安装并打开了 WPS，然后就可以使用 WPS 了，如图 2.28 所示。

全新视觉，个性化WPS

图 2.28　安装界面五

议一议：你有什么高效的工具软件和大家一起分享吗？

项目拓展

国产操作系统 PC 版安装方法类似统信 UOS 安装步骤，具体步骤如下：

（1）下载华为国产操作系统镜像文件。

（2）利用 U 盘制作工具以 ISO 镜像模式写入。

（3）写入华为国产操作系统并完成 U 盘启动制作。

（4）将制作好的 U 盘插入计算机，开机启动时按启动快捷键，选择 U 盘启动。

（5）从 U 盘中启动后选择"start newstart dev"进入安装。

（6）此时会进入安装界面，单击"安装系统"开始安装。

（7）选择国产操作系统所在的硬盘分区再单击"下一步"。

（8）设置管理员密码后单击"确定"按钮，如图 2.29 所示。

图 2.29　管理员设置

（9）进入安装后等待 10min 左右即可完成安装。

（10）安装成功后单击"重启"按钮即可进入登录界面，创建用户和密码后登录即可体验，如图 2.30 所示。

图 2.30 重启

项目小结

国产操作系统在走过漫长且艰辛的国产化之路后，现在的操作系统正在从"可用"阶段向"好用"阶段良性发展。目前国产操作系统上运行的各种软件已经比较齐全，可支持日常的办公和娱乐，但由于大多用户对国产操作系统不了解，使用不习惯，同时还存在国产操作系统与相关软件兼容性差的问题，因此要想完全靠市场引导推广普及国产操作系统非常困难，这就需要政府、企业等各方面的大力支持，同时也需要用户能够给国产操作系统一定的包容性，支持国产操作系统的发展。

高校学生即将成为推动社会信息化发展的主力军，在学校中推广国产软件、教授国产软件知识，培养他们使用国产软件的兴趣，使他们迈入社会工作后成为使用国产软件的消费者，对国产软件的长远发展肯定是良性的。因此尽早开始熟悉国产操作系统、国产软件十分重要。

通过本项目学习，学生能够掌握国产操作系统 UOS 的安装及设置，同时也熟悉国产软件 WPS 的安装流程，在实际中能解决自己计算机的系统及工具软件的安装问题。同时养成及时了解最新软件系统的习惯，锻炼独立思考解决问题的学习能力。

记一记：学习了本项目后，你觉得有哪些收获？

项目练习

1. 尝试在计算机中安装不同的操作系统。
2. 尝试安装各种应用软件，并熟悉软件功能。
3. 如何在同一台机器中拥有多个操作系统？
4. 对比操作常见的操作系统，比较它们的优缺点。
5. 对比同类（功能相同）工具软件，比较各自的优缺点。
6. 如何实现操作系统的备份？

WPS 长文档管理

WPS 长文档管理篇主要介绍在 WPS 办公领域中如何高效利用 WPS 文字进行长文档编排，以提高文档办公效率。本篇通过项目 3 "志愿者宣传单的制作"、项目 4 "个人简历的制作"、项目 5 "'大国智造'文档编排"、项目 6 "'移动支付'文档编排"介绍了文字文稿的编辑、排版、美化等知识与技能点。在项目实施过程中，引导学生理性思考和科学规划自己的未来，提升社会关爱情怀，增强科技自信。

项目 3　志愿者宣传单的制作

学习目标

知识目标：了解"WPS 文字"的基本功能与作用，熟悉"WPS 文字"的基本界面。

技能目标：能够利用"WPS 文字"新建、保存文字文档；能够对文字文档进行文字、段落设置；能够完成图片、形状的插入并完成格式设置；能够利用格式刷工具复制文字文档的格式；能够在文字文档中插入艺术字，并设置艺术字的样式。

思政目标：能够积极关注留守儿童，提高参与志愿者服务的积极性，提升社会关爱情怀。

项目效果

本项目利用"WPS 文字"制作志愿者招募海报，效果如图 3.1 所示。近年来，随着我国社会政治经济的快速发展，越来越多的青壮年农民走入城市，于是在广大农村中产生了一个

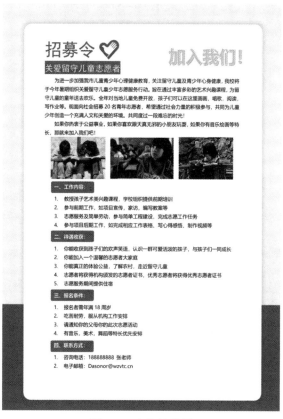

图 3.1　宣传单效果

特殊的未成年人群体——农村留守儿童。留守的儿童正处于成长发育的关键时期，但他们无法享受到父母在思想认识及价值观念上的引导和帮助，成长中缺少了父母情感上的关心和呵护，因此想通过招募志愿者为留守儿童提供帮助和关爱。本项目利用"WPS 文字"制作一份精美排版的海报用于招募大学生志愿者，为更多偏远地区的留守儿童提供帮助。项目主要涉及界面介绍，文件的基本操作，字体、段落设置，图片、形状插入艺术字及格式刷工具的使用。

知识技能

WPS 是由金山软件股份有限公司自主研发的一款办公软件套装，可以实现办公软件最常用的文字、表格、演示、PDF 阅读等多种功能，具有内存占用少、运行速度快、云功能多、强大插件平台支持、免费提供海量在线存储空间及文档模板的优点。WPS 个人版对个人用户永久免费，包含"WPS 文字""WPS 表格""WPS 演示"三大功能模块，另外有 PDF 阅读功能。

本项目将使用 WPS 中的"WPS 文字"模块制作志愿者招募海报。项目主要涉及"WPS 文字"界面介绍，文件的基本操作，字体、段落设置，图片、形状插入，艺术字及格式刷工具的使用。

3.1 文件基本操作

启动"WPS 文字"后，在"文件"菜单中，可以进行新建、打开、保存或另存文件等操作，如图 3.2 所示。

图 3.2 "文件"菜单

3.2　WPS文字界面

如图 3.3 所示为"WPS 文字"软件的主界面，界面主要分为八大区域，每个区域都有不同的功能和命令。

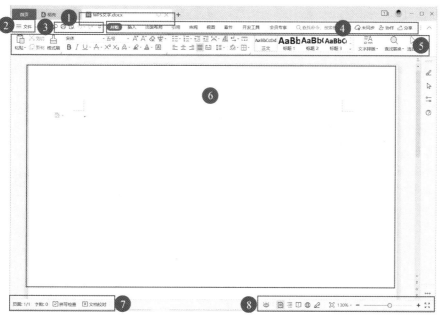

图 3.3　"WPS 文字"软件的主界面

① 标题栏：即文字文档的标题。

② 文件：单击"文件"，可以对文字文档进行打开、新建、保存、分享等操作。

③ 快速访问工具栏：经常使用的工具，单击右侧的命令按钮，可以进行自定义。

④ 菜单栏：对文字文档进行编辑。

⑤ 工具栏：每个对应一个工具栏。

⑥ 文档编辑区：对文档进行编辑操作的区域。

⑦ 状态栏：显示文档的页码、字数，实现拼写检查、文档校对功能。

⑧ 视图栏：可以切换护眼模式，可以在页面视图、大纲视图、阅读视图、Web 版式、写作模式之间切换，并可以实现对文档的缩放。

3.3　基本格式设置

如图 3.4 所示，"开始"选项卡主要由"字体"选项组、"段落"选项组和"样式"选项组组成。"字体"选项组的主要功能是设置字体、字号、字体颜色等字体样式;"段落"选项组主要设置项目符号、对齐方式、行间距等;"样式"选项组里存放了一些经常使用的字体格式,选中文字,直接单击样式即可应用样式。选项组的右下角有个三角箭头按钮,单击该按钮可以弹出选项组的更多设置。

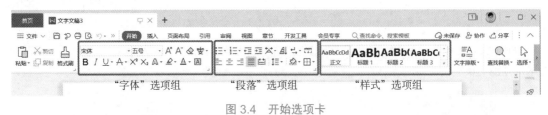

图 3.4 开始选项卡

3.3.1 字体设置

"字体"选项组中有文字基本设置,单击选项组右下角的三角箭头按钮可以打开"字体"对话框。"字体"对话框中有字体和字符间距的设置,如图 3.5 所示。

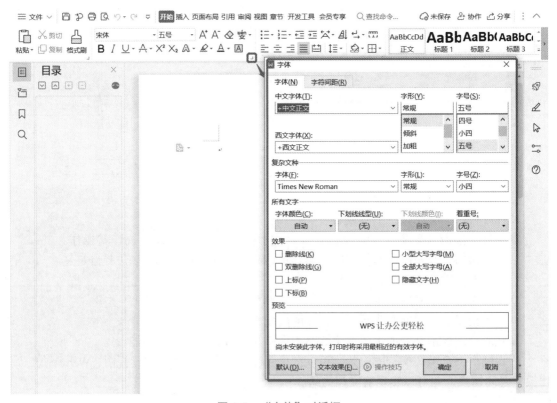

图 3.5 "字体"对话框

3.3.2 段落设置

单击"段落"选项组右下角的三角箭头按钮,可以打开"段落"对话框。在"段落"对话框中,可以对段落的对齐方式、缩进、间距、行距等进行设置,如图 3.6 所示。

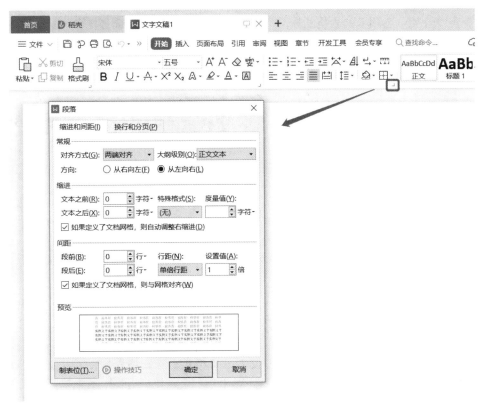

图 3.6　"段落"对话框

议一议："字体"选项组和"段落"选项组区域有什么特点？

3.4　格式刷的使用

对于具有相同格式的内容，"WPS 文字"提供了格式刷功能。利用格式刷工具，可以快速将指定段落或文本的格式复制到其他段落或文本上。使用时先选中已经设置好格式的文字或段落→单击"开始"选项卡的"格式刷"工具→鼠标左键拉取范围选择需要同样格式的文字，松开鼠标左键，相应的格式就会设置好。格式刷所在的位置如图 3.7 所示。

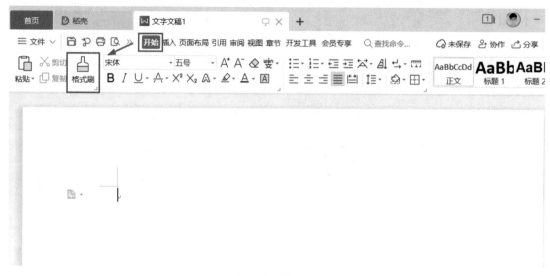

图 3.7　格式刷

　　记一记：巧用格式刷：单击格式刷可以复制一次格式；双击格式刷，可以重复复制格式，按 Esc 退出键，可以退出格式刷使用。

3.5　插入菜单

　　"WPS 文字"中的"插入"选项卡如图 3.8 所示，可以实现在文本文档中插入图片、表格、形状、艺术字等元素。

图 3.8　"插入"选项卡

3.5.1　艺术字

艺术字是"WPS 文字"中常用的文字效果功能，是在普通文字的基础上进行设计加工的变形字体。艺术字相对于一般的文字具有美观有趣、易认易识、醒目张扬等特性，是一种有图案意味或装饰意味的字体变形，常用来创建特色鲜明的标志或标题。

可以在"插入"选项卡中单击"艺术字"按钮，选择合适的字体样式，输入相关的文字就完成了艺术字插入，如图 3.9 所示。

图 3.9　插入艺术字

3.5.2　图片

在"插入"选项卡中，单击"图片"按钮，可以插入图片。在插入图片后，选中图片，在选项卡中会出现关于图片设置的特有选项卡"图片工具"，如图 3.10 所示。在这个选项卡中包含了大部分图片相关的设置，还可以利用图片四周的圆点调整图片的大小和方向。

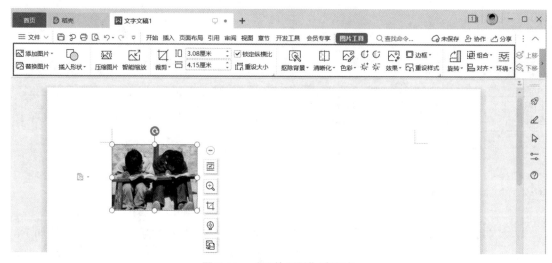

图 3.10 "图片工具"选项卡

3.5.3 形状

在"插入"选项卡中，单击"形状"按钮，选择适合的形状，然后可以在文字编辑区单击鼠标左键拖拉绘制出形状，如图 3.11 所示。选择插入的形状，在"绘图工具"选项卡中可以设置形状的相应格式，如图 3.12 所示。

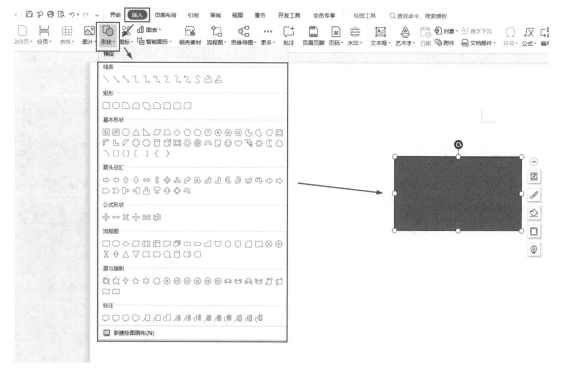

图 3.11 插入形状

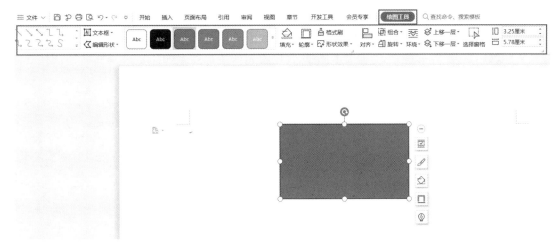

图 3.12　"绘图工具"选项卡

实施步骤

步骤一：打开文件

打开素材文件夹下的"项目 1：志愿者海报制作原稿.docx"文件，根据效果图设置相应的字体、段落样式。

步骤二：标题格式设置

（1）选择标题文字"招募令"→选择"开始"选项卡→设置字体为"黑体"、字号为"小初"、加粗、字体颜色为"红色"→对齐方式为"左对齐"。

志愿者海报制作
视频 1

（2）选择副标题"关爱留守儿童志愿者"→设置字体为"黑体"、字号为"小二"→为突出显示副标题，为其加上"红色"底纹，并将字体颜色设置为"白色"→对齐方式为"左对齐"，标题效果如图 3.13 所示。

招募令
关爱留守儿童志愿者

为进一步加强我市儿童青少年心理健康教育，关注留守儿童及青少年心身健康，我校将于今年暑期组织关爱留守儿童少年志愿服务行动。旨在通过丰富多彩的艺术兴趣课程，为留守儿童的童年送去欢乐。全年对当地儿童免费开放，孩子们可以在这里画画，唱歌，阅读，写作业等。现面向社会招募 20 名青年志愿者，希望通过社会力量的积极参与，共同为儿童少年创造一个充满人文和关爱的环境。共同度过一段难忘的时光！

如果你热衷于公益事业，如果你喜欢跟天真无邪的小朋友玩耍，如果你有音乐绘画等特长，那就来加入我们吧！

图 3.13　标题效果

步骤三：正文格式设置

（1）选择文章的前两段→打开"段落"对话框→对齐方式设置为左对齐，首行缩进 2 字符，行距 1.2 倍。

（2）选择项目中设置好格式的"工作内容"标题→单击"格式刷"工具，然后单击"待遇收获"标题，这样"待遇收获"标题的格式就设置完成了，效果如图 3.14 所示。用同样的方法，利用"格式刷"工具设置"报名条件"和"联系方式"标题。

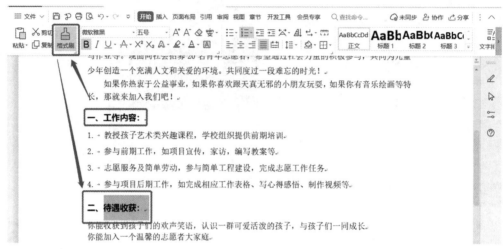

图 3.14　格式刷应用

（3）选择"工作内容"→设置字体为"微软雅黑"，字号为"五号"→在段落设置中，将段落编号设置为（一、二、……）样式→打开段落设置，将缩进设置为 0。

（4）选择"工作内容"下的 4 段文字→在"段落"选项组中将"段落编号"设置为（1.，2.，3.……）样式，并将段落行距设置为 1.5 倍。

（5）利用"格式刷"工具，设置其他段落的标题符号。

（6）让每个类目的序号都从 1 开始编号，在序号没有重新编号的地方单击鼠标右键，在弹出的快捷菜单中，选择"重新开始编号"，如图 3.15 所示，最终效果如图 3.16 所示。

图 3.15　重新开始编号

一、工作内容：

1. 教授孩子艺术类兴趣课程，学校组织提供前期培训。

2. 参与前期工作，如项目宣传，家访，编写教案等。

3. 志愿服务及简单劳动，参与简单工程建设，完成志愿工作任务。

4. 参与项目后期工作，如完成相应工作表格、写心得感悟、制作视频等。

二、待遇收获：

1. 你能收获到孩子们的欢声笑语，认识一群可爱活泼的孩子，与孩子们一同成长。

2. 你能加入一个温馨的志愿者大家庭。

3. 你能真正的体验公益，了解农村，走近留守儿童。

4. 志愿者将获得机构颁发的志愿者证书，优秀志愿者将获得优秀志愿者证书。

5. 志愿服务期间提供住宿。

三、报名条件：

1. 报名者需年满 18 周岁。

2. 吃苦耐劳，服从机构工作安排。

3. 请通知你的父母你的此次志愿活动。

4. 有音乐，美术，舞蹈等特长优先安排。

四、联系方式：

1. 咨询电话：188888888·张老师。

2. 电子邮箱：Dasonor@wzvtc.cn。

图 3.16　重新编号后的效果

步骤四：插入素材

（1）选择"插入"选项卡→单击"艺术字"按钮→选择合适的艺术字样式→输入文字"加入我们！"，并将艺术字移动到合适的位置，效果如图 3.17 所示。

志愿者海报
制作视频 2

招募令

加入我们！

关爱留守儿童志愿者

　　为进一步加强我市儿童青少年心理健康教育，关注留守儿童及青少年心身健康，我校将于今年暑期组织关爱留守儿童少年志愿服务行动。旨在通过丰富多彩的艺术兴趣课程，为留守儿童的童年送去欢乐。全年对当地儿童免费开放，孩子们可以在这里画画，唱歌，阅读，写作业等。现面向社会招募 20 名青年志愿者，希望通过社会力量的积极参与，共同为儿童少年创造一个充满人文和关爱的环境。共同度过一段难忘的时光！

　　如果你热衷于公益事业，如果你喜欢跟天真无邪的小朋友玩耍，如果你有音乐绘画等特长，那就来加入我们吧！

一、工作内容：

1. 教授孩子艺术类兴趣课程，学校组织提供前期培训。

2. 参与前期工作，如项目宣传，家访，编写教案等。

3. 志愿服务及简单劳动，参与简单工程建设，完成志愿工作任务。

4. 参与项目后期工作，如完成相应工作表格、写心得感悟、制作视频等。

图 3.17　艺术字效果

动一动：根据上述设置艺术字的方法，同学们可以按照自己的喜好设置不同效果的艺术字，动手试试看吧！请在下框中记录操作步骤。

（2）在"插入"选项卡中单击"图片"按钮→选择插入"志愿者 Logo"图片→调整图片的大小，具体效果如图 3.18 所示。

图 3.18　插入图片

（3）在"工作内容"段落前，另起一行插入其他素材照片，并调整合适的大小，注意确保文档为一页，如图 3.19 所示。

（4）单击"插入"选项卡→单击"形状"按钮→插入"圆角矩形"→选中插入的形状，在"绘图工具"选项卡中设置形状填充为红色，轮廓设置为"无填充"。

（5）选择形状→将形状移动到标题所在的位置→在右侧弹出的"布局选项"中选择"衬于文字下方"，并将标题文字颜色修改为白色，效果如图 3.20 所示。

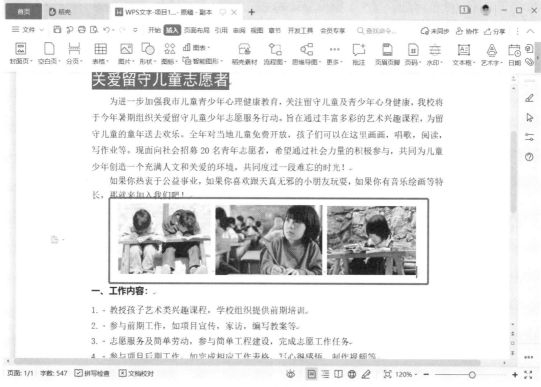

图 3.19　插入其他配图

少年创造一个充满人文和关爱的环境。共同度过一段难忘的时光！

如果你热衷于公益事业，如果你喜欢跟天真无邪的小朋友玩耍，如果你有音乐绘画等特长，那就来加入我们吧！

一、工作内容：

1. → 教授孩子艺术类兴趣课程，学校组织提供前期培训

2. → 参与前期工作，如项目宣传，家访，编写教案等

3. → 志愿服务及简单劳动，参与简单工程建设，完成志愿工作任务

4. → 参与项目后期工作，如完成相应工作表格、写心得感悟、制作视频等

图 3.20　形状效果

（6）选择形状→在"开始"选项卡中，先单击"复制"按钮（快捷键：Ctrl+C），再单击"粘贴"按钮（快捷键：Ctrl+V）→复制出多个相同的形状作为标题的底纹，效果如图 3.21所示。

一、工作内容：

1. 教授孩子艺术类兴趣课程，学校组织提供前期培训。

2. 参与前期工作，如项目宣传，家访，编写教案等。

3. 志愿服务及简单劳动，参与简单工程建设，完成志愿工作任务。

4. 参与项目后期工作，如完成相应工作表格、写心得感悟、制作视频等。

二、待遇收获：

1. 你能收获到孩子们的欢声笑语，认识一群可爱活泼的孩子，与孩子们一同成长。

2. 你能加入一个温馨的志愿者大家庭。

3. 你能真正的体验公益，了解农村，走近留守儿童。

4. 志愿者将获得机构颁发的志愿者证书，优秀志愿者将获得优秀志愿者证书。

5. 志愿服务期间提供住宿。

三、报名条件：

1. 报名者需年满 18 周岁。

2. 吃苦耐劳，服从机构工作安排。

3. 请通知你的父母你的此次志愿活动。

4. 有音乐，美术，舞蹈等特长优先安排。

四、联系方式：

1. 咨询电话：188888888·张老师。

2. 电子邮箱：Dasonor@wzvtc.cn。

图 3.21　形状最终效果

动一动：根据上述设置形状布局选项的方法，同学们尝试设置不同的布局选项的作用效果，动手试试看吧！请在下框中记录操作步骤。

步骤五：插入背景

在文档的末尾插入素材提供的背景图。单击"插入"选项卡→单击"图片"按钮→选择素材提供的背景图片→选择图片的"布局选项"中的"文字环绕"为"衬于文字下方"→调整图片的大小至背景大小，最终效果如图 3.1 所示。

项目拓展

为了方便异地编辑文档，"WPS 文字"提供了云保存服务，只需要开启云同步，即可将文档保存到 WPS 云空间。异地编辑时，只需登录 WPS 账号即可打开上传至云空间的文档，如图 3.22 所示。

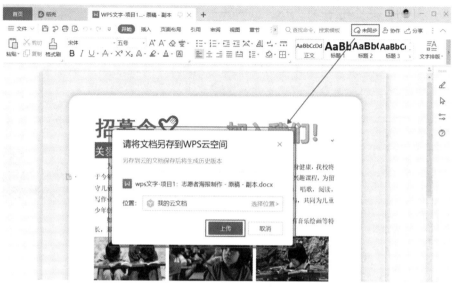

图 3.22　WPS 云空间

项目海报制作好后，需要将文档输出，可将文档保存成图片格式，方便打印且方便在网络媒体上传播，也可以将文档输出成 PDF、PPT 格式，如图 3.23 所示。

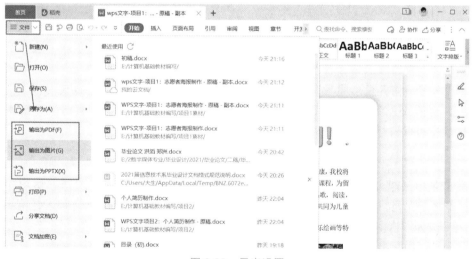

图 3.23　导出设置

项目小结

本项目想通过设计制作志愿者招募海报，吸引更多青少年了解并参与到留守儿童志愿者活动中来，为更多偏远地区的留守儿童提供帮助和关爱。项目主要涉及"WPS 文字"的软件界面介绍，文件的基本操作，字体、段落设置，图片、形状插入，艺术字及格式刷工具的使用。

记一记：学习本项目后，你觉得有什么收获。

_____

项目练习

1. "植树节"宣传海报

每年 3 月 12 日为我国的植树节,提倡通过这种活动,激发人们爱林造林的热情,意识到环保的重要性。现要求设计一份"植树节"的宣传海报,海报图文搭配、文字大小合适、行间距合适、插入艺术字、插入形状、有背景、整体设计美观,图片素材可以自行在网络上查找。

2. 防网络诈骗海报设计

当前,电信网络诈骗犯罪刑事警情数占比不断增大,其中贷款、刷单、"杀猪盘"、冒充客服 4 类网络诈骗案件高发。随着新技术、新应用、新业态的出现,新的犯罪手法不断演变升级,群众防不胜防。

根据"关爱留守儿童志愿者海报"项目,设计一份"防网络诈骗"的宣传海报。要求海报图文搭配、合适的文字大小、合适的行间距、插入艺术字、插入形状、有背景、整体设计美观,图片素材可以自行在网络上查找。

3. 中秋习俗海报设计

中秋节是中国四大传统节日之一。中秋节自古便有祭月、赏月、吃月饼、玩花灯、赏桂花、饮桂花酒等民俗,中秋节以月之圆兆人之团圆,为寄托思念故乡、思念亲人之情,祈盼丰收、幸福,成为丰富多彩、弥足珍贵的文化遗产。

设计一份"中秋节"的宣传海报,弘扬中国的传统文化。要求海报图文搭配、合适的文字大小、文字内容行间距合适、插入艺术字、插入形状、有背景、整体设计美观,图片素材可以自行在网络上查找。

4. 制作社团招新海报

学校学生社团是校园生活的重要组成部分,参加社团活动可以活跃学校学习氛围,提高学生自治能力,丰富课余生活。现学校篮球社团需要招新,请制作一份"社团招新"的宣传海报。要求海报简明扼要、图文搭配、合理使用艺术字、插入形状和背景,整体设计美观,图片素材可以自行在网络上查找。

5. 校园防疫宣传

当前疫情防控形势下，学校人员流动大，易聚集，必然给疫情防控带来新的风险。校园的安全稳定和疫情防控的成功，事关整个国家的疫情防控形势，也事关每一个家庭。现学校需要制作"校园防疫"宣传海报，要求海报上出现文字"科学防治，战胜疫情，不信谣，不传谣。戴口罩，讲卫生，打喷嚏，捂口鼻，喷嚏后，慎揉眼"，要求海报图文搭配、文字内容行间距合适、插入艺术字、插入形状、有背景、整体设计美观，图片素材可以自行在网络上查找。

6. 运动会宣传海报

学校运动会是学校的传统活动和校园生活中的一项重要内容。学校运动会有多方面的教育意义，例如可以全面检阅学校田径运动开展情况，检查教学和训练成果，推动学校群众性体育活动的开展，促进运动技术水平的提高；同时，还可以培养学生奋发向上、遵守纪律、集体主义和荣誉感等品质，并具有振奋师生精神，活跃学校生活等作用。

现学校需要制作运动会宣传海报，要求海报图文搭配、文字内容行间距合适、插入艺术字、插入形状、有背景、整体设计美观，图片素材可以自行在网络上查找。

项目 4 个人简历的制作

学习目标

知识目标： 了解常用的纸张大小；能够识别表格、图片和形状设置选项卡。

技能目标： 能够对页面进行设置；能够插入表格并对表格进行基本设置；能够使用插入形状功能，并对形状进行格式设置；能够正确打印文档。

思政目标： 认识就业形式，培养正确的就业观，提前进行职业生涯规划；培养知识产权保护的意识。

项目效果

　　个人简历是求职者给招聘单位发的一份简要介绍。一般包含求职者的基本信息，例如姓名、性别、年龄、民族、学历、联系方式，以及自我评价、工作经历、学习经历、荣誉与成就、求职愿望等，如图 4.1 所示。简历一般以简洁、突出重点为最佳标准。现在大部分人是通过网络来找工作的，因此一份良好的个人简历对于获得面试机会至关重要。

图 4.1　简历效果图

知识技能

本项目主要利用"WPS 文字"设计制作一份求职简历,在项目中学习"WPS 文字"的形状的基本用法、表格的设置及文档的输出。

4.1 形状设置

在插入形状后,选中形状,形状会有其特有的"绘图工具"选项卡,如图 4.2 所示。在该选项卡中,可以对形状的格式进行设置,如形状的填充、轮廓、预设效果、对齐方式、图层关系等。

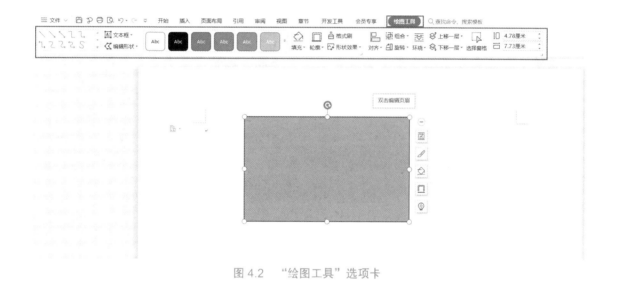

图 4.2 "绘图工具"选项卡

4.2 选择窗格

现在的编辑窗口中已经有许多对象,为了方便移动等操作,我们可以将元素组合成组。在"开始"选项卡下单击"选择"按钮,再选择"选择窗格"命令,如图 4.3 所示。全选窗口中的所有对象,在任意对象上单击鼠标右键,在弹出的快捷菜单中,选择"组合"命令,即可将所有对象组合成组,如图 4.4 所示。

图 4.3　"选择窗格"命令

图 4.4　"组合"命令

4.3 图标

WPS 中提供了丰富多样的图标供用户下载使用。在"插入"选项卡的"图标"按钮中可以选择合适的图标插入，如图 4.5 所示。

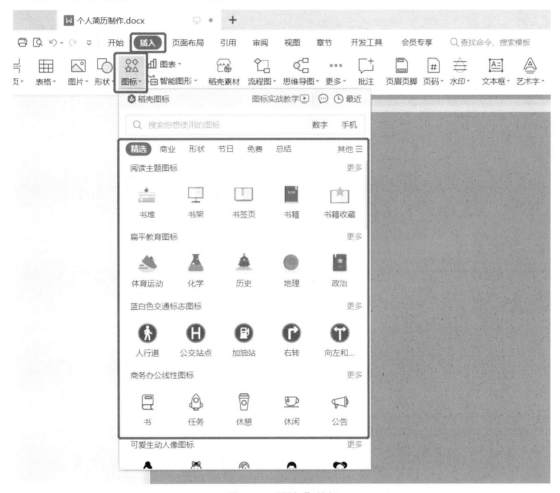

图 4.5 "图标"按钮

4.4 表格

在"插入"选项卡中，单击"表格"按钮，可以快速插入表格，也可以单击"插入表格"命令插入指定行列的表格，并可通过单击"绘制表格"命令，对表格进行绘制，如图 4.6 所示。

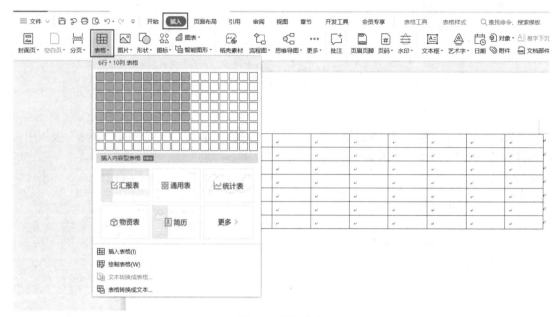

图 4.6　插入表格

插入表格后，会有表格特有的"表格工具"选项卡，在该选项卡中可以对表格进行删除、行列增减、行高列宽设置及表格内文字设置，如图 4.7 所示。

图 4.7　"表格工具"选项卡

在"表格样式"选项卡中，可以设置表格的格式样式，例如：表格的填充颜色、表格边框颜色、粗细等，如图 4.8 所示。

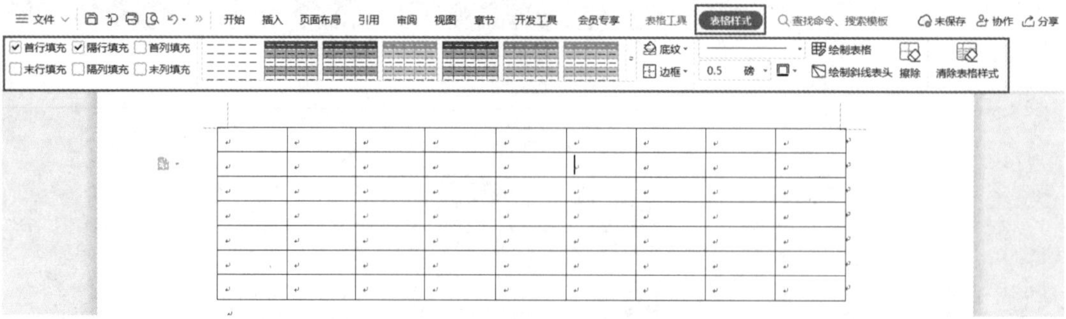

图 4.8　"表格样式"选项卡

实施步骤

步骤一：新建文件

打开"WPS 文字"软件，新建空白文档并保存。在"页面布局"选项卡中，将"页边距"设置为"窄"。

个人简历
制作视频 1

图 4.9　效果图

步骤二：封面制作

（1）在"插入"选项卡中插入形状，将"形状颜色"设置为青色，并将大小填充满整个页面，当作文档的背景。

（2）在"插入"选项卡中，选择插入"文本框"，在文字编辑区域，单击鼠标左键拖动，绘制出文本框，并在文本框中输入"求职简历"字样。

（3）单击"文本框"边缘即选中文本框，设置字体为"微软雅黑"，字号为 72；并将文字所在的形状填充设置为"无"，形状轮廓设为"无"。

（4）单击"插入"选项卡→插入"文本框"，并输入姓名、联系电话、毕业院校、电子邮箱等，效果如图 4.9 所示。

议一议：文本框与普通文字有什么区别？

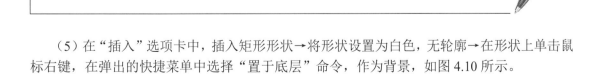

（5）在"插入"选项卡中，插入矩形形状→将形状设置为白色，无轮廓→在形状上单击鼠标右键，在弹出的快捷菜单中选择"置于底层"命令，作为背景，如图 4.10 所示。

图 4.10　形状图层设置

（6）插入"圆角矩形"形状，将形状设置为青色，无轮廓。可以在圆角矩形处的黄色控制点调整圆角度，输入相应的文字并设置。

（7）选择"插入"选项卡→单击"图标"按钮→选择适合的图标，插入并移动到合适的位置。

（8）为了让简历封面更加美观，可以插入其他的形状和图片来丰富封面，效果如图 4.11 所示。

图 4.11　封面效果

动一动：在插入"图标"命令中，尝试给简历封面添加相对应含义的图标，动手试试看吧！

步骤三：插入表格

（1）在"插入"选项卡中，单击"空白页"按钮插入空白页，用于制作简历的详细信息。

（2）在开头处输入"个人简历表"字样→设置字体为"微软雅黑"，字号为20。

个人简历
制作视频2

（3）在"插入"选项卡中，单击"表格"按钮→插入13行、7列的表格，如图4.12所示。

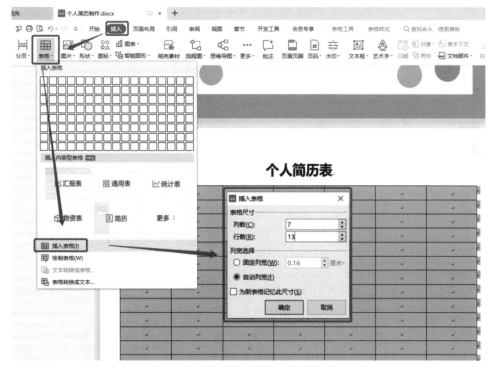

图4.12　插入表格

（4）单击表格左上角的图标选中整个表格，设置表格的高度为 1.2 厘米，对齐方式为"水平居中"。

（5）选择表格前三行最右侧的单元格，执行"合并单元格"命令，如图 4.13 所示。将该区域用作照片粘贴处，在表格的前三行恰当的位置输入正确的文字，效果如图 4.14 所示。

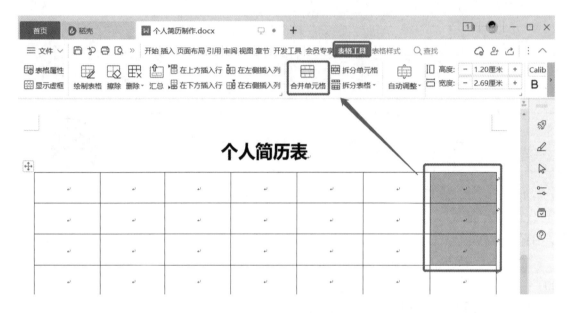

图 4.13　合并单元格

个人简历表

姓名		性别		出生年月		
籍贯		学历		政治面貌		照片
身份证号						

图 4.14　表头效果

（6）在表格第三行中，将"身份证号"后面的单元格选中→单击"表格工具"选项卡→单击"拆分单元格"→将单元格拆分成身份证号的 18 个格子。

（7）同样的方法，利用"合并单元格"操作，完成对"联系电话"行的设置。

（8）选择相应的单元格区间，将单元格拆分成合适的部分，其他单元格可参考如图 4.15 所示进行设置。

个人简历表

姓名		性别		出生年月		照片
籍贯		学历		政治面貌		
身份证号																			
联系电话			邮箱			

教育经历	起至月份		学校名称		专业名称	

工作经历	起至月份		单位名称		任何职务	

图 4.15　合并单元格应用

（9）如果需要单独调整某些行的单元格宽度，那么可以先选中这些单元格，再用鼠标拖动调整，如图 4.16 所示。

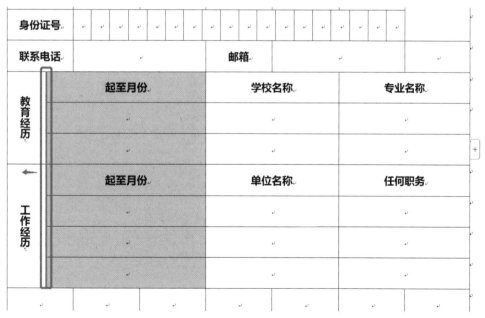

图 4.16　单独调整某些单元格

（10）完成整个表格的制作，制作时注意应尽量控制表格内容为一整页，效果如图 4.17 所示。

个人简历表

姓名		性别		出生年月		照片
籍贯		学历		政治面貌		
身份证号						
联系电话		邮箱				
教育经历	起至月份		学校名称		专业名称	
工作经历	起至月份		单位名称		任何职务	
工作内容及成果						
技能证书						

图 4.17　简历表格效果图

步骤四：文档打印输出

可以将制作完成后的文档保存为 PDF 文档或者是图片，方便网络投递简历，如图 4.18 所示；也可以将制作好的文档打印出来用于线下招聘会简历投递，如图 4.19 所示。

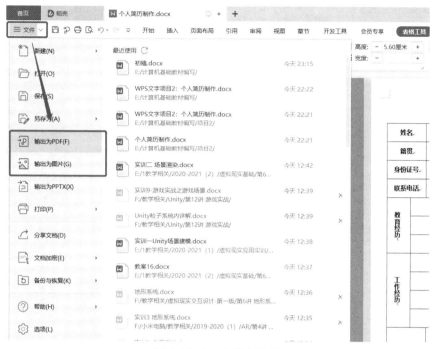

图 4.18　WPS 输出选项

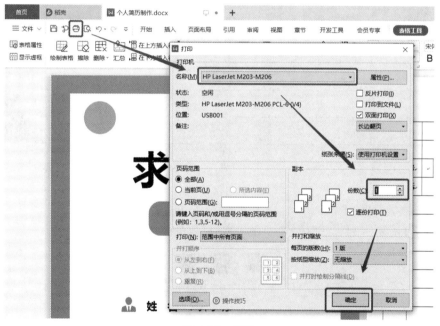

图 4.19　打印

项目拓展

　　"WPS 文字"为用户提供了制作简历的编辑模板，在"新建"菜单中，可以选择相应的简历模板快速制作精美的简历。除了个人简历，还有"人事行政""法律合同""平面设计"等模板，为用户快速制作相应文档提供了便捷，如图 4.20 所示。

图 4.20 在线模板

项目小结

　　个人简历是求职者给招聘单位发的一份简要介绍。本项目通过制作一份个人简历,学习了"WPS 文字"中的页面设置、形状的基本用法、表格的设置以及文档的输出。

　　记一记:学习本项目后,你觉得有什么收获?

项目练习

　　1. 课程表设计制作

　　利用表格的制作方法,设计一份"课程表",效果可参考图 4.21。

课 程 表

学校:_____ 年级:_____ 班级:_____

节次　　时间		星期一	星期二	星期三	星期四	星期五
上午	第一节	数 学	英 语	物 理	英 语	数 学
	第二节	语 文	语 文	语 文	语 文	英 语
	第三节	英 语	物 理	政 治	体 育	地 理
	第四节	历 史	数 学	地 理	化 学	历 史
下午	第五节	微 机	政 治	数 学	数 学	物 理
	第六节	微 机	生 物	英 语	美 术	化 学
	第七节	班 会	体 育	化 学	美 术	语 文
	第八节	生 物	历 史	政 治	地 理	班 会

图 4.21 课程表

2. 岗位应聘登记表设计

根据表格的基本制作方法，设计一份“应聘登记表”，效果如图 4.22 所示。

应聘登记表

应聘岗位：____________　应聘职级　：____________　填表日期：　年　月　日

姓　名		性　别		出生年月		照 片
籍　贯		民　族		政治面貌		
参加工作时间		婚姻状况		身高	体重	
身份证号码		家庭详细住址				
联系电话		应聘信息来　源		期望薪资		

主要教育经历				
教育时间	毕业学校	专　业	学历/学位	是否全日制学　历
年　月一　年　月				
年　月一　年　月				
年　月一　年　月				

主要工作经历				
工作时间	工作单位	岗位及职务	证明人及电话	离职原因
年　月一　年　月				
年　月一　年　月				
年　月一　年　月				

受过何种奖励或接受专业培训经历			
有何职称或技能等级证书			
个人兴趣爱好及特长			
优点		缺点	
是否有亲属或朋友在我司工作	是□　姓名：______ 否□	是否曾在我公司应聘	是□ 否□

家庭主要成员情况	姓 名	关　系	工作单位	联系电话

填表人申明	1、本人保证所填写内容及所提供资料属实，如有弄虚作假或隐瞒的情况，一切后果和责任由本人承担； 2、若被公司聘用，保证遵守公司各项规章制度，服从公司统一安排。 签名：__________

图 4.22　应聘登记表

3. 验收记录表设计

根据表格的基本制作方法，设计一份效果如图 4.23 所示的“验收记录表”。

水泥土搅拌桩地基工程检验批质量验收记录表

单位（子单位）工程名称						
分部（子分部）工程名称					验收部位	
施工单位					项目经理	
分包单位					分包项目经理	
施工执行标准名称及编号						
施工质量验收规范的规定				施工单位检查评定记录		监理(建设)单位验收记录
主控项目	1	水泥及外掺剂质量	设计要求			
	2	水泥用量	参数指标			
	3	桩体强度	设计要求			
	4	地基承载力	设计要求			
一般项目	1	机头提升速度（m/min）	≤0.5			
	2	桩底标高（mm）	±200			
	3	桩顶标高（mm）	+100, −50			
	4	桩位偏差（mm）	<50			
	5	桩径	<0.0.4D			
	6	垂直度（%）	≤1.5			
	7	搭接（mm）	>200			
施工单位检查评定结果		专业工长（施工员）			施工班组长	
		项目专业质量检查员：			年 月 日	
监理（建设）单位验收结论		专业监理工程师： （建设单位项目专业技术负责人）：			年 月 日	

图 4.23　验收记录表

4. 体格检查表制作

根据表格的基本制作方法，设计一份"体格检查表"，效果如图 4.24 所示。

体格检查表

姓　　名		性别	出生		年　月　日	半　免 身　冠 一　相 寸　片
文化程度	民族		籍贯			
既往病史						

眼科	视力	裸眼：　右____左____ 矫正：　右____左____	色觉	色觉_____ 单色识别能力___	医师意见 签名：
	眼病				
	其他				

耳鼻咽喉科	听力	右耳_____m 左耳_____m		嗅觉	医师意见 签名：
	耳病				
	鼻病				
	咽喉病				
	其他				

口腔科	龋齿　　　　　牙周炎　　开牙合、反牙合、超牙合、深覆牙合	医师意见 签名：
	缺齿　　　　牙列不齐　　　　其他口腔疾病	

外科	身　高	cm	体　重	Kg	医师意见 签名：
	头颈部		脊　柱		
	胸、腹部		四肢关节		
	泌尿、生殖		皮肤病、性病		
	肛　门		淋　巴		
	其他				

图 4.24　体格检查表

5. 客户问题投诉处理单设计

根据表格的基本制作方法，设计一份"客户问题投诉处理单"，效果如图 4.25 所示。

客户问题投诉处理单

车型		部品名称		表单编号	
客诉单位		售后人员		日期	
出厂日期		申请配件		见表单号	

客诉描述及原因初析		客户投诉不良图示（可附页）：	

售后作成		主管确认		要求回复日期	

责任原因：
□设计责任
□装配责任
□制作责任
□检验责任
□供方责任
□用户责任
□其他责任
不良部品供方：

责任单位：□市场部 □技术部 □质检部 □采购部 □江都班 □天一班 □供应商 □用户

质管主管/日期：		分析者/日期：	

改善与预防对策：（责任部门填写，暂时/永久对策应明确方案，推进日程，何时完成）

责任部门主管/日期：		分析者/日期：	

不合格品处置	市场同类问题成品车（售服部处理）	在库成品车（装配处理）	在库部件和供方未交货部件（采购和质管处理）	质量负责人审批意见：
		预计完成日期：	预计完成日期：	

效果确认：（提出部门填写）		确认者	
		签名： 年 月 日	日期： 年 月 日

表单编号：

图 4.25 客户问题投诉处理单

6. 员工一般情况登记表制作

根据表格的基本制作方法，设计一份"员工一般情况登记表"，效果如图 4.26 所示。

员工一般情况登记表

姓名:					相片	身体状况
性别	出生年月	身份证号	住址	报到日期		

受教育经历				工作经历	
				(包括：时间、企业、职务、责任)	

劳动保险			亲属	
投保日期				
卡号				

外语能力	听	说	读与写	详述所受过的特殊训练(培训)与个人专长
精通				
良好				
一般				
较差				

图 4.26　员工一般情况登记表

项目 5 "大国智造"文档编排

学习目标

知识目标： 了解长文档的特点，理解章、节、目结构多级标题和题注、交叉引用等的含义。

技能目标： 掌握多级编号、题注、交叉引用操作。

思政目标： 了解大国智造的成就，激发爱国热情和民族自豪感。

项目效果

长文档中的多级编号比较复杂，如果采用人工编排将十分烦琐，而且容易出错，合理的方法是制作各级标题样式，并在其中运用多级编号。当标题格式有变化时，只要修改对应的样式即可，不需要对各标题格式逐一进行人工更改，而且还可以实现各级标题的自动编号。使用 WPS 的多级编号、自动目录、插入题注等排版工具进行排版后，文档规范，如图 5.1 所示。

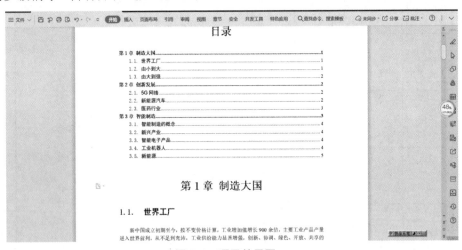

图 5.1 项目效果图一

对于文档中的图和表，也采用题注和交叉引用功能进行自动编号和指向，使文档编写和读者的阅读都十分方便。题注和交叉引用的效果如图 5.2 所示。

图 5.2 项目效果图二

知识技能

5.1　页面设置

打印文档时，要确定纸张的大小、页边距等，对长文档如果要设置成奇偶页不同或首页不同的页眉页脚，还需将版式设置成"奇偶页不同""首页不同"，一般情况下，首先要对页面进行设置。

在"页面布局"选项卡的"页面设置"组中，单击右下角的三角箭头按钮，弹出"页面设置"对话框。根据需要设置上下页边距、左右页边距的大小，纸张使用 A4（默认值，不用设置）；切换到"版式"选项卡，勾选"奇偶页不同（O）"复选框（在后面制作奇数页和偶数页的页眉时要用到），设置页眉、页脚的距边界值分别为 1.5 厘米、1.75 厘米，如图 5.3 所示，然后单击"确定"按钮。

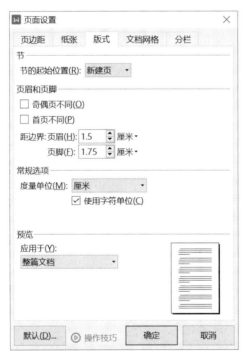

图 5.3　"页面设置"对话框

5.2　多级编号

在长文档中，经常要用不同形式的编号来实现标题或段落的层次，如文档中的章、节、目层次结构，不同的章具有相同的级别，不同的节也具有相同的级别。WPS 的多级列表最多可以具有 9 个层级, 每一层级都可以根据需要设置出不同的格式和形式。

多级标题指的是长文档中的章、节、目等标题。在编排规范中, 这些标题必须按一定的顺序编号, 并且其字体、字号也有统一要求。长文档中的多级标题编排规范如表 5.1 所示。

表 5.1 多级标题编排规范

标题名称	级别	编号规范	格式示例
章	1	第 1 章、第 2 章……	二号黑体、对齐方式为居中
节	2	1.1、1.2……	三号黑体、对齐方式为居左
目	3	1.1.1、1.1.2……	四号宋体、对齐方式为居左
点	4	1.、2.……	五号宋体、对齐方式为居左

对于上述标题, 如果采用人工编排将十分烦琐, 合适的方法是制作各级标题样式, 并在其中运用多级编号。这样, 万一标题格式有变化, 只要更新对应的样式即可, 不需要对各标题格式逐一进行人工更改, 而且还可以实现各级标题的自动编号。

想一想: 多级编号中, 下一级编号与上一级编号有什么关系?

5.3 样式

WPS 的样式是指用有意义的名称保存的字符格式和段落格式的集合。WPS 内置多种可直接应用的样式, 也可以根据需要创建一个新样式, 添加到样式库中。在编排重复格式时, 可以在需要的地方套用这种样式, 就无须一次次地对它们进行重复的格式化操作了。

5.3.1 多级标题样式制作

长文档通常有多个章节, 在编写时也要经常修改或插入、删除某一章节等, 如果使用人工编号, 不仅费时, 还容易出现错编、漏编等错误, 而采用 WPS 文字提供的多级列表功能, 则可实现自动编号, 既能避免出现编号错误, 还能使各章节保持格式的规范统一。

实现各级标题的自动编号功能，通过自定义多级编号，并将之链接于各级标题样式。

在"开始"选项卡的"段落"组中，单击"编号"，如图 5.4 所示，选择"自定义编号（M）"，打开"项目符号和编号"对话框，选择其中的"多级编号（U）"，如图 5.5 所示。

图 5.4 编号   图 5.5 "项目符号和编号"对话框

在多级编号的列表中选择一个编号方式，如"第一章（标题 1），1.1（标题 2），1.1.1（标题 3）"，单击"自定义（T）…"按钮，在打开后的对话框中单击"高级"按钮，得到如图 5.6 所示展开后的对话框，在该对话框中进行各个级别的设置。

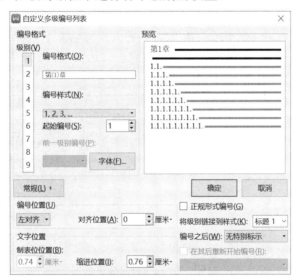

图 5.6 "自定义多级编号列表"展开对话框

5.3.2 修改样式

如果 WPS 文字内置的样式不能满足排版的需要，则可以对 WPS 文字中已有的样式进行修改，修改的内容包括字体、段落、大纲级别等。

以修改标题 1 为例，在"开始"选项卡的"样式"组中，右击"标题 1"，出现如图 5.7 所示的快捷菜单，然后单击"修改样式"命令，打开如图 5.8 所示的"修改样式"对话框。在"修改样式"对话框中，对要修改的格式进行设置，然后单击"确定"按钮完成修改。

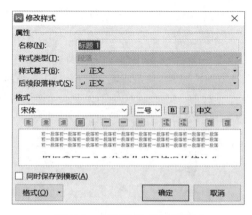

图 5.7 "修改样式"命令   图 5.8   "修改样式"对话框

节标题和目标题样式制作，可以由 WPS 文字中存在的"标题 2"和"标题 3"样式修改而成，操作方法同章标题样式制作。

5.3.3 样式应用

为文档中的各级标题应用相应的样式，只需把光标定位在所在行，再单击样式栏中对应的样式即可。例如，将标题 1 应用到章标题，将插入点移至第 1 章标题处，在"开始"选项卡的"样式"组中，选择"章"样式，该标题前将自动加入"第 1 章"，将标题中原有的"第 1 章"删除，效果如图 5.9 所示。

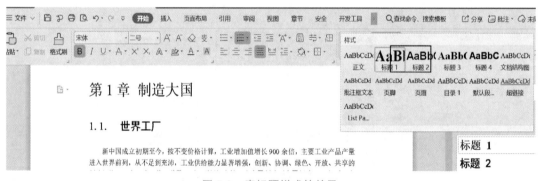

图 5.9 章标题样式的效果

用同样方法将标题 2 样式应用于其他节标题、标题 3 样式应用于各目标题。

文档中的"目录""参考文献"等标题也要按需要设置相应级别的标题，但一般要去掉编号，只保留相应的样式。

5.4   目录

目录是指文档正文前所列出的目次，按照一定的次序编排而成，直观反映各个级别标题的层次结构和相应内容所在的位置，便于读者快速定位查阅，具有导读功能。

WPS 文字提供了目录自动生成功能，十分方便。

5.4.1　插入目录

在正文前插入多个空行，将光标移至第一行输入"目录"两个字，并将样式的标题 1 应用到该行，这时会在"目录"前加上第 1 章的编号，删除编号只留下"目录"两个字，但样式依然是标题 1。再将插入点移至第二行，在"引用"选项卡的"目录"组中，选择"智能目录"中的某一格式的目录，即自动插入目录，或单击"自定义目录（C）…"命令，出现如图 5.10 所示的"目录"对话框，选择"显示级别"为 3 级，其他按图 5.11 所示设置，最后单击"确定"按钮。

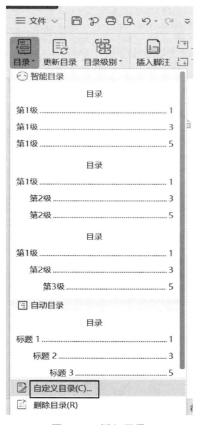

图 5.10　插入目录

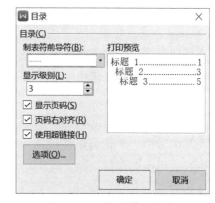

图 5.11　"目录"对话框

5.4.2　插入图目录和表目录

有时候为了查阅的方便，一些论文后面附有图目录和表目录，它们也可以由 WPS 文字自动建立，方法和插入目录相似。

在"引用"选项卡的"题注"组中，单击"插入表目录"，出现如图 5.12 所示的"图表目录"对话框，在"题注标签（L）"列表框中选择"图"，单击"确定"按钮。

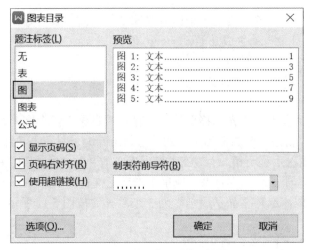

图 5.12　"图表目录"对话框

生成的图目录如图 5.13 所示。用上述相同方法可以生成表目录。

图 5.13　生成的图目录

5.5　题注与交叉引用

长文档中少不了必要的图形或表格，图形、表格必须要有标题，图标题在图形下方，表标题在表格上方，图、表要按章顺序编号，如"图 1.1"表示第 1 章第 1 个图，"表 2.3"表示第 2 章第 3 个表等。图标题、表标题及表格内容的字号一般比正文的小半号，如正文字号用五号，则它们用小五号。为了方便实现图标题、表标题格式统一，需要分别制作图标题、表标题样式，而其编号的自动化可以通过插入题注来解决。在正文中还得通过编号引用图、表，其编号必须跟被引用者保持一致，这里可以使用 WPS 文字中的交叉引用功能。

题注由三部分组成，按顺序分别是标签、编号、题注文字，合在一起称为整项题注，如图 5.14 所示。

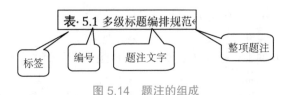

图 5.14　题注的组成

5.5.1 插入题注

对文档中的图或表，用插入题注来实现图和表格的自动编号。操作方法如下：将插入点移至文档中第一个表或图的题注文字前，在"引用"选项卡的"题注"组中，单击"插入题注"，出现如图 5.15 所示的"题注"对话框；如果要使用的"表"题注不存在，需要手动创建。单击"新建标签（N）…"按钮，出现如图 5.16 所示的"新建标签"对话框，输入标签"表"，单击"确定"按钮；如果题注中的编号需要包含章节号，单击"题注"对话框中"编号（U）…"按钮，出现如图 5.17 所示的"题注编号"对话框，勾选"包含章节编号"复选框，"使用分隔符"选择"．（句点）"，单击"确定"按钮，再单击"题注"对话框中的"确定"按钮。执行上述操作后即可插入"表 1.1"，其中"表"为标签，其后数字按章顺序自动编号。

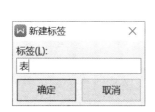
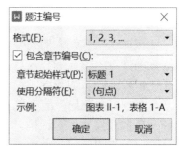

图 5.15 "题注"对话框　　　　图 5.16 "新建标签"对话框　　　　图 5.17 "题注编号"对话框

当有多个表时，用同样方法为其他表插入题注。若表较多，插入较为烦琐，可以通过复制已插入的"表"题注，在其他表的题注处粘贴，在所有题注复制完成后，选择整个文档，右击，在出现的快捷菜单中单击"更新域"命令即可按顺序自动更新编号。

用上述方法同样可以为图插入题注，完成自动编号。图的题注一般在图的下方，表的题注一般在表的上方。

插入题注后，题注的样式会被自动应用为题注样式。如果有需要，也可以修改题注的样式，修改后所有的题注都会自动调整。

5.5.2 交叉引用

图和表的题注在正文中的引用可以由交叉引用实现其编号的自动化。

表的题注的引用方法：将插入点移至需要引用图 1 的位置，在"引用"选项卡的"题注"组中，单击"交叉引用"，出现如图 5.18 所示的"交叉引用"对话框，"引用类型（T）"选择"表"，"引用内容（R）"选择"只有标签和编号"，"引用哪一个题注（W）"选择要引用的表，如"表 1-1 我国制造业产值占全球的比例"，单击"插入（I）"按钮；然后将插入点移至下一个引用图号处，选择相应图号，单击"插入"按钮；引用完毕后，单击"取消"按钮。

使用同样方法完成图的题注的引用，此时"引用类型（T）"选择"图"。

需要说明的是，同一个图或表的题注可以被引用多次。

图 5.18　"交叉引用"对话框

实施步骤

按默认格式输入的文档"大国智造"已存为 WPS 文档，下面就针对该文档进行编排。

多级编号视频

步骤一：页面设置

在"页面布局"选项卡的"页面设置"组中，单击右下角的三角箭头按钮，打开"页面设置"对话框。

（1）设置纸张的大小为 A4、页边距为默认值。

（2）将页面版式设置成奇偶页不同的页眉页脚，设置页眉、页脚的距边界值均为 1.35 厘米。

步骤二：多级标题样式制作和应用

（1）多级标题样式制作。

在"开始"选项卡的"段落"组中，单击"编号"，选择"自定义编号（M）"，在打开的"项目符号和编号"对话框中，选择其中的"多级编号（U）"。

在多级编号的列表中选择一个编号方式，如"第一章（标题 1），1.1（标题 2），1.1.1（标题 3）"，单击"自定义（T）..."按钮，在打开后的对话框中单击"高级"按钮，得到如图 5.19 所示展开后的对话框，在该对话框中进行各个级别的标题设置。

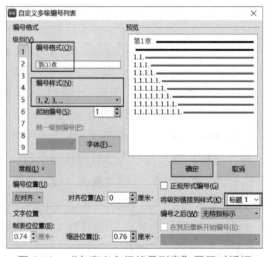

图 5.19　"自定义多级编号列表"展开对话框

在"编号格式"下面的"级别（V）"里选中"1"，修改"编号格式（O）"为需要的格式，如第（X）章，在"编号样式（N）"的下拉列表框中选择需要的样式，如"1.2.3，…"，在"将级别链接到样式（K）"右边的下拉列表框中选择"标题1"，然后单击"确定"按钮。

选中"2"，修改"编号格式（O）"为需要的格式，如（1）.（1），在"编号样式（N）"的下拉列表框中选择需要的样式，如"1.2.3，…"，在"将级别链接到样式（K）"右边的下拉式列表框中选择"标题2"，然后单击"确定"按钮。用同样方法可以对级别3及以后的级别进行设置。

（2）章标题居中。

章标题对齐方式可以直接由 WPS 文字中已有的"标题1"样式修改而成。

在"开始"选项卡的"样式"组中，右击"标题1"，单击"修改样式（E）"命令，打开如图5.20所示的"修改样式"对话框，选中居中图标，然后单击"确定"按钮。

图 5.20　标题 1 居中操作

如果还需要修改字体、段落、大纲级别等，可以单击"格式"按钮，在打开的列表中选择相应的项目进行设置和修改。

（3）将各级标题样式应用于对应的标题。

将插入点移至第1章标题行，在"开始"选项卡的"样式"组中，选择"标题1"样式，该标题前将自动加入"第1章"，将标题中原有的"第1章"删除，用同样方法将标题2样式应用于其他节标题、标题3样式应用于各目标题。

议一议：编号格式列表框的编号数字是自动显示的，能不能删除？删除后怎么恢复？

步骤三：插入题注与交叉引用

（1）插入题注。将插入点移至文档中图的题注文字前，在"引用"选项卡的"题注"组中，单击"插入题注"，出现"题注"对话框；设置"标签"为"图"，勾选"包含章节号（C）"，"使用分隔符（E）"选择".（句点）"等操作，最后单击"确定"按钮。

题注、交叉引用视频

表的题注操作与图的操作类似，表的题注在表的上方。

插入题注后，题注的样式会被自动应用为题注样式。如果有需要，也可以修改题注的样式，修改后所有的题注都会自动调整。

（2）交叉引用。

图的题注的引用：将插入点移至文档中需要引用图的位置，在"引用"选项卡的"题注"组中，单击"交叉引用"，在打开的"交叉引用"对话框中，"引用类型（T）"选择"图"，"引用内容（R）"选择"只有标签和编号"，"引用哪一个题注"选择要引用的图，单击"插入"按钮完成引用；然后将插入点移至下一个引用位置，选择相应图号，单击"插入"按钮，引用完毕后，单击"取消"按钮。

使用同样方法完成表的题注的引用，这时"引用类型"选择"表"。同一个图或表的题注可以被引用多次。

问一问：在插入题注和交叉引用后，都会出现比如"图 5.1"这样的符号，题注处的"图 5.1"和交叉引用的"图 5.1"两者有什么不同？

步骤四：自动生成目录

在正文前插入多个空行，将光标移至第一行输入"目录"两个字，并将样式的标题 1 应用到该行，删除编号只留下"目录"两个字，但样式依然是标题 1。再将插入点移至第二行，在"引用"选项卡的"目录"组中，选择"智能目录"中的某一格式的目录，即自动插入目录，或采用"自定义目录（C）…"，在出现的"目录"选项卡中，选择显示级别为 3 级，单击"确定"按钮，生成如图 5.21 所示的目录。

目录

图 5.21　自动生成的目录

项目拓展

1. 插入索引

索引是根据一定的需要，把文档中的主要概念等词语摘录下来，标明出处、页码，按一定次序分条排列，以供人查阅的资料。

图 5.22　"标记索引项"对话框

首先要为需要创建索引的词条添加索引项标记，选中需要创建索引的词条，如第 1 章 1.2 中的"战略联盟"，在"引用"选项卡中单击"标记索引项（K）"，打开如图 5.22 所示的对话框，如果只需建立该处的索引，单击"标记（M）"按钮，原文中的"战略联盟"文字后面将会出现"{XE "战略联盟"}"的标志，如图 5.23 所示，单击工具栏上的"显示/隐藏"按钮，可把这一标记隐藏或显示出来。如果想要把本文档中所有出现"战略联盟"的地方索引出来，则要单击"标记全部（A）"按钮，这样全书中凡出现"战略联盟"的页面都会被标记出来。其他需要创建索引的词条用同样的方法进行标记。

图 5.23　标记索引项后的编辑标记

完成索引项的标记后，在"引用"选项卡中单击"插入索引"，打开如图 5.24 所示的对话框，根据需要对"类型""栏数（O）""排序依据（S）"等进行设置后，单击"确定"按钮建立索引项，如图 5.25 所示。

图 5.24　"索引"对话框

图 5.25　索引项

2. 新建样式

WPS 文字虽然内置了多种可直接应用的样式，但有时也需要一些特殊的样式，这时可以创建一个新样式，以后就可以在文档中反复使用。创建新样式的方法如下：

单击"开始"选项卡下"样式"组中的"新样式"按钮并选择其中的"新样式（N）…"命令，如图 5.26 所示，打开如图 5.27 所示的对话框，在其中对样式名称、样式类型等进行设置，还可以单击左下角的"格式（O）"按钮，在打开的列表中选择字体、段落、边框等对新样式的格式进行设置，最后单击"确定"按钮完成新样式的创建，创建后在样式列表中会出现新样式的名称，以后就可以和内置样式一样使用了。

图 5.26　创建新样式

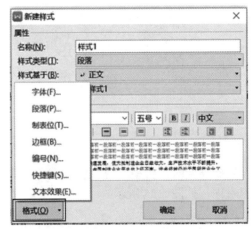

图 5.27　"新建样式"对话框

项目小结

采用 WPS 文字的多级编号功能，可以对章节目标题进行自动编号，这样在编写长文档时可以不用为编号编错了而烦恼，可以提高编写的效率，而且文档的内容编排完成后，如果要对文档进行修改，例如插入新的章节或删除不需要的章节等，WPS 文字都会对编号进行自动调整，不会出现错编、漏编、重复编号等现象。同样采用 WPS 文字的题注和交叉引用功能，当增、删图和表时，WPS 文字也会对题注和交叉引用中的编号进行调整，如果增、删后没有显示自动调整，可选中整文档，然后右击鼠标，在出现的快捷菜单中选择"更新域（U）"命令即可完成重新编号，过程完全自动完成，使用十分方便，如图 5.28 所示。

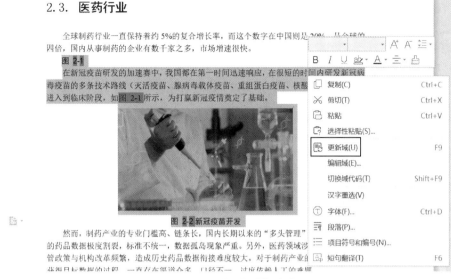

图 5.28　"更新域"命令

记一记：学习了本项目后，你觉得有哪些收获？

_____

_____

_____

_____

_____

_____

项目练习

1. 一篇短文有并列的 4 个小点，分别用手动编号和自动编号两种方式用数字 "1.2.3.4." 进行编号，比较并总结它们的特点。

2. 某个文档的章节要采用如下的编号格式要求进行自动编号，请完成设置。

章标题使用标题 1，自动编号格式为：项目 X（例：项目一），其中，X 为自动排序，中文序号，对应级别 1，居中显示。

节标题使用标题 2，自动编号格式为：第 Y 节（例：第一节），其中，Y 为自动排序，中文序号，对应级别 2，左对齐。

3. 有一篇手动编号的项目文档，请使用多级编号对篇名、章名、小节名进行自动编号。

要求：

（1）篇标题使用标题 1，篇编号的自动编号格式为：第一、第二、……篇（例：第一篇），对应级别 1，居中显示，采用中文数字序号。

（2）章标题使用标题2，章编号的自动编号格式为：第1、第2、……章（例：第1章），对应级别2，居中显示，采用阿拉伯数字序号。

（3）节标题使用标题3，节编号的自动编号格式为1.1、1.2、……，2.1、2.2、……（例：1.1），前面的数字是章编号，后面的数字是节序号，对应级别3，左对齐显示。两个都采用阿拉伯数字序号。

（4）对正文中的图添加题注"图"，位于图下方，居中，要求：

① 编号为"章序号"-"图在章中的序号"（例如第1章中第2幅图，题注编号为1-2）。

② 图的说明使用图下一行的文字，格式同编号。

③ 图居中。

（5）对正文中出现"如下图所示"中的"下图"两字，使用交叉引用，改为"图X-Y"，其中"图X-Y"为图题注的编号。

项目文档如图5.29所示。

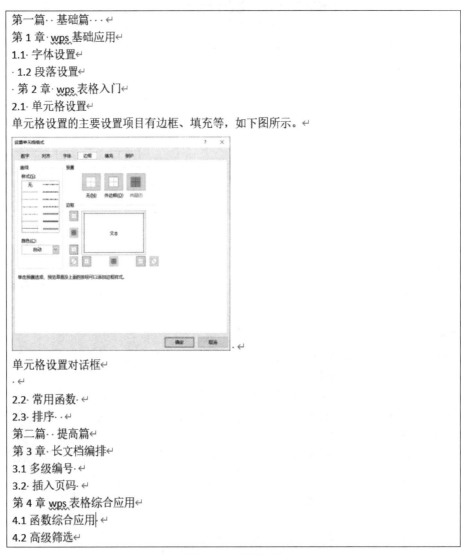

图 5.29　项目文档

4. 用插入域的方法在一篇文档的最后添加"字数""创建日期""文件大小"等信息。

项目 6 "移动支付"文档编排

学习目标

　　知识目标：了解长文档编排中页码、页眉设置的规范。
　　技能目标：掌握分节操作和页码、页眉设置。
　　思政目标：了解先进的移动支付技术和成熟应用，增强科技自信。

项目效果

　　长文档通常由多个章节组成，印刷成册后想要查找其中的某一章节内容会不太方便，所以通常将不同章的页眉设置成带章标题的内容，这样不仅查阅比较方便，也使得版面更加美观，增色不少，效果如图 6.1 所示。

　　在这类文章的排版规范中，文档的不同部分对页眉、眉脚、页码的要求也不一样，如封面不加页码，目录部分要设置独立的页码，不添加页眉等，这就需要对文档进行分节设置。

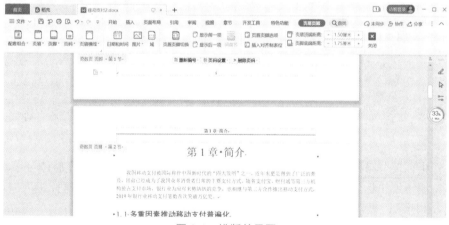

图 6.1　排版效果图

知识技能

6.1　分节

　　默认方式下，WPS 文字将整个文档视为一个"节"，这种情况下无法实现对不同部分进行有差异的页面设置。"分节"就是把文档分为几个相对独立的部分，每个"节"是文档的一部分，可以在其中为其单独设置某些页面格式。所以默认方式下对文档的页面设置是应用于整篇文档的，也就是整个文档的页面是一样的。如果需要在一页之内或多页之间采用不同的版面布局，就必须插入"分节符"将文档分成几个相对独立的"节"，然后根据需要设置每"节"的格式。分节后的页面设置可更改的内容有页边距、纸张大小、纸张的方向（纵横混合排版）、打印机纸张来源、页面边框、垂直对齐方式、页眉和页脚、页码编号等。

分页符虽然也能将分页符后的内容移到新的一页，但与前面的内容还是一个整体，无法为不同的页面实现差异化的页面设置。

插入分节符的目的有两个：一是将文档的各个章节分开，让每个章节都在新的一页开始，二是将计划设置成不同格式页面的部分进行分割，如目录和正文设置不同格式的页码。

插入分节符的步骤如下：

（1）将插入点移至需要插入分节符的位置，当使用了自动编号的多级编号后，无法将插入点定位在章编号"第1章"之前，只能定位在它的后面，但插入分隔符后，这个章编号"第1章"不会被分到分节符的前面，仍然是在分节符的后面。

（2）在"页面布局"选项卡中，单击"分隔符"按钮，在打开的列表中单击"分节符"中的"下一页分节符（N）"，如图6.2所示。如果要想让下一节从奇数页或偶数页开始，可以选择"奇数页分节符（E）"或"偶数页分节符（D）"。

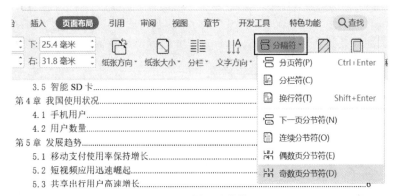

图6.2　插入分节符

在文档中需要分节的位置按上述方法分别插入分节符，对文档进行完整的分节。

分节符属于编辑标记，可以通过"开始"选项卡中的"显示/隐藏段落标记"来显示或隐藏，如图6.3所示，显示后能便于确认分隔符或进行删除等操作。

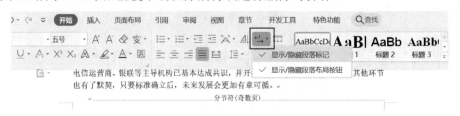

图6.3　显示/隐藏段落标记

想一想：插入分节符时，根据什么来选择"下一页分节符（N）""奇数页分节符（E）"以及"偶数页分节符（D）"？

6.2　页码

页码是对文档按页面进行编号，便于在编写和阅读时进行定位和查找。长文档编排中，会根据文档的结构，将文档分为几个部分，如目录、正文、附录等，并为之进行不同编号格式的单独设置。页码可以设置在页面底部，也可以设置在页面上方或页面侧面。

6.2.1　插入页码

首先插入默认的页码，在"插入"选项卡中单击"页码"按钮，在打开的列表中单击其中的"页脚中间"，如图 6.4 所示，随即页码被插入。

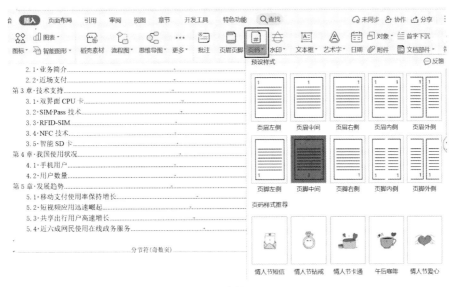

图 6.4　插入页码

6.2.2　设置页码

插入默认页码后，在页码上方会出现 3 个常用的设置按钮，如图 6.5 所示。

图 6.5　页码设置按钮

单击"页码设置"按钮，打开如图 6.6 所示的对话框，在"样式"下拉式列表框中选择需要的页码格式，如"1，2，3…"，然后单击"确定"按钮。

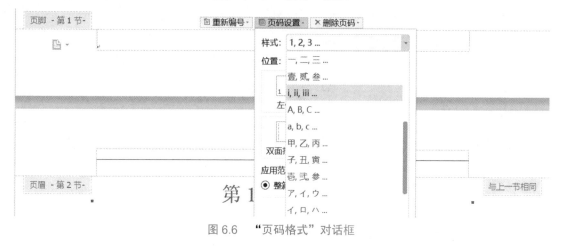

图 6.6　"页码格式"对话框

如果页码编号有误，可通过重新编号进行设置，在"页码编号设为"右边调整数字，或选择"页码编号续前节"，与前一节连续编号。

若插入页码有误，可以单击"页码格式"对话框中的"删除页码"按钮进行删除，再重新进行设置。

6.3　页眉

文档排版时，一般将每个页面的顶部区域视为页眉，常用于显示文档的附加信息，可以插入章节标题、文档名、时间、公司微标、装饰图形或作者姓名等。

6.3.1　插入页眉

有时候页眉内容需设置成奇偶页不同，封面一般不添加页眉，目录部分根据要求可有可无。

将插入点定位在需要的位置，在"插入"选项卡中单击"页眉页脚"按钮，进入页眉编辑状态。为了实现奇数页和偶数页不同的页眉，在插入页眉之前要先在"页眉页脚"选项卡中单击"页眉页脚选项"按钮，打开如图 6.7 所示的对话框，勾选"奇偶页不同（V）"复选框，将文档设置为"奇偶页不同"。

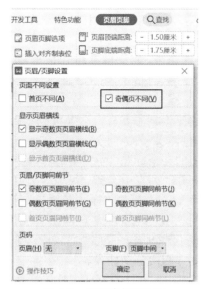

图 6.7　设置奇偶页不同

　　注意，在已经插入了页码以后再设置奇偶页不同，偶数页的页码会被清掉，需要再次插入页码，如果是在插入页码之前设置了奇偶页不同，需要对奇数页和偶数页分别添加和设置页码，各有利弊。

　　如果要设置两个节不同的页眉，与前面的页码设置类似，单击"页眉页脚"选项卡中的"同前节"按钮，断开与上一节的链接，这时右侧的提示"与上一节相同"消失。

　　偶数页页眉的设置与奇数页相同，但是需要再次设置。

　　问一问："同前节"的作用是什么？"同前节"是分别针对页眉和页脚的，还是对同一节来讲是同时对页眉和页脚都有效？

　　插入页眉后的文档效果如图 6.8 所示。

图 6.8　插入页眉后的效果

6.3.2　页眉中使用域

域是 WPS 文字中的一种特殊命令，每个域有相应的域名，域能对文档中的一些信息进行提取、分析、计算，如章序号、章名、图表的题注、脚注及文档字数、作者等，并把结果放在指定的位置。

使用域可以实现许多复杂的工作，主要有自动编页码和脚注、尾注的号码，按不同格式插入日期和时间，以及自动创建目录、关键词索引等。

如果页眉内容要引用页面上的某个标题，需要使用插入域的方法实现。单击"插入"选项卡中的"文档部件"按钮，在打开的列表中选择"域"，出现如图 6.9 所示的对话框，在"域名（F）"列表中选中"样式引用"，在右侧的"样式名（S）"下拉列表框中选择想要引用的标题，如"标题 1"，再勾选下面的"插入段落编号（G）"，单击"确定"按钮，插入章序号，再次进行类似操作，只是最后一步不要勾选下面的"插入段落编号（G）"，单击"确定"按钮，插入章标题。序号和章标题需要分两次分别插入。

只需进行一次操作，以后各章也同时一次完成了插入操作，从而不用再进行每章的设置。采用插入域的方法插入的页眉，实际上就是把当前页最前面的"标题 1"提取出来放在页眉处，所以当修改章标题内容后，页眉内容会自动调整。

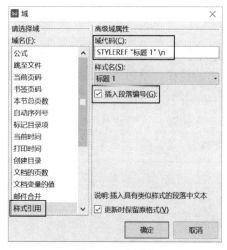

图 6.9　插入域

实施步骤

文档已存为"移动支付"WPS 文档，并完成了相应排版，已实现多节编号、题注和交叉引用及目录的设置。下面就针对该文档进行编排。

步骤一：插入分节符

（1）将插入点移至每章的最前面。

（2）在"页面布局"选项卡中，单击"分隔符"按钮，在打开的列表中单击"分节符"中的"下一页分节符（V）"，或"奇数页分节符（E）""偶数页分节符（D）"。

在文档中需要分节的位置按上述方法分别插入分节符，对文档进行完整的分节。

步骤二：插入页码

插入页码视频

将插入点移到文档最前面一页，在"插入"选项卡中单击"页码"按钮，在打开的列表中单击"页脚中间"，在文档的页脚中间插入默认的页码。

设置页码格式。插入默认的页码后，再根据实际需要对页码格式进行设置。

（1）设置目录的页码。单击页码上方的"页码设置"按钮，在"样式"下拉列表中选择需要的页码格式"ⅰ，ⅱ，ⅲ…"，然后单击"确定"按钮，完成目录部分页码的设置。

（2）设置正文的页码。将插入点移至正文部分第一页（第 1 章的第 1 页），首先单击"页眉页脚"选项卡中的"同前节"按钮，如图 6.10 所示，断开与上一节的链接，这时右侧的提示"与上一节相同"消失，这样后面的设置就能实现与上一节不同。

然后执行与上一步相似的操作，单击"页码设置"按钮，在"样式"下拉式列表框中选择需要的页码格式，如"1，2，3…"，再在"应用范围"下面的选项中选择"本页及之后"，如图 6.11 所示，最后单击"确定"按钮，完成正文部分页码的设置。

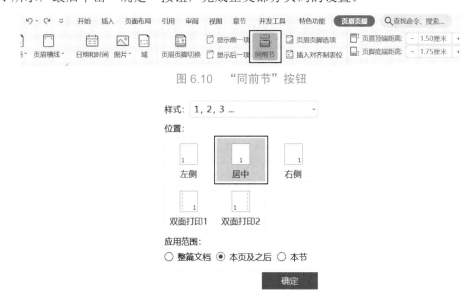

图 6.10　"同前节"按钮

图 6.11　应用范围设置

步骤三：插入页眉

本项目为正文插入奇偶页不同的页眉，正文前的节不插入页眉，奇数页页眉内容设置成章序号和章标题，偶数页为文章题目"移动支付"。

将插入点定位在正文的第 1 页（封面页和目录页除外），在"插入"选项卡中单击"页眉页脚"按钮，进入页眉编辑状态。在"页眉页脚"选项卡中单击"页眉页脚选项"按钮，勾选"奇偶页不同（O）"复选框，将文档设置为奇偶页不同。

插入页眉视频

使用域为奇数页设置内容是章序号和章标题的页眉。将插入点定位在第 1 章第 1 页的页眉处，单击"页眉页脚"选项卡中的"同前节"按钮，断开与上一节的链接，这时右侧的提示"与上一节相同"消失。

单击"插入"选项卡中的"文档部件"按钮，在打开的列表中选择"域"，在打开的对话框"域名（F）"列表中选中"样式引用"域，在右侧的"样式名"下拉列表框中选择"标题 1"，再勾选下面的"插入段落编号（G）"，单击"确定"按钮，插入章序号。类似操作，最后一步不要勾选下面的"插入段落编号（G）"，单击"确定"按钮，插入章标题。序号和章标题需要分两次分别插入。

再设置偶数页的页眉。将插入点定位到偶数页页眉处，也需要执行与奇数页类似的操作，单击"页眉页脚"选项卡中的"同前节"按钮，断开与上一节的链接，然后直接在页眉处输入文字"移动支付"，输入的文字是固定的，所以偶数页的页眉各章都是一样的，不会随章节变化。

插入页眉后的文档效果如图 6.12 所示。

第 2 章··支付方式

移动支付也称为手机支付，就是允许用户使用其移动终端(通常是手机)对所消费的商品

图 6.12　插入页眉后的效果

议一议："页眉/页脚设置"对话框中，还有一个"首页不同（P）"，它的作用会是什么呢？

项目小结

分节操作是长文档中常用的操作，通常会将封面、目录、正文等进行分节，以便对文档的不同部分进行不同的页面设置。分节与分页从表面上看似乎差不多，"下一页分节符（N）"与分页符的"下一页"分隔符后都是从新的一页开始，但分页符并没有对文档进行独立分割，所以不能做到对分隔后的不同部分设置不同的页面。有时候，文档中需要对其中的一页甚至同一页的部分段落进行不同的页面设置，如其中一页的表格是横排的，通过分节就可以轻松实现。

项目拓展

长文档在定稿之前要进行多次的校对和修改，校对者在校对文档时，不能对文档内容进行直接的修改，因为直接修改后不会留下修改痕迹，作者很难发现哪些地方做了修改，或修改了哪些内容，最好是把修改意见保留在文档中，和作者进行交流沟通，达到意见的统一。使用 WPS 文字的审阅与修订功能可方便地实现这一过程，它是跟踪文档变化的一种有效手段。审阅中的批注功能是作者与审阅者的沟通渠道，审阅者在修改他人文档时，通过插入批注，可以将自己的建议插入到文档中，以供作者参考。

1. 使用批注

添置批注时，会出现审稿人的信息，建议先对用户名进行修改，在"审阅"选项卡中单击"修订"按钮，再单击"更改用户名…（U）"命令，如图 6.13 所示，打开如图 6.14 所示的对话框，在"用户信息"栏中填写如姓名、缩写等信息，然后单击"确定"按钮完成修改。

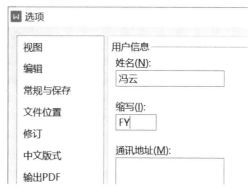

图 6.13　更改用户名　　　　　　　　图 6.14　更改用户名选项

选中需要插入批注的文字，在"审阅"选项卡中单击"插入批注"按钮，在页面右侧出现插入批注者的姓名信息，只需在下面空白处输入批注内容即可，批注后的效果如图 6.15 所示。

图 6.15　使用批注示例

2. 使用修订

修订功能可将对文字的插入、删除等修改的操作信息保留下来，其他校对者可根据情况接受修订或拒绝修订。

在"审阅"选项卡中单击"修订"按钮，单击图 6.13 所示的"修订（G）"命令，进入修订状态，此后进行的删除、插入等操作都不会直接执行删除和插入，而是加入了删除或插入标记，并显示修订者的信息，如图 6.16 所示，显示标记的状态有多种，读者可自行查看并设置。

图 6.16　修订后的修订标记

修订后的操作有接受修订和拒绝修订可以选择，当把光标移至标记区时，右侧会出现"接受修订"和"拒绝修订"按钮，单击相应的按钮完成快捷操作，也可以右击修订标记处，在出现的快捷菜单中完成，如图 6.17 所示。

图 6.17　接受修订、拒绝修订快捷菜单

记一记：学习了本项目后，你觉得有哪些收获？

项目练习

1. 某公司一个文档页面纸张方向是纵向的，但文档中的表格列数较多，需要将表格所在页面横向编排，并且该页不设置页眉，其他页设置奇偶页不同的页眉，奇数页页眉内容是标题 1 的编号和标题内容，偶数页是公司名称和公司标识图案。完成后的效果图如图 6.18 所示。

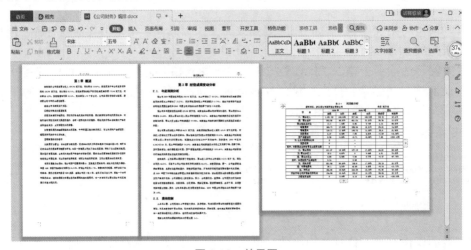

图 6.18　效果图

2. 页面设置中有"首页不同"的选项，试着将练习 1 中的文档设置成首页不同，观察出现了什么变化，总结"首页不同"的作用和排版效果。

3. 设置具有自己特色的页眉横线，掌握添加或取消页眉横线、改变页眉横线的颜色、在页眉插入艺术图片进行装饰等操作。

4. 将自己编写的项目调查报告或暑期社会实践等长文档的封面不要设置页眉页码，正文中页眉设置为文档的当前页的章标题内容，正文页脚设置为从 1 开始的页码。

WPS 表格数据计算

WPS 表格数据计算篇主要介绍在 WPS 办公领域中如何高效利用 WPS 表格进行数据分析处理。本篇通过项目 7 "学生奖学金成绩汇总"、项目 8 "健康阳光跑数据分析"、项目 9 "公司考勤奖惩统计分析"、项目 10 "消费收支管理"和项目 11 "职业技能竞赛奖状批量制作"介绍了 WPS 表格中数据管理、公式函数、数据汇总图表处理等知识与技能点。学生在项目实施过程中不仅能养成客观公正的处事态度，增强学业成就感和健康意识，而且能养成严格的自律精神和合理的消费理念，学会合理高效安排生活。

项目 7 学生奖学金成绩汇总

学习目标

知识目标： 了解 WPS 表格基本界面，能区分各种不同类型数据，理解单元格基本格式，理解条件格式的意义，明白基本公式的构成，能牢记常用函数的名称和参数，能区分单元格的相对引用和绝对引用。

能力目标： 会利用填充柄自动填充数据，会熟练设置单元格的基本格式，会设置条件格式，能按照不同数据列进行排序，能准确写出基本公式的表达式，能掌握常用函数的应用，具有合理使用单元格相对引用和绝对引用的能力。

思政目标： 养成细心、准确的计算习惯，培养学生客观公正的处事态度，通过奖学金的等级评定促进提升学业成就感。

项目效果

大学生每学年都要评定各种奖学金（班级、系级、学院级），其中班级是最基本的。评定奖学金的成绩构成除了学业成绩还包括各种素质成绩如文体活动、竞赛、志愿活动等，因此对班级学生奖学金成绩数据进行统计是项严谨细致的工作，要求公开、透明、准确。主要汇总统计工作包括首先统计出每位学生各科成绩的总分、每位学生各项素质的得分；然后汇总出每位学生的总分；从高分到低分排列出班级名次；最后根据各等级奖学金的人数统计出各等级的具体名单。学生学业统计成绩如图 7.1 所示，最终奖学金统计结果如图 7.2 所示。

图 7.1 学业成绩统计表

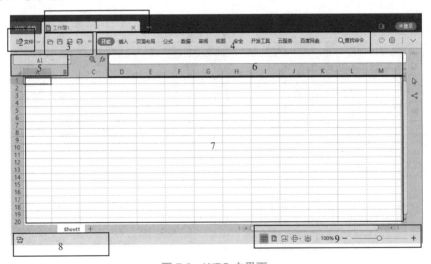

图 7.2 学生奖学金评定表

学生奖学金评定总表

学号	姓名	学业成绩	思想行为分	技能奖励分	总评分	名次	奖学金等级
系别：					信息技术系		
202002009	郑央羽	62.86	17.20	1.60	81.66	1	一等奖
202002001	曹利容	63.63	17.20	0.50	81.33	2	一等奖
202002002	施彤彤	63.73	16.40	1.00	81.13	3	一等奖
202002003	杨珑	62.90	16.60	1.10	80.60	4	一等奖
202002004	钱巳可	62.72	16.20	1.50	80.42	5	一等奖
202002007	杨圆	63.14	16.10	0.80	80.04	6	一等奖
202002005	吴丽萍	62.44	16.60	1.00	80.04	6	一等奖
202002012	朱虹	62.30	16.20	0.80	79.30	8	二等奖
202002016	张财松	60.49	16.00	2.30	78.79	9	二等奖
202002015	徐华滨	60.76	16.70	0.80	78.26	10	二等奖
202002010	郑乐斌	61.13	16.00	1.00	78.13	11	二等奖
202002023	刘展宇	60.06	17.00	1.00	78.06	12	三等奖
202002014	顾秀宇	60.90	16.60	0.00	77.50	13	
202002017	郑安平	59.38	16.60	1.50	77.48	14	
202002018	黄信安	60.47	16.00	1.00	77.47	15	
202002011	朱振海	61.35	16.10	0.00	77.45	16	
202002019	陈胜哲	60.18	16.10	0.80	77.08	17	
202002013	马云波	60.20	16.60	0.00	76.80	18	
202002020	胡伟洁	60.15	16.20	0.00	76.35	19	
202002022	王海晶	58.80	16.60	0.50	75.90	20	
202002021	郑蓓蕾	59.07	16.30	0.50	75.87	21	
202002032	黄伟翔	58.28	16.60	0.50	75.38	22	
202002033	朱雯雯	56.54	16.40	1.00	73.94	23	
202002030	王琪钰	56.50	16.00	1.20	73.70	24	
202002027	张忠楠	57.40	16.00	0.00	73.40	25	
202002035	许晓华	55.22	16.80	0.50	72.52	26	

人数统计	
班级总人数	35
一等奖人数	2
二等奖人数	5
三等奖人数	5

学业成绩　思想行为得分　技能奖励得分　奖学金评定表

知识技能

7.1 WPS表格

7.1.1 主界面

WPS 表格主要用于表格制作、数据计算分析处理和汇总报表设计，其主界面如图 7.3 所示，包括标题栏、"文件"菜单、快速访问工具栏、菜单栏、名称框、公式编辑栏、表格编辑区、状态栏、视图栏。

图 7.3 WPS 主界面

（1）标题栏：即表格文件的名称标题。

（2）"文件"菜单：单击该菜单，可以完成文件的一系列操作，如：打开、新建、保存、分享等。

（3）快速访问工具栏：常用的快速工具，单击右侧的命令按钮，可以进行自定义。

（4）菜单栏：对表格进行编辑的功能菜单。

（5）名称框：显示单元格的名称，可以直接修改。

（6）公式编辑栏：简称编辑栏，用于编辑公式的编辑框。

（7）表格编辑区：对表格进行编辑操作的区域。

（8）状态栏：显示当前表格文件的信息。

（9）视图栏：可以在普通视图、页面布局、分页预览、阅读模式、护眼模式之间切换，并实现对表格的页面大小进行缩放。

7.1.2　基本术语

工作簿，即 WPS 表格的文件，类似于学生的作业本。工作表是电子表格文档中的一个表，类似于作业本中的一页纸。一个工作簿中可以有多个工作表。

工作表的默认名称一般是"Sheet1""Sheet2"或"工作表 1""工作表 2"，工作表是由若干个单元格构成的。

单元格默认名称是列名行号如 A1，列名以字母表示，行号用数字表示，两个或以上的单元格构成一个区域。

7.1.3　基本操作

1　工作表操作

右击某工作表名称，弹出如图 7.4 所示快捷菜单，选择相应命令项可完成工作表的新建、删除、重命名等一系列操作。

插入(I)...

删除工作表(D)

重命名(R)

移动或复制工作表(M)...

保护工作表(P)...

工作表标签颜色(T)

隐藏(H)

取消隐藏(U)...

选定全部工作表(S)

字号(F)

图 7.4　工作表快捷菜单

（1）工作表新建。单击图 7.4 中的"插入（I）"命令，会弹出如图 7.5 所示的对话框，输入"插入数目（C）"并选择工作表插入的位置，单击"确定"按钮即可新增一张工作表；或者单击工作表名称右侧的加号 **+** 也可以新增一张工作表。

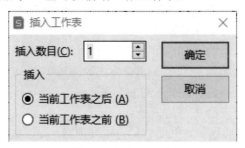

图 7.5　插入工作表

（2）删除。单击图 7.4 中的"删除工作表（D）"命令即可删除当前工作表。

（3）重命名。单击图 7.4 中的"重命名（R）"命令，输入工作表名字即可完成工作表改名。

（4）移动复制。单击图 7.4 中的"移动或复制工作表（M）"命令会打开如图 7.6 所示的对话框，确定工作表移动或复制的位置，若勾选"建立副本"复选框则为复制工作表，否则为移动工作表，单击"确定"按钮即可。

图 7.6　"移动或复制工作表"对话框

2. 单元格操作

按住 Ctrl 键，单击鼠标可以选择不连续的单元格。按住 Shift 键，单击鼠标可以选择连续的单元格。

3. 行列操作

单击行号或列号即可选中整行或整列，若同时按住 Ctrl 键则可选择多行或多列。

7.2　数据录入

7.2.1　数据类型

WPS 表格的最主要功能是进行数据处理，不同类型的数据，计算方式不同，因此弄清楚各种常用数据类型是完成数据处理的首要条件。常用数据包括数值、日期、时间、文本、逻辑等类型。数值型数据主要用于数值计算，计算结果是数值型或逻辑型数据。文本型数据可用于连接、关系比较等运算，结果为文本型或逻辑型数据。日期时间型数据可参与加减、比较运算，结果为日期时间型或整数或逻辑型数据。逻辑型数据值为 TRUE 和 FALSE。在录入各种类型的数据之前需要设置好单元格数字格式，如图 7.7 所示。

图 7.7　单元格数字格式设置

想一想：文本型数字与数值型数字有什么不同？

7.2.2　填充柄的应用

填充柄是指位于选定区域右下角的小方块。将鼠标指针指向填充柄时，鼠标指针会变为黑色实心十字型，按住鼠标就可以利用填充柄来进行上下左右的填充操作了。填充柄主要应用于填充序列、复制文本和公式填充等。根据所选择单元格区域数据值的不同，可以按住鼠标左键、右键拖动填充柄完成填充，也可以双击鼠标左键完成填充。按住鼠标左键拖动填充柄则为填充相同的内容。按住鼠标右键拖动填充柄，放开鼠标右键后，就会弹出如图 7.8 所示的菜单，单击"序列（E）..."命令后弹出如图 7.9 所示对话框，可选择"等差序列（L）""等比序列（G）" 等单选按钮进行填充。

图 7.8　鼠标右键填充

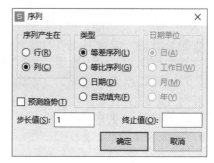

图 7.9　"序列"对话框

7.3　单元格格式设置

7.3.1　单元格基本格式设置

单元格格式包括字体、数字、对齐、边框、图案等基本格式，字体格式设置如图 7.10 所示。

图 7.10　字体格式设置

7.3.2　条件格式

当表格中数据太多，要查找的数据不明显、不易找到时，通过条件格式可以准确快速找到。条件格式是指将满足条件的数据设置成相应的格式以突出显示。单击"开始"选项卡下的"条件格式"按钮弹出如图 7.11 所示菜单项，单击其中的"新建规则（N）..."命令，会打开如图 7.12 所示对话框，根据实际需要可完成相应的条件格式设置。

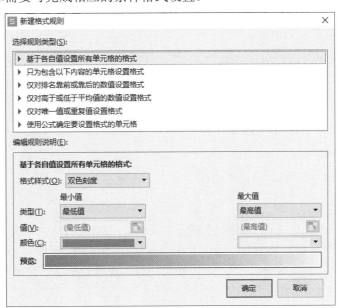

图 7.11　新建规则　　　　图 7.12　"新建格式规则"对话框

想一想：若条件与格式所涉及的对象是不同列的数据时，应如何操作？

7.4　排序

数据排序是指依据一列或多列中的数据按文本、数字及日期和时间进行升序或降序排序，也可以按自定义序列（如大、中、小）或格式（包括单元格颜色、字体颜色或图标集）进行排序。

将光标定位在排序依据的数据列当中，单击"数据"选项卡中的"排序"按钮，会弹出如图 7.13 所示的"排序"对话框。

图 7.13　"排序"对话框

7.5　公式

7.5.1　基本公式

公式始终以等号（=）开头，其构成包括数字、文本、日期、时间等数据，以及运算符、单元格引用、函数等。

1. 运算符类型

运算符根据数据类型的不同可分为 4 种：算术运算符、比较运算符、文本连接运算符和引用运算符。

● 算术运算符。算术运算符用于进行基本的数学运算，包括加法（+）、减法（-）、乘法（*）、除法（/）、乘方（^），生成结果为数值。

● 比较运算符。比较运算符包括=、>、<、>=、<=、<>，用于比较两个值，结果为逻辑值 TRUE 或 FALSE。

● 文本连接运算符。文本连接运算符（&）用于连接一个或多个文本字符串，以生成一个长字符文本，如="WPS"& "表格" 的结果为"WPS 表格"。

● 引用运算符。引用运算符包括冒号（:）、逗号（,）、空格（ ），用于表示单元格区域，分别对应连续单元格、分散单元格、区域的交集。

2. 运算顺序

当公式中同时用到了多个运算符时，WPS 表格运算顺序规则为：

（1）如果公式中包含了相同优先级的运算符，如公式中同时包含了乘法和除法运算符，WPS 表格将从左到右进行计算。

（2）如果要修改计算的顺序，应把公式中需要优先计算的部分括在圆括号内。

（3）公式中运算符的顺序从高到低依次为：（冒号）、（逗号）、（空格）、-负号（如 -1）、%（百分比）、^（乘幂）、*和/（乘和除）、+和-（加和减）、&（连接符）、比较运算符。

3. 访问其他工作表的公式

若公式中需要访问其他工作表的单元格中的数据，则需要在单元格前面写出工作表名及"！"，例如：=工资表！C2+D2。

7.5.2　单元格引用

单元格引用是指用单元格名称表示单元格在表中的坐标位置。WPS 表格单元格的引用包括绝对引用、相对引用和混合引用三种。

1. 相对引用

公式中的相对引用（例如 A1）是基于包含公式和所引用的单元格的相对位置。如果公式所在单元格的位置发生改变，引用也随之改变。如果多行或多列地复制公式，引用会自动调整。

2. 绝对引用

公式中的绝对引用（如$A$1）指总引用特定位置的单元格。如果公式所在单元格的位置发生改变，绝对引用将保持不变。如果多行或多列地复制或填充公式，绝对引用将不做调整。

3. 混合引用

具有绝对列和相对行，或是绝对行和相对列的引用即为混合引用。绝对引用列采用$A1、$B1 等形式；绝对引用行采用 A$1、B$1 等形式。如果公式所在单元格的位置发生改变，则相对引用改变，而绝对引用不变。如果多行或多列地复制公式，相对引用自动调整，而绝对引用不做调整。

在 WPS 表格中输入公式时，选中单元格名称按 F4 键可以快速地对单元格的相对引用和绝对引用进行切换。

问一问：相对引用的填充规律是怎样的？

重难点笔记区：请总结一下绝对引用与相对引用的区别。

7.5.3 名称管理器

名称管理器是指由用户自定义一个合适的名字代替单元格区域以便简化对单元格的引用。单击"公式"选项卡中的"名称管理器"按钮会打开如图 7.14 所示对话框，单击其中的"新建（N）…"按钮则打开如图 7.15 所示对话框，输入名称并选择引用位置，单击"确定"按钮即可完成名称创建。

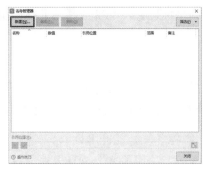

图 7.14 "名称管理器"对话框   图 7.15 "新建名称"对话框

7.5.4 常用函数

函数是预先定义、执行计算、分析处理数据任务的特殊公式。一个函数只有一个唯一的名称，名称后面必须有一对括号，括号中是函数的参数，若参数有多个则要用逗号（,）隔开，参数是函数中最复杂的部分。表 7.1 中列出了部分常用函数的格式、参数解析及示例。

表 7.1 部分常用函数用法

函数	参数解析	示例
SUM 函数语法格式：SUM（Number1，Number2,…） 主要功能：返回某一单元格区域中数据之和	Number1，Number2，…为 1 到 255 个需要求和的参数，该参数可以是数字、单元格引用、区域。如果参数中有错误值或为不能转换成数字的文本，将会导致错误	=SUM（3，2）返回 5， =SUM（A2:C2）返回 A2、B2、C2 单元格中数字的和
AVERAGE 函数语法格式：AVERAGE（Number1,Number2…） 主要功能：返回参数算术平均值	参数说明同 SUM 函数	=AVERAGE（A2:C2）返回 A2、B2、C2 单元格中数字的平均值
MAX 函数语法格式：MAX（Number1,Number2, …） 主要功能：返回一个最大数值	参数说明同 SUM 函数	=MAX（A2:A20）计算 A2:A20 中的最大值
MIN 函数语法格式：MIN（Number1,Number2, …） 主要功能：返回一个最小数值	参数说明同 SUM 函数	=MIN（A2:A20）计算 A2:A20 中的最小值
COUNT 函数语法格式：COUNT（Value1, [Value2], …） 主要功能：统计包含数字的单元格的个数	参数 Value1 表示需要统计的单元格或区域	=COUNT（A1:A20）统计 A1:A20 单元格中包含数字的单元格的数量

续表

函数	参数解析	示例
COUNTA 函数语法格式：COUNTA（Value1, [Value2], …） 主要功能：统计区域中不为空的单元格的个数	参数包含任何数据类型的单元格，包括错误值和空文本（""）	=COUNTA（A2:D8）统计 A2:D8 中非空单元格的数量
RANK.EQ 函数语法格式：RANK.EQ（Number,Ref,[Order]） 主要功能：返回某一个数字在一列数字当中的数字排位。如果多个值具有相同的排位，则返回该组值的最高排位	Number 表示要参与排位的数字。Ref 表示整个排位的数字列表，Ref 中的非数字值会被忽略。 Order 可选，表示数字排位方式的数字：为 0（零）或省略，表示 Ref 为降序排列；不为零的数字，表示 Ref 为升序排列	=RANK.EQ（G2,G2:G20,0）计算 G2 在序列 G2:G20 中的降序排位
IFS 函数语法格式：IFS（Logical_test1,Value_if_true,Logical_test2，Value_if_true…） 主要功能：根据逻辑表达式的真假值，返回不同结果	Logical_test 表示计算结果为 TRUE 或 FALSE 的任意值或逻辑表达式。 Value_if_true 表示 Logical_test 为 TRUE 时函数返回的结果值	若单元格 A2 值为 67，A3 值为 50 则公式=IFS（A2>=60,"及格",A2<60,"不及格"）返回及格； =IFS（A3>=60,"及格",A3<60,"不及格"）返回不及格

实施步骤

步骤一：工作表"奖学金评定"操作

（1）分别选中区域 A1:H1、A2:C2、D2:H2，单击"开始"选项卡中的"合并居中"按钮，设置字体为宋体，字号为 16，单击"加粗"按钮，如图 7.16 所示。单击"其他边框"，弹出如图 7.17 所示对话框，单击"颜色"下拉框右侧的三角选择绿色，单击"外边框（O）"按钮，单击"确定"按钮。

操作视频

图 7.16　格式设置

（2）单击单元格 C4，输入公式"=学业成绩!N11*70%"。单击单元格 D4，输入公式"=思想行为得分!G12*20%"。单击单元格 E4，输入公式"=技能奖励得分!I11*10%"。

（3）用公式计算每位学生的总评分。

方法 1：单击单元格 F4，输入公式"=C4+D4+E4"。

方法 2：单击单元格 F4，单击"公式"选项卡中的"插入函数"按钮如图 7.18 所示，弹出"插入函数"对话框如图 7.19 所示，选择 SUM 函数后弹出"函数参数"对话框如图 7.20 所示，在"Number1"右侧编辑框中输入 C4:F4，单击"确定"按钮。

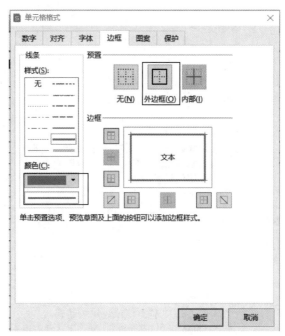

图 7.17 "单元格格式"对话框边框设置

图 7.18 插入函数

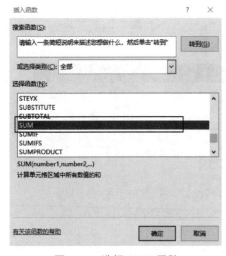

图 7.19 选择 SUM 函数

图 7.20 设置 SUM 函数参数

"函数参数"对话框适合于函数的初次应用，若熟悉了函数的参数则直接在编辑栏中输入函数表达式即可，在后面操作中使用函数不再通过"函数参数"对话框来实现了。

（4）单击单元格 G4，输入公式"=RANK.eq（F4,$F$4:$F$38,0）"。

动一动：求出数据表中的总分排名。

（5）利用 COUNT/COUNTA 函数统计出班级总人数。

方法 1：单击单元格 K4，输入公式"=COUNTA（B4:B38）"。

方法 2：单击单元格 K4，输入公式"=COUNT（C4:C38）"。

（6）单击单元格 K5，输入公式"=ROUND（K\$4*5%,0）"。单击单元格 K6，输入公式"=ROUND（K\$4*12%,0）"。单击单元格 K7，输入公式"=ROUND（K\$4*15%,0）"。

（7）单击单元格 H4，输入公式"=IFS（G4<=\$K\$5,"一等奖",G4<=\$K\$6+\$K\$5,"二等奖",G4<=\$K\$5+\$K\$6+\$K\$7,"三等奖",TRUE," "）"。

重难点笔记区：列举逻辑表达式的例子。

（8）选中区域 H4:H38，单击"开始"选项卡中的"条件格式"按钮，在下拉列表中单击"突出显示单元格规则（H）"命令如图 7.21 所示，再单击"等于（E）…"，弹出如图 7.22 所示对话框，在文本框中输入"一等奖"，在"自定义格式"下拉框中选择"自定义格式"命令，弹出如图 7.23 所示对话框，设置红色加粗格式，单击"确定"按钮。

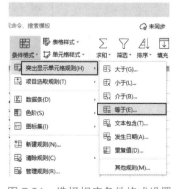

图 7.21 选择相应条件格式设置

图 7.22 条件设置

图 7.23　符合条件的格式设置

（9）选中单元格区域 A3:H38，单击"数据"选项卡中的"排序"按钮如图 7.24 所示，在弹出的对话框中选择"主要关键字"为"总评分"，"次序"为"降序"，如图 7.25 所示。

图 7.24　排序工具

图 7.25　总评分降序排列

步骤二：工作表"学业成绩"操作

选中单元格 B3，输入'202002001，按住鼠标右键拖动填充柄可弹出如图 7.8 所示菜单，单击"填充序列"命令即可完成按顺序填充学号。

操作步骤 2～5 与工作表"奖学金评定"的相应要求相似，操作步骤可参考步骤一的相关操作。工作表"思想行为得分""技能奖励得分"的操作要求与工作表"学业成绩"的相应要求相似，操作步骤可参考。

项目拓展

某一单元格的公式常常需要填充到其他单元格中，绝对引用不会发生改变，而相对引用则会变化，因此弄清相对引用填充时的变化规律很有必要。当公式纵向填充时，随着公式目标单元格的行的改变，公式参数中单元格的行号会发生改变而列号不会改变；当公式横向填充时，随着公式目标单元格的列的改变，公式参数中单元格的列号会发生改变而行号不会改变。

WPS 表格中函数数量很多，要掌握大多数函数的应用既要学会借助 WPS 表格提供的函数帮助应用来分析函数的格式，更要学会分种类学习，才能更好地满足将来解决实际问题的需要。IFS 函数是基于 2019 版本的，可以看作是老版本的 IF 函数升级版，IF 函数只能用于判断只有两个结果的分支选择，但格式上较 IFS 函数简洁不少，其格式如 IF（Logic_test, Value_if_true,Value_if_false），例如，IF（C4>=90,"优秀","一般"）。若需要判断三个及以上的分支结果则需要 IF 函数嵌套使用，例如，IF（C4>=90,"优秀",if（C4>=60,"一般","不及格"））。

项目小结

每个学年要对每个班级的学生成绩进行统计以评出奖学金，成绩统计的准确合理关系到每位学生的荣誉归属感，因此十分重要。

通过本项目学习，学生能够掌握 WPS 表格基本单元格格式设置、公式计算、填充柄的使用；数据排序；SUM、AVERAGE、RANK.EQ、COUNT、COUNTA、IFS 等基本函数的使用，在实际中能进行 WPS 表格中基本数据处理和统计操作。

记一记：列举本项目所了解的知识点。

项目练习

1. 关于 WPS 表格，下面说法中不正确的是_____。

A. 表格的第一行为列标题（称字段名）

B. 表格中不能有空列

C. 表格与其他数据间至少留有空行或空列

D. 为了清晰，表格总是把第一行作为列标题，而把第二行空出来

2. 以下 WPS 表格运算符中优先级最高的是_____。

A. :　　　　　　　B. ,　　　　　　　C. *　　　　　　　D. +

3. 在 WPS 表格中使用填充柄对包含数字的区域复制时应按住_____键。

A. Alt　　　　　B. Ctrl　　　　　C. Shift　　　　　D. Tab

4. 在 WPS 中，输入数字作为文本使用时，需要输入作为先导标记的字符是_____。

A. 逗号　　　　　B. 分号　　　　　C.单引号　　　　　D. 双引号

5. 假定一个单元格的地址为 D25，则此地址的类型是_____。

A. 相对地址   B. 绝对地址   C. 混合地址   D. 三维地址

6. 按照下列要求设计出如图 7.26 所示的工资发放表：

● 合并居中 A1:L1，设置字体为黑体、20 号。

● 利用 IFS 或 IF 函数嵌套计算出职务津贴：总经理 4000 元，经理 3500 元，工程师 3000 元，其他 2000 元。

● 利用 IFS 或 IF 函数嵌套计算出所得税，其中所得税税率：3500 元以下为 0，4500 元以下为 0.05，5500 元以下为 0.1，6500 元以下为 0.15，10000 元以下为 0.2。

● 应发工资由基本工资、职务津贴、加班工资（基本工资*加班天数/22）构成。

● 实发工资由应发工资扣减所得税、请假扣款（基本工资*请假天数/22）。

● 设置所得税、应发工资、实发工资的货币符号为￥，保留小数点 1 位。

● 条件格式设置：有加班的数据行设置为红色字体。

● 利用 COUNT/COUNTA 函数统计公司总人数。

● 计算实发工资的总和、平均值、最高值、最低值。

	A	B	C	D	E	F	G	H	I	J	K	L
1							天成有限公司员工工资表					
2		统计月份							2021年5月			
3	工号	姓名	性别	部门	职务	加班天数	请假天数	基本工资	职务津贴	所得税	应发工资	实发工资
4	001	赵仁凯	男	办公室	总经理	3	0	6820	4,000.00	￥664.0	￥11,750.0	￥11,086.0
5	002	陈开张	男	销售部	经理	5	0	5800	3,500.00	￥345.0	￥10,618.2	￥10,273.2
6	003	林小芬	女	办公室	文员	0	1	2270	2,000.00	￥0.0	￥4,270.0	￥4,166.8
7	004	缪忠杰	男	开发部	工程师	0	0	4500	3,000.00	￥100.0	￥7,500.0	￥7,400.0
8	005	王振平	男	销售部	销售员	3	0	3550	2,000.00	￥2.5	￥6,034.1	￥6,031.6
9	006	张真珍	女	办公室	文员	0	0	2568	2,000.00	￥0.0	￥4,568.0	￥4,568.0
10	007	李纪	男	销售部	销售员	0	1	3770	2,000.00	￥13.5	￥5,770.0	￥5,585.1
11	008	李凯	男	销售部	销售员	0	0	2830	2,000.00	￥0.0	￥4,830.0	￥4,830.0
12	009	王成	男	办公室	文员	1	0	2800	2,000.00	￥0.0	￥4,927.3	￥4,927.3
13	010	陈浩斌	男	销售部	销售员	0	0	3600	2,000.00	￥5.0	￥5,600.0	￥5,595.0
14	011	李凯凯	男	销售部	销售员	0	0	3580	2,000.00	￥4.0	￥5,580.0	￥5,576.0
15	012	陈馨	女	办公室	文员	2	0	2987	2,000.00	￥0.0	￥5,258.5	￥5,258.5
16	013	王斌	男	销售部	销售员	1	0	3500	2,000.00	￥0.0	￥5,659.1	￥5,659.1
17	014	何宁嘉	男	开发部	工程师	0	1	4538	3,000.00	￥103.8	￥7,538.0	￥7,227.9
18	015	肖佩	女	销售部	销售员	1	0	3458	2,000.00	￥0.0	￥5,615.2	￥5,615.2
19	016	余正	男	开发部	工程师	2	-1	4038	3,000.00	￥26.9	￥7,405.1	￥7,561.7
20	017	苏杏杏	女	销售部	销售员	3	-2	3238	2,000.00	￥0.0	￥5,679.5	￥5,973.9
21	018	黄伟安	男	开发部	工程师	4	-3	5300	3,000.00	￥180.0	￥9,263.6	￥9,806.4
22												
23	公司总人数		18	18								
24												
25	实发工资总额		117141.75									
26	最高实发工资		11086.00									
27	最低实发工资		4166.82									

图 7.26 练习效果

项目 8　健康阳光跑数据分析

学习目标

　　知识目标： 了解查找引用函数、统计函数、数学函数的名称与参数，弄清数据筛选与分类汇总意义。

　　能力目标： 会使用查找引用函数、统计函数、数学函数完成数据处理，能使用筛选和分类汇总进行数据处理。

　　思政目标： 通过对健康阳光活动规则的理解，明白规则的意义，参与健康阳光的锻炼活动，培养健全良好的身体和心理素质。

项目效果

　　本项目主要利用 WPS 表格的公式、查找引用函数、统计函数、数学函数、分类汇总、筛选等知识点对健康阳光跑数据进行分析处理，项目操作的效果分别如图 8.1～图 8.5 所示。

健康阳光跑记录表（2020年11月，含统计区）

学号	姓名	性别	……
19206040301	白棋博	男	……
20206040301	柏锦琦	男	……
20206040201	包莹莹	女	……
20103060101	鲍俊铮	男	……
19008040101	鲍宣睿	女	……
19008090202	蔡晨苗	女	……
19003020201	蔡国伟	男	……
20005030130	蔡世密	女	……
19005010201	蔡旺桂	男	……
20103091104	曹祥龙	男	……
20008070232	曹子烨	女	……
20208030232	曾大斌	男	……
19003070202	曾大聪	男	……
19003080202	柴紫妍	女	……
20103060103	昃金涛	男	……
20003080102	陈柏延	男	……

图 8.1　健康阳光跑记录表

健康阳光跑汇总表

学号	姓名	性别	年级	院系	累计跑步次数	无效跑步次数	有效完成次数	累计跑步里程(公里)	总得分
19206040301	白棋博	男	2019	工商管理系	22	0	22	44	95
20206040301	柏锦琦	男	2020	工商管理系	24	1	23	46	100
20206040201	包莹莹	女	2020	工商管理系	20	0	20	30	65
20103060101	鲍俊铮	男	2020	电气电子工程系	26	0	26	52	100
19008040101	鲍宣睿	女	2019	设计创意学院	22	0	22	33	70
19008090202	蔡晨苗	女	2019	设计创意学院	26	0	26	39	85
19003020201	蔡国伟	男	2019	电气电子工程系	26	0	26	52	100
20005030130	蔡世密	女	2020	财会系	26	0	26	39	85
19005010201	蔡旺桂	男	2019	财会系	26	0	26	52	100
20103091104	曹祥龙	男	2020	电气电子工程系	26	4	22	44	95
20008070232	曹子烨	女	2020	设计创意学院	21	0	21	31.5	65
20208030232	曾大斌	男	2020	设计创意学院	22	0	22	44	95
19003070202	曾大聪	男	2019	电气电子工程系	26	0	26	52	100
19003080202	柴紫妍	女	2019	电气电子工程系	22	5	17	25.5	40
20103060103	昃金涛	男	2020	电气电子工程系	26	0	26	52	100
20003080102	陈柏延	男	2020	电气电子工程系	26	0	26	52	100
20003020205	陈宗铅	男	2020	电气电子工程系	21	0	21	42	95
20008010222	陈作宇	男	2020	设计创意学院	22	0	22	44	95

图 8.2　健康阳光跑汇总表

系列汇总			性别汇总			
院系	无效跑步次数		年级	男	女	小计
财会系	17		2019	11	22	33
电气电子工程系	9		2020	5	16	21
工商管理系	18		合计	16	38	54
设计创意学院	10					
合计	54					

图 8.3　条件求和结果

	A	B	C	D	E	F	G	H	I
1	学号	姓名	性别	年级	院系	累计跑步次数	无效跑步次数	有效完成次数	累计跑步里程(公里)
32					财会系 平均值	25.6	0.566666667	25.03333333	43.18333333
59					电气电子工程系	25.15384615	0.346153846	24.80769231	48.78846154
83					工商管理系 平均	24.73913043	0.782608696	23.95652174	42.73913043
113					设计创意学院 平	24.86206897	0.344827586	24.51724138	42.32758621
114					总平均值	25.11111111	0.5	24.61111111	44.20833333

图 8.4　分类汇总结果

性别	年级	累计跑步里程(公里)				
女	2019	<30				

学号	姓名	性别	年级	院系	累计跑步次数	无效跑步次数	有效完成次数	累计跑步里程(公里)
19003080202	柴紫妍	女	2019	电气电子工程系	22	5	17	25.5
19005010223	王晨慧	女	2019	财会系	18	0	18	27

图 8.5　高级筛选结果

知识技能

　　本项目所涉及的 WPS 表格知识点主要包括查找引用函数 VLOOKUP、HLOOKUP；统计函数 COUNTIF、COUNTIFS 及数学函数 SUMIF、SUMIFS 等；分类汇总；筛选操作。

8.1　查找引用函数

　　查找引用函数是指在指定区域查找符合条件的数据，部分查找函数用法如表 8.1 所示。

表 8.1　部分查找函数用法

函数	参数解析	示例
VLOOKUP 函数语法格式： VLOOKUP（Looup_value,Table_array, Col_index_num,Range_lookup） 函数主要功能：在表格或数值数组的首列查找指定的值，并由此返回表格或数组中该值所在行中指定列处的数据	Looup_value 为需要在数组第一列中查找的数据，可以是数值、文字字符串或参照地址。 Table_array 表示数组所在的区域，如"B2:E10"，也可以使用对区域或区域名称的引用。 Col_index_num 表示 Table_array 中待返回的匹配值的列序号（1、2…）。 Range_lookup 为 TRUE 或 FALSE。如果"逻辑值"为 TRUE 或省略，则返回近似匹配值，如果找不到精确匹配值，则返回小于"查找值"的最大数值；如果"逻辑值"为 FALSE，则返回精确匹配值，如果找不到，则返回错误值 #N/A	=VLOOKUP（L2，A2:G30，2，FALSE）表示首先在 A2:A30 中查找出与 L2 相匹配的单元格，然后查找出该行中 B 列的数据

续表

函数	参数解析	示例
HLOOKUP 函数语法格式： HLOOKUP（Looup_value,Table_array,Row_index_num,Range_lookup） 函数主要功能：在表格或数值数组的首行查找指定的数值，并由此返回表格或数组中该数值所在列中指定行处的数值	Row_index_num 表示函数返回值的行序号，其他函数参数解析同 VLOOKUP	=HVLOOKUP（L2，A2:G3，2，FALSE）表示首先在 A2:G2 中查找出与 L2 相匹配的单元格，然后查找出该列中第2行的数据

8.2　统计函数

统计函数主要是指用于统计单元格的数量或者符合条件的单元格的数量，部分统计函数用法如**表** 8.2 所示。

表 8.2　部分统计函数用法

函数	参数解析	示例
COUNTIF 函数语法格式： COUNTIF（Criteria_range,Criteria） 函数主要功能：统计指定单元格区域中符合指定条件的单元格的数目	Criteria_range 表示需要统计的单元格的范围，如 C3:C20。Criteria 表示统计的单元格所满足的条件，如">80"、"男"	=COUNTIF（B2:B30，"女"）表示统计 B2:B30 中的单元格为"女"的数量
COUNTIFS 函数语法格式： COUNTIFS（Criteria_range1,Criteria1，[Criteria_range2,Criteria2]…） 函数主要功能：统计指定单元格区域中符合所有指定条件的单元格的数目	函数参数解析与 COUNTIF 同	=COUNTIFS（B2:B30，"女"，D2:D30，">90"）表示统计 B2:B30 中的单元格为"女"的且 D2:D30 中大于 90 的单元格数量
COUTNBLANK 函数语法格式： COUNTBLANK（Range） 函数主要功能：统计指定单元格区域中空白单元格的个数	Range 为需要计算其中空白单元格个数的区域	=COUTNBLANK（A2:B5）表示统计区域 A2:B5 中空单元格的个数

8.3　数学函数

数学函数是指用于解决数学问题如正弦、余弦等的各类函数，部分数学函数如**表** 8.3 所示。

表 8.3　部分数学函数用法

函数	参数解析	示例
SUMIF 函数语法格式: SUMIF(Criteria_range,Criteria, [Sum_range]) 函数主要功能:统计指定范围中符合某个条件的数值之和	Criteria_range 是条件的范围; Criteria 是条件; Sum_range 是要求和的数值区域范围	SUMIF(B2:B20,"男",G2:G20)表示在单元格区域 B2:B20 中查找到所有"男"的数据行,计算出 G2:G20 中相应的数据和
SUMIFS 函数语法格式: SUMIFS（Sum_range,Criteria_range1,Criteria1,[Criteria_range2,Criteria2]...） 函数主要功能:统计指定范围中符合若干条件的数值之和	Sum_range 是指求和的数值区域; Criteria_range1 是条件的范围; Criteria1 是条件; 后面的条件范围和条件可以增加,最多允许 127 个区域条件对	SUMIFS(G2:G20, B2:B20,"男")表示在单元格区域 B2:B20 中查找到所有男的数据行,计算出 G2:G20 中相应的数据和
MOD 函数语法格式: 函数主要功能:		

记一记:SUMIFS 函数的使用方法和技巧。

_____

_____

_____

_____

_____

8.4　分类汇总

分类汇总指的是对数据表中某一列数据进行分类,将该列值相同的数据行排列在一块,并对某一列数据进行求和、平均、计数等汇总。

在 WPS 表格中,默认情况下,只能按工作表中的一个字段进行分类汇总,如果想要按两个或两个以上的字段进行分类汇总,可以创建多级分类汇总。

8.5　筛选

筛选是指将符合条件的数据行显示出来,而将不符合条件的数据行隐藏起来。根据筛选条件的不同可分为自动筛选和高级筛选两种。

8.5.1　自动筛选

自动筛选一般用于在原数据区域中筛选简单的条件数据，将不满足条件的数据行暂时隐藏起来，只显示符合条件的数据行。若需要显示同时满足多个列条件的数据行可用自动筛选完成。

8.5.2　高级筛选

高级筛选可以筛选满足多个条件之一的数据，数据筛选后可将结果筛选到同一张工作表的其他位置，其对话框如图 8.6 所示，其中"列表区域（L）"表示筛选的数据源，"复制到（T）"表示筛选结果的位置，"条件区域（C）"表示筛选数据所需满足的条件，一般需要另外单独设置，设置的方式与条件要求相关，如 2019 级女同学可列成如图 8.7 所示的形式，2019级或女同学可列成如图 8.8 所示的条件区域。

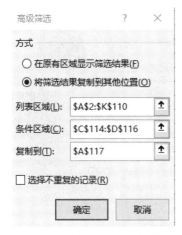

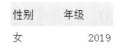

图 8.6　"高级筛选"对话框　　图 8.7　条件区域设置（一）　　图 8.8　条件区域设置（二）

议一议：高级筛选与自动筛选功能有哪些不同？

实施步骤

本项目所涉及的 WPS 表格文件包括多个工作表，因此操作时一定要注意光标所定位的工作表。

步骤一：健康阳光跑记录表操作

（1）根据学号可以从学生信息表中获取学生的姓名和性别，单击单元格 B5，在其中输入公式"=VLOOKUP（A5,学生信息表!$A$3:$C$110,2,0）"，然后使用填充柄向下拖放到单元格 B112。单击单元格 C5，在其中输入公式"=VLOOKUP（A5,学生信息表!$A$3:$C$110,3,0）"，然后使用填充柄向下左键拖放到单元格 C112。

步骤视频

（2）求每位同学相应的跑步次数情况，包括统计时间无效、里程无效、未参加和有效记录的次数，单击单元格 AH5，输入公式"=COUNTIF（$D5:$AG5,AH$4)"，然后使用填充柄向右左键拖放到单元格 AK5。

动一动：利用 COUNTIFS 统计该如何书写公式？

步骤二：健康阳光跑汇总表操作

（1）根据性别计算出相应的跑步里程：若性别为男，里程=有效完成次数*2；若性别为女，里程=有效完成次数*1.5。单击单元格 I3，输入公式"=IF(C3="男",H3*2,H3*1.5)"，然后使用填充柄向下左键拖放到单元格 I110。

步骤 2 视频

（2）根据活动规则中的考核机制和有效完成次数可以计算出总得分：在单元格 J3 中输入"=HLOOKUP（I3,阳光健身跑活动规则!$B$12:$O$13,2,1）"，然后使用填充柄向下左键拖放到单元格 J110。

（3）奖学金评定资格：低于 60 分的为"无"，在单元格 K3 中输入公式"=IF（J3<60,"无",""）"，然后使用填充柄向下左键拖放到单元格 K110。

（4）统计出各系部本月无效跑步次数的总和，在单元格 N43 中输入公式"=SUMIF（$E$3:$E$110,K43,$G$3:$G$110）"，然后使用填充柄向下左键拖放到单元格 N46。

（5）计算出各年级男女同学本月无效跑步次数的总和，单击单元格 Q43，输入公式"=SUMIFS（$G$3:$G$110,$D$3:$D$110,$P43,$C$3:$C$110,Q$42）"，然后使用填充柄左键拖放到单元格 R44。

想一想：参数 Sum_range 若省略则表示何意义？

步骤三：分类汇总

复制"健康阳光跑汇总表"数据到 Sheet2 中，按系部排序，单击"数据"选项卡中的"分类汇总"按钮，打开"分类汇总"对话框。按 "院系"分类汇总统计出"累计跑步次数""无 步骤3视频 效跑步次数""有效完成次数""累计跑步里程（公里）"的平均值，如图 8.9 所示，单击"确定"按钮。

步骤四：筛选

（1）复制"健康阳光跑汇总表"数据到 Sheet3 中，选择 A2:K2 区域，单击"数据"选项卡中的"自动筛选"按钮后，表头如图 8.10 所示，在"性别"下拉选项中选中"男"，如图 步骤4视频 8.11 所示，在"有效完成次数"下拉选项中单击"数字筛选（F）"命令中的"小于（L）…"，如图 8.12 所示，在打开的

图 8.9 按院系分类汇总

如图 8.13 所示对话框中输入 23，单击"确定"按钮，最后将筛选的结果复制到单元格 M2。

2	学号	姓名	性别	年级	院系	累计跑步次数	无效跑步次数	有效完成次数	累计跑步里程（公里）	总得分	奖学金评定资格

图 8.10 自动筛选

图 8.11 筛选男同学

图 8.12 数字筛选

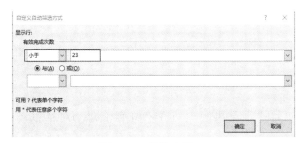

图 8.13 筛选小于 23

（2）在区域 C114:E116 中输入条件 2019 级女同学或者跑步里程在 50 公里以下的条件区域，如图 8.14 所示。单击"开始"选项卡中的"筛选"按钮，在下拉列表中单击"高级筛选"命令，在打开的对话框中完成如图 8.15 所示的设置，单击"确定"按钮。

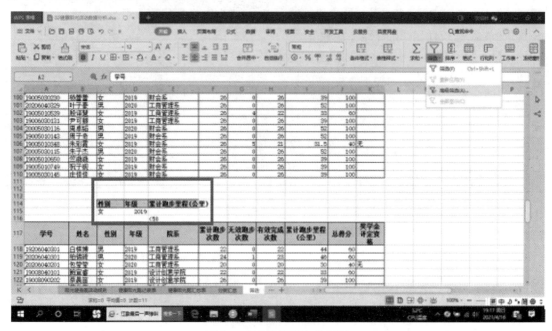

图 8.14　高级筛选条件区域

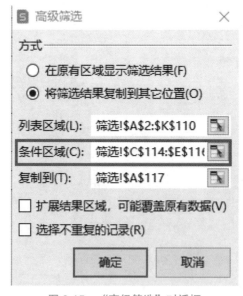

图 8.15　"高级筛选"对话框

项目拓展

分类汇总完毕后如何撤销结果呢？打开"分类汇总"对话框，单击"全部删除（R）"按钮即可，如图 8.16 所示。

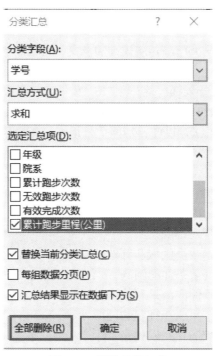

图 8.16　删除分类汇总

多级分类汇总是指两个及以上的分类方式或者两个及以上的汇总方式，如统计各院系数据的总和及平均值，该要求的汇总方式分别为求和和求平均值。

按照院系排序，按院系分类汇总各数值数据总和，如图 8.17 所示，再按院系分类汇总求各数值数据的平均值，如图 8.18 所示，注意一定要去掉"替换当前分类汇总（C）"复选框。

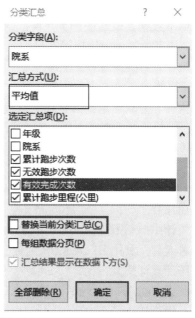

图 8.17　院系分类汇总求和　　　　　图 8.18　院系分类汇总求平均值

项目小结

通过对活动规则的理解与执行，弄清规则的意义，对活动数据进行分析可以使学生明白坚持健康活动的重要性。

本项目主要介绍了查找引用函数、统计函数、数学函数的应用；分类汇总；筛选的操作，主要包括 VLOOKUP、COUNTIFS、SUMIFS 函数的使用格式及应用，旨在深入了解查找引用函数、统计函数、数学函数语法，以便日后能更好地将之应用于解决实际生活问题当中。

项目练习

1. 当进行 WPS 表格中的数据分类汇总时，必须事先按分类字段对数据表进行_____。

A. 求和   B. 筛选   C. 查找   D. 排序

2. 关于筛选，下列叙述中正确的是_____。

A. 自动筛选可以同时显示数据区域和筛选结果

B. 高级筛选可以进行更复杂条件的筛选

C. 高级筛选不需要建立条件区，只有数据区域就可以了

D. 自动筛选可以将筛选结果放在指定的区域

3. 关于分类汇总，下列叙述中正确的是_____。

A. 分类汇总前首先应按分类字段值对记录排序

B. 分类汇总可以按多个字段分类

C. 只能对数值型字段分类

D. 汇总方式只能求和

4. 在工作表中筛选出某项的正确操作方法是_____。

A. 单击数据表外的任一单元格，执行"数据→筛选"菜单命令，鼠标单击想查找列的向下箭头，从下拉菜单中选择筛选项

B. 单击数据表中的任一单元格，执行"数据→筛选"菜单命令，鼠标单击想查找列的向下箭头，从下拉菜单中选择筛选项

C. 执行"查找与选择→查找"菜单命令，在打开的"查找"对话框的"查找内容"框中输入要查找的项，单击"关闭"按钮

D. 执行"查找与选择→查找"菜单命令，在打开的"查找"对话框的"查找内容"框中输入要查找的项，单击"查找下一个"按钮

5. VLOOKUP 函数从一个数组或表格的_____中查找含有特定值的字段，再返回同一列中某一指定单元格中的值。

（A）第一行   （B）最末行   （C）最左列   （D）最右列

6. 操作要求一：

● 统计中国新冠疫情人数，其公式为现有人数=累计-治愈-死亡。

● 总人口：利用 HLOOKUP 函数获取。

● 统计累计病人占比。

● 利用 COUNTIFS 函数计算存在现有病人省份的个数。

● 高级筛选：华东地区或现有病人 5～10 个的数据行，结果存放在 A45 开始处。

● 将区域 A4:A37 设置为下拉列表，数据来源 M6:M12。

操作一素材如图 8.19 所示。

区位	省市	新增	累计	治愈	死亡	现有	总人口	累计病人占比		各区存在现有疫情病人的省市数	
										区位	省市个数
华南	香港	待公布	11811	11496	210	105	7409800	15.9397%		华东	5
华南	台湾	待公布	1199	1089	12	98	23492074	0.5104%		华南	5
华东	上海	4	2020	1952	7	61	24200000	0.8347%		华中	3
华南	广东	1	2373	2314	8	51	110000000	0.2157%		西南	3
西南	云南	0	348	305	2	41	47710000	0.0729%		西北	3
西南	四川	待公布	993	959	3	31	82620000	0.1202%		西部	0
华东	福建	待公布	595	569	1	25	38740000	0.1536%		华北	3
华东	浙江	待公布	1346	1323	1	22	55900000	0.2408%			
华南	海南	待公布	188	165	6	17	9170000	0.2050%			
华东	江苏	待公布	720	712	0	8	79990000	0.0900%			
西南	重庆	1	598	585	6	7	30480000	0.1962%			
西北	陕西	待公布	594	584	3	7	38130000	0.1558%			
西北	山西	待公布	251	244	0	7	36820000	0.0682%			

表标题：中国新冠疫情人数统计　统计日期：2021.5.11

图 8.19　国内疫情统计

操作要求二：

● 利用 SUMIF 函数计算国外现有新冠疫情人数总和。

● 按地区分类统计各数值的平均值。

操作二素材如图 8.20 所示。

地区	国家	新增	累计	治愈	死亡	现有	总人口	病人占比		各州现有病人数	
北美	美国	23273	33512433	26502549	596163	6413721	326766748	10.26%		亚洲	4948729
亚洲	印度	278106	22991927	19021207	250025	3720695	1354051854	1.70%		欧洲	8293885
南美	巴西	34162	15214030	13759125	423436	1031469	210867954	7.21%		美洲	8696294
欧洲	法国	9128	5780379	4917393	106684	756302	65233271	8.86%		非洲	359635
欧洲	土耳其	15191	5044936	4743871	43311	257754	81916871	6.16%		大洋洲	11511
欧洲	俄罗斯	8465	4888727	4502906	113647	272174	143964709	3.40%			
欧洲	英国	1770	4437217	15011	127609	4294597	66573504	6.67%			
欧洲	意大利	8289	4116287	3619586	123031	373670	60482200	6.81%			
欧洲	西班牙	0	3581392	3274808	78895	227689	46397452	7.72%			
欧洲	德国	8391	3535354	3175600	85481	274273	82293457	4.30%			
南美	阿根廷	11582	3165121	2837058	67821	260242	44688864	7.08%			
南美	哥伦比亚	17222	3015301	2835554	78342	101405	49464683	6.10%			

表标题：国外新冠疫情人数统计　统计日期：2021.5.11

图 8.20　国外疫情统计

项目 9 公司考勤奖惩统计分析

学习目标

知识目标：了解常用文本函数和数学函数的参数意义，理解数组的概念。

能力目标：能熟练使用文本函数和数学函数准确完成数据的处理，能使用数组处理数据。

思政目标：通过对考勤奖惩数据的统计加强对考勤制度的认识，培养严格的自律精神。

项目效果

本项目主要利用 WPS 表格的 MID、TEXT、VLOOKUP、COUNTIFS 等函数、数组知识点对企业员工的考勤工资进行管理，项目操作的效果分别如图 9.1～图 9.6 所示。

员工编号	姓名	身份证编码	性别	出生日期	入职时间	所在部门	职位	联系方式	工龄
101	李铭	125001196407040015	男	1964-07-04	2005/1/12	管理部	副总经理	13512546789	16
102	李无锋	221456198012045533	男	1980-12-04	2006/12/3	管理部	文员	13512546790	15
103	舒晓琪	446121198604080062	女	1986-04-08	2008/1/1	管理部	文员	13512546791	13
104	何力	32050619720807024	男	1972-08-07	2001/6/30	管理部	客户服务	13512546792	20
105	孙戈	422109197610110073	男	1976-10-11	2008/4/1	管理部	会计	13512546793	13
106	赵倩	422128195610110042	女	1956-10-11	2004/5/6	管理部	出纳	13512546794	17
107	李立	198600197904080015	男	1979-04-08	2007/3/4	管理部	库管	13512546795	14
201	王大雷	547812196905090033	男	1969-05-09	1999/1/1	生产部	部长	13512546796	22
202	王鼎	134197197812260015	男	1978-12-26	2003/11/2	生产部	工程师	13512546797	18
203	刘晨	184975198804090064	女	1988-04-09	2008/2/5	生产部	工人	13512546798	13
204	陈智	444587198709080064	女	1987-09-08	2009/3/3	生产部	工人	13512546799	12
205	苏小伟	198647198506150059	男	1985-06-15	2007/4/1	生产部	工人	13512546800	14
206	刘峰	467894198309231135	男	1983-09-23	2008/1/1	生产部	工人	13512546801	13
207	周德东	33123419830506057	男	1983-05-06	2009/1/2	生产部	工人	13512546802	12
208	张世新	33542319870630091	男	1987-06-30	2008/9/10	生产部	工人	13512546803	13
209	钟世科	456789198612300017	男	1986-12-30	2007/6/1	生产部	工人	13512546804	14
210	程东	123456198011030031	男	1980-11-03	2005/7/2	生产部	工人	13512546805	16
211	李晓新	198745197509180035	男	1975-09-18	2001/6/1	生产部	工人	13512546806	20
212	王冬冬	123456197904091244	女	1979-04-09	2001/6/4	生产部	组长	13512546807	20
311	张晓峰	33197419820716019	男	1982-07-16	2002/6/1	销售部	销售主任	13512546808	19
312	王涛	12345619840509022	女	1984-05-09	2007/1/22	销售部	业务员	13512546809	14
313	丁可	125876198609081166	女	1986-09-08	2007/8/1	销售部	业务员	13512546810	14
314	李东盼	33198519841225046	女	1984-12-25	2004/6/1	销售部	业务员	13512546811	17
315	李道发	12345819860503157	男	1986-05-03	2007/9/25	销售部	业务员	13512546812	14
316	张丹丹	123456198710210086	女	1987-10-21	2007/6/26	销售部	业务员	13512546813	14

图 9.1 公司员工资料信息

员工考勤统计分析

员工编号	姓名	迟到早退次数	迟到早退罚款	加班时间	加班工资	请假天数
101	李铭	4	120	17:27	510.00	1
102	李无锋	4	120	03:41	120.00	10
103	舒晓琪	2	0	21:49	660.00	0
104	何力	0	0	06:13	180.00	3
105	孙戈	4	120	04:44	150.00	0
106	赵倩	0	0	17:35	540.00	1
107	李立	0	0	16:52	510.00	0
201	王大雷	9	450	10:00	300.00	1
202	王鼎	0	0	00:17	0.00	0
203	刘晨	0	0	11:17	330.00	2
204	陈智	0	0	13:59	420.00	1
205	苏小伟	1	0	05:16	150.00	1
206	刘峰	1	0	10:17	300.00	1
207	周德东	2	0	17:03	510.00	1
208	张世新	1	0	10:57	330.00	0
209	钟世科	3	90	07:37	240.00	5
210	程东	7	350	04:19	120.00	1
211	李晓新	2	0	16:41	510.00	1
212	王冬冬	1	0	03:23	90.00	2
311	张晓峰	1	0	15:16	450.00	2
312	王涛	2	0	23:13	690.00	1
313	丁可	0	0	22:47	690.00	2
314	李东盼	3	90	12:40	390.00	1
315	王道发	6	300	19:04	570.00	3
316	张丹丹	0	0	22:24	660.00	4

员工资料　考勤记录　考勤统计　考勤工资　社保　工资明细汇总　员工

图 9.2　员工考勤统计表

考勤工资统计

员工编号	姓名	全勤奖金	加班工资	迟到罚款	请假扣款	考勤工资合计
101	李铭	0	510	120	150	240
102	李无锋	0	120	120	800	−800
103	舒晓琪	0	660	0	0	660
104	何力	0	180	0	450	−270
105	孙戈	0	150	120	0	30
106	赵倩	0	540	0	150	390
107	李立	400	510	0	0	910
201	王大雷	0	300	450	150	−300
202	王鼎	400	0	0	0	400
203	刘晨	0	330	0	300	30
204	陈智	0	420	0	150	270
205	苏小伟	0	150	0	150	0
206	刘峰	0	300	0	150	150
207	周德东	0	510	0	150	360
208	张世新	0	330	0	0	330
209	钟世科	0	240	90	800	−650
210	程东	0	120	350	150	−380
211	李晓新	0	510	0	150	360
212	王冬冬	0	90	0	300	−210
311	张晓峰	0	450	0	300	150
312	王涛	0	690	0	150	540
313	丁可	0	690	0	300	390
314	李东盼	0	390	90	150	150
315	王道发	0	570	300	450	−180
316	张丹丹	0	660	0	600	60

员工资料　考勤记录　考勤统计　考勤工资　社保　工资明细

图 9.3　考勤工资统计表

▲	A	B	C	D	E	F
1			社保缴纳情况表			
2	员工编号	姓名	养老保险	医疗保险	失业保险	社保总额
3	101	李铭	336	84	42	462
4	102	李无锋	320	80	40	440
5	103	舒晓琪	288	72	36	396
6	104	何力	400	100	50	550
7	105	孙戈	288	72	36	396
8	106	赵倩	352	88	44	484
9	107	李立	304	76	38	418
10	201	王大雷	432	108	54	594
11	202	王鼎	368	92	46	506
12	203	刘晨	288	72	36	396
13	204	陈智	272	68	34	374
14	205	苏小伟	304	76	38	418
15	206	刘峰	288	72	36	396
16	207	周德东	272	68	34	374
17	208	张世新	288	72	36	396
18	209	钟世科	304	76	38	418
19	210	程东	336	84	42	462
20	211	李晓新	400	100	50	550
21	212	王冬冬	400	100	50	550
22	311	张晓峰	384	96	48	528
23	312	王涛	304	76	38	418
24	313	丁可	304	76	38	418
25	314	李东盼	352	88	44	484
26	315	王道发	304	76	38	418
27	316	张丹丹	304	76	38	418
28						
29						

考勤统计　考勤工资　社保　工资明细汇总　员

图9.4　社保缴纳情况表

▲	A	B	C	D	E	F	G	H	I	J	K	L	M
1				工资明细汇总									
2	月份	员工编号	姓名	基本工资	全勤奖金	加班工资	迟到罚款	请假扣款	养老保险	医疗保险	失业保险	个人所得税	实发工资
3	3月	101	李铭	4200	0	510	120	150	19.2	4.8	2.4	281.5	4132.1
4	3月	102	李无锋	4000	0	120	120	800	−64	−16	−8	193	3095
5	3月	103	舒晓琪	3600	0	660	0	0	52.8	13.2	6.6	214	3973.4
6	3月	104	何力	5000	0	180	0	450	−21.6	−5.4	−2.7	352	4407.7
7	3月	105	孙戈	3600	0	150	120	0	2.4	0.6	0.3	150	3476.7
8	3月	106	赵倩	4400	0	540	0	150	31.2	7.8	3.9	316	4431.1
9	3月	107	李立	3800	400	510	0	0	72.8	18.2	9.1	281.5	4328.4
10	3月	201	王大雷	5400	0	300	450	150	−24	−6	−3	430	4703
11	3月	202	王鼎	4600	400	0	0	0	32	8	4	325	4631
12	3月	203	刘晨	3600	0	330	0	300	2.4	0.6	0.3	168	3458.7
13	3月	204	陈智	3400	0	420	0	150	21.6	5.4	2.7	157	3483.3
14	3月	205	苏小伟	3800	0	150	0	150	0	0	0	170	3630
15	3月	206	刘峰	3600	0	300	0	150	12	3	1.5	165	3568.5
16	3月	207	周德东	3400	0	510	0	150	28.8	7.2	3.6	166	3554.4
17	3月	208	张世新	3600	0	330	0	0	26.4	6.6	3.3	168	3725.7
18	3月	209	钟世科	3800	0	240	90	800	−52	−13	−6.5	181	3040.5
19	3月	210	程东	4200	0	120	350	150	−30.4	−7.6	−3.8	223	3638.8
20	3月	211	李晓新	5000	0	510	0	150	28.8	7.2	3.6	401.5	4918.9
21	3月	212	王冬冬	5000	0	90	0	300	−16.8	−4.2	−2.1	338.5	4474.6
22	3月	311	张晓峰	4800	0	450	0	300	12	3	1.5	362.5	4571
23	3月	312	王涛	3800	0	690	0	150	43.2	10.8	5.4	248.5	4032.1
24	3月	313	丁可	3800	0	690	0	300	31.2	7.8	3.9	248.5	3898.6
25	3月	314	李东盼	4400	0	390	90	150	12	3	1.5	293.5	4240
26	3月	315	王道发	3800	0	570	300	450	−14.4	−3.6	−1.8	230.5	3409.3
27	3月	316	张丹丹	3800	0	660	0	600	4.8	1.2	0.6	244	3609.4
28													
29													

员工资料　考勤记录　考勤统计　考勤工资　社保　工资明细汇总　员工信息查询　… + ◀

图9.5　工资明细表

图 9.6　员工信息查询

知识技能

本项目所涉及的 WPS 表格知识点主要包括数组，文本函数 MID、TEXT 的应用，日期时间函数 TODAY、YEAR 的操作，AND、OR 逻辑函数的应用。

9.1　数组公式

1．数组

数组是具有某种联系的多个元素的组合，WPS 表格里的数组可以理解为多个单元格数值的组合。

2．数组公式

普通公式只占用一个单元格，只返回一个结果。数组公式是相对于普通公式而言的。数组公式可以占用一个单元格，也可以占用多个单元格。它对一组数或多组数进行多重计算，并返回一个或多个结果。WPS 表格中数组公式是用一对大括号"{}"来括住的，输入数组公式后，按 Ctrl+Shift+Enter 组合键结束公式的输入，即可产生一对大括号，如图 9.7 所示。

图 9.7　数组公式示例

如果是在公式里直接表示一个数组，就需要输入"{}"来把数组的元素括起来。如图 9.8

所示，公式里的数组{1,0}的括号就是用户自己输入的。

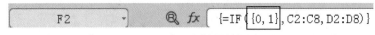

图 9.8　手工输入大括号的数组示例

3. 数组的维数

WPS 表格的公式里一般使用的是一维数组和二维数组。一维数组可以看成是一行的单元格数据的集合，各个元素间用英文的逗号"，"隔开，如图 9.9 所示的{1,2,3,4,5,6}就是一个有 6 个元素的一维数组，或者说，只有一行的数组。同时选中同一行里相邻的 6 个单元格如 A1:F1，输入={1,2,3,4,5,6}后，按住 Ctrl+Shift+Enter 组合键结束公式即可把这个数组输入到工作表的单元格里。

图 9.9　一维数组示例

二维数组可以看成是一个多行多列的单元格数据的集合，也可以看成是多个一维数组的组合。如单元格 A1:D3，就是一个三行四列的二维数组，可以把它看成是 A1:D1、A2:D2 与 A3:D3 这 3 个一维数组的组合。二维数组里同行的元素间用逗号"，"分隔，不同的行用分号";"分隔，如图 9.10 所示。选中 A1:D3，输入={"A1","B1","C1","D1";"A2","B2","C2","D2";"A3","B3","C3","D3"}，然后按住 Ctrl+Shift+Enter 组合键结束即可完成数组的元素值的输入。

	A	B	C	D	E	F	G	H	I	J
1	A1	B1	C1	D1						
2	A2	B2	C2	D2						
3	A3	B3	C3	D3						

fx = {={"A1","B1","C1","D1";"A2","B2","C2","D2";"A3","B3","C3","D3"}}

图 9.10　二维数组示例

9.2　文本函数

文本函数是指对文本数据进行处理或者结果为文本的函数，如 MID、LEFT、TEXT、LEN等，表 9.1 列举了部分文本函数的用法。

表 9.1　部分文本函数的用法

函数	参数解析	示例
MID 函数语法格式： MID（Text,Start_num,Num_chars） 函数主要功能：从一个文本字符串的指定位置开始截取指定数目的子字符串	Text 代表一个文本字符串； Start_num 表示指定起始位置； Num_chars 表示要截取的子串字符数目	例如，在单元格中输入公式：=MID("计算机办公",4,2)，确认后即显示出"办公"的字符

续表

函数	参数解析	示例
TEXT 函数语法格式： TEXT（Value,Format_text） 函数主要功能：将数值转换为按指定数字格式表示的文本	Value 为数值、计算结果为数字值的公式，或对包含数字值的单元格的引用。 Format_text 为"设置单元格格式"对话框中"数字"选项卡上"分类"框中的文本形式的数字格式。Format_text 不能包含星号（*）。通过"开始"→"格式"菜单调用"设置单元格格式"命令，然后在"数字"选项卡上设置单元格的格式，只会更改单元格的格式而不会影响其中的数值。使用函数 TEXT 可以将数值转换为带格式的文本,而其结果将不再作为数字参与计算	例如：Format_text 参数对象是转换后文本的显示格式，在输入时应用双引号括起，如"0%"表示将文本型数字按百分比样式显示

表 9.2　Format 说明

转化前	转换后	公式
0.2	20%	公式为"=TEXT（A1,"0%"）"
22:35	22:35:00	公式为"=TEXT（A2,"hh:mm:ss"）"
22.38	$0,022.4	公式为"=TEXT（A3,"$0,000.0"）"

　　Format_text 参数可打开"设置单元格格式"对话框，单击其中的"自定义"分类，在右边的类型窗口中选择需要的样式，或自定义自己需要的样式，再将编辑好的样式代码作为 TEXT 函数的 Format_text 参数即可，如表 9.3 所示。

表 9.3　Format_text 参数代码（常用）

格式代码	数字	TEXT（A,B）	说明
G/通用格式	10	10	常规格式
"000.0"	10.25	"010.3"	小数点前面不够三位以 0 补齐，保留 1 位小数，不足一位以 0 补齐
####	10.00	10	没用的 0 一律不显示
00.##	1.253	01.25	小数点前不足两位以 0 补齐，保留两位小数，不足两位不补位
正数；负数；零	1	正数	大于 0，显示为"正数"
正数；负数；零	0	零	等于 0，显示为"零"
正数；负数；零	−1	负数	小于 0，显示为"负数"
0000-00-00	19820506	1982-05-06	按所示形式表示日期
0000 年 00 月 00 日	19820506	1982 年 05 月 06 日	按所示形式表示日期
dddd	2007-12-31	Monday	显示为英文星期几全称
[>=90]优秀；[>=60]及格；不及格	90	优秀	大于等于 90，显示为"优秀" 大于等于 60，小于 90，显示为"及格" 小于 60，显示为"不及格"
[>=90]优秀；[>=60]及格；不及格	60	及格	
[>=90]优秀；[>=60]及格；不及格	59	不及格	

格式代码	数字	TEXT（A,B）	说明
[DBNum1][$-804]G/ 通用格式	125	一百二十五	中文小写数字
[DBNum2][$-804]G/ 通用格式元整	125	壹佰贰拾伍元整	中文大写数字，并加入"元整"字尾
[DBNum3][$-804]G/ 通用格式	125	1百2十5	中文小写数字
[DBNum1][$-804]G/ 通用格式	19	一十九	中文小写数字，11-19无设置
[>20][DBNum1];[DBNum1]d	19	十九	中文小写数字，11-显示为十一而不是一十一
0.00,K	12536	12.54K	以千为单位
#!.0000万元	12536	1.2536万元	以万元为单位，保留4位小数
#!.0,万元	12536	1.3万元	以万元为单位，保留1位小数

9.3 日期和时间函数

日期和时间函数是指对日期时间型数据进行处理的函数如 YEAR、HOUR、TODAY 等，表 9.4 列举了部分日期时间函数的用法。

表 9.4 部分日期时间函数的用法

函数	参数解析	示例
TODAY 函数语法格式：TODAY（）	TODAY 函数语法没有参数	=TODAY（）返回当前日期。=TODAY（）+5 返回当前日期加 5 天。例如，如果当前日期为 1/1/2008，此公式会返回 1/6/2008
YEAR 函数语法格式：YEAR（Serial_number） 函数主要功能：获取某日期中的年份值	Serial_number 为一个日期值，其中包含要查找的年份。日期有多种输入方式：带引号的文本串（如"1998/01/30"）、系列数（例如，如果使用 1900 日期系统则 35825 表示 1998 年 1 月 30 日）或其他公式或函数的结果（例如 DATEVALUE（"1998/1/30"））	=YEAR（"1998/7/5"）等于 1998
MONTH 函数语法格式：MONTH（Serial_number） 函数主要功能：返回以序列号表示的日期中的月份。月份是 1~12 之间的整数	参数同 YEAR 函数中的参数解析	=MONTH（"1998/7/5"）等于 7

函数	参数解析	示例
DAY 函数语法格式：DAY（Serial_number） 函数主要功能：返回日期中的日	参数同 YEAR 函数中的参数解析	=DAY（"1998/8/11"）等于 11 =DAY（"2001/10/10"）等于 10
HOUR 函数语法格式： HOUR（Serial_number） 函数主要功能：返回时间值中的小时，结果为一个 0～23 的整数	Serial_number 参数可以是任何能够表示时刻的单元格、数值表达式（如 0.78125 表示 6:45 PM）、字符串表达式（例如"6:45 PM"）或它们的组合。如果参数包含 Null，则返回 Null	=HOUR（"9:36:20"）等于 9
MINUTE 函数数法格式：MINUTE（Serial_number） 函数主要功能：返回时间值中的分钟，结果为一个 0～59 的整数	Serial_number 参数同 HOUR 函数中的参数解析。 说明：时间值为日期值的一部分，并用十进制数表示（例如 12:00 PM 可表示为 0.5，因为此时是一天的一半）	=MINUTE（"9:36:20"）等于 36

问一问：日期和时间函数可以参加哪些形式的运算？

记一记：日期和时间函数的使用方法。

9.4　逻辑函数

逻辑函数是指对逻辑表达式进行判断或者结果为逻辑值的函数，如 AND、OR 等，表 9.5 列举了部分逻辑函数的用法。

表 9.5　部分逻辑函数的用法

函数	参数解析	示例
AND 函数语法格式：AND（Logical1,Logical2,...） 函数主要功能：当函数中所有参数的逻辑值为真时返回 TRUE，只要一个参数的逻辑值为假即返回 FALSE	其中 Logical1, logical2, ...表示待检测的 1 到 255 个条件值，各条件值可能为 TRUE，可能为 FALSE。参数必须是逻辑值，或者包含逻辑值的数组或引用	=AND（G2>=60,G2<=90）表示判断 G2 单元格的值是否在 60～90 范围
OR 函数语法格式：OR（Logical1,Logical2,...） 函数主要功能：当函数中所有参数的逻辑值为假时返回 FALSE，只要一个参数的逻辑值为真即返回 TRUE	函数参数解析同 AND 函数	=OR（G2>=90,G2<=60）

实施步骤

本项目涉及多个工作表的操作，具体实施步骤包括以下几个。

步骤一：员工资料表操作

（1）第二代身份证的第 17 位数的奇偶性可以判断性别值：若为奇数，则性别为男；若为偶数，则性别为女。一般情况下身份证作为文本类型进行数据处理，因此可利用 MID 函数获取第 17 位数字字符，再利用 MOD 函数判断其奇偶性。选择单元格 D3，输入公式"=IF（MOD（MID（C3,17,1），2）=0,"女","男"）"即可，如图 9.11 所示，然后左键拖动填充柄至单元格 D27 中。

操作视频

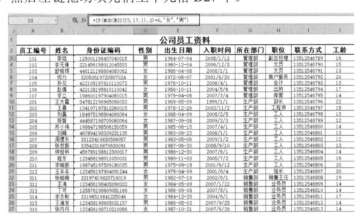

图 9.11　if 函数参数对话框

动一动：若用 RIGHT/LEFT 函数如何获取第 17 位数字？

（2）第二代身份证号码的第 7～14 位表示出生年月日，首先利用 MID 函数获取第 7～14 位数字字符，再利用 TEXT 函数输出成某种年月日格式。选择单元格 E3，输入公式"=TEXT（MID（C3,7,8）,"#-00-00"）"，如图 9.12 所示，然后左键拖动填充柄至单元格 E27 中。

E3　　　　Ｑ　fx　=TEXT(MID(C3,7,8),"#-00-00")

公司员工资料									
员工编号	姓名	身份证编码	性别	出生日期	入职时间	所在部门	职位	联系方式	工龄
101	李铭	125001196407040015	男	1964-07-04	2005/1/12	管理部	副总经理	13512546789	16
102	李无锋	221456198012045533	男	1980-12-04	2006/12/3	管理部	文员	13512546790	15
103	舒晓琪	446121198604080062	女	1986-04-08	2008/1/1	管理部	文员	13512546791	13
104	何力	320506197208070024	女	1972-08-07	2001/6/30	管理部	客户服务	13512546792	20
105	孙戈	422109197610110073	男	1976-10-11	2008/4/1	管理部	会计	13512546793	13
106	赵倩	422128195610110042	女	1956-10-11	2004/5/6	管理部	出纳	13512546794	17
107	李立	198600197904080015	男	1979-04-08	2007/3/4	管理部	库管	13512546795	14
201	王大雷	547812196905090033	男	1969-05-09	1999/1/1	生产部	部长	13512546796	22
202	王鼎	134197197812260015	男	1978-12-26	2003/11/2	生产部	工程师	13512546797	18
203	刘晨	184975198804090064	女	1988-04-09	2008/2/5	生产部	工人	13512546798	13
204	陈智	444458198709080064	女	1987-09-08	2009/3/3	生产部	工人	13512546799	12
205	苏小伟	198647198506150059	男	1985-06-15	2007/4/1	生产部	工人	13512546800	14
206	刘峰	467894198309231135	男	1983-09-23	2008/1/1	生产部	工人	13512546801	13
207	周德东	33123419830506057	男	1983-05-06	2009/1/2	生产部	工人	13512546802	12
208	张世新	33542319870630091	男	1987-06-30	2008/9/10	生产部	工人	13512546803	13
209	钟世科	456789198612300017	男	1986-12-30	2007/6/1	生产部	工人	13512546804	14
210	程东	123456198011030031	男	1980-11-03	2005/7/2	生产部	工人	13512546805	16
211	李晓新	198745197509180035	男	1975-09-18	2001/6/12	生产部	工人	13512546806	20
212	王冬冬	123456197904091244	女	1979-04-09	2001/6/4	生产部	组长	13512546807	20
311	张晓峰	33197419820716019	男	1982-07-16	2002/6/1	销售部	销售主任	13512546808	19
312	王涛	123456198405090022	女	1984-05-09	2007/1/22	销售部	业务员	13512546809	14
313	丁可	12587619860908166	女	1986-09-08	2007/8/1	销售部	业务员	13512546810	14
314	李东盼	3319851984122504	女	1984-12-25	2004/6/1	销售部	业务员	13512546811	17
315	王道发	123456198605031157	男	1986-05-03	2007/9/25	销售部	业务员	13512546812	14
316	张丹丹	123456198710210086	男	1987-10-21	2007/6/26	销售部	业务员	13512546813	14

图 9.12　TEXT 函数设置

（3）工龄是指从入职时间的年份计算到当前日期的年份，在单元格 J3 中输入公式"=YEAR（TODAY（））-YEAR（F3）"，左键拖动填充柄到单元格 J27 中。

步骤二：考勤统计表操作

（1）8:30 以后 17:30 以前打卡的记为迟到早退，其他时间打卡则为正常。在单元格 C3 中，输入公式"=COUNTIFS（考勤记录表!C4:BL4,">8:30",考勤记录表!C4:BL4,"<17:30"）"，如图 9.13 所示，然后左键拖动填充柄至单元格 C27 中。

C3　　　　Ｑ　fx　=IF(B3="","",COUNTIFS(考勤记录!4:4,">8:30",考勤记录!4:4,"<17:30"))

员工考勤统计分析							
员工编号	姓名	迟到早退次数	迟到早退罚款	加班时间	加班工资	请假天数	
101	李铭	4	120	17:27	510.00	1	
102	李无锋	4	120	03:41	120.00	10	
103	舒晓琪	2	0	21:49	660.00	0	
104	何力	0	0	06:13	180.00	3	
105	孙戈	4	120	04:44	150.00	0	
106	赵倩	0	0	17:35	540.00	1	
107	李立	0	0	16:52	510.00	0	
201	王大雷	9	450	10:00	300.00	1	
202	王鼎	0	0	00:17	0.00	0	
203	刘晨	0	0	11:17	330.00	2	
204	陈智	0	0	13:59	420.00	1	
205	苏小伟	1	0	05:16	150.00	1	
206	刘峰	1	0	10:17	300.00	1	
207	周德东	2	0	17:03	510.00	1	
208	张世新	1	0	10:57	330.00	0	
209	钟世科	3	90	07:37	240.00	5	
210	程东	7	350	04:19	120.00	1	
211	李晓新	2	0	16:41	510.00	1	
212	王冬冬	1	0	03:23	90.00	2	
311	张晓峰	1	0	15:16	450.00	2	
312	王涛	2	0	23:13	690.00	1	
313	丁可	0	0	23:17	690.00	2	
314	李东盼	3	90	12:40	390.00	1	
315	王道发	6	300	19:04	570.00	3	
316	张丹丹	0	0	22:24	660.00	4	

图 9.13　迟到早退次数计算

（2）迟到早退罚款规定：3 次以下不罚，6 次以下每次罚 30 元，否则每次罚 50 元。在单元格 D3 中，输入公式"=IF（C3="",""，IF（C3<3,0,IF（C3<6,C3*30,C3*50)))"，如图 9.14 所示，然后拖动填充柄至单元格 D27 中。

	D3	▾	Q *fx*	=IF(C3="","",IF(C3<3,0,IF(C3<6,C3*30,C3*50)))		
	A	B	C	D	E	F	G

	A	B	C	D	E	F	G
1	员工考勤统计分析						
2	员工编号	姓名	迟到早退次数	迟到早退罚款	加班时间	加班工资	请假天数
3	101	李铭	4	120	17:27	510.00	1
4	102	李无锋	4	120	03:41	120.00	10
5	103	舒晓琪	2	0	21:49	660.00	0
6	104	何力	0	0	06:13	180.00	3
7	105	孙戈	4	120	04:44	150.00	0
8	106	赵倩	0	0	17:35	540.00	1
9	107	李立	0	0	16:52	510.00	0
10	201	王大雷	9	450	10:00	300.00	1
11	202	王鼎	0	0	00:17	0.00	0
12	203	刘晨	0	0	11:17	330.00	2
13	204	陈智	0	0	13:59	420.00	1
14	205	苏小伟	1	0	05:16	150.00	1
15	206	刘峰	1	0	10:17	300.00	1
16	207	周德东	2	0	17:03	510.00	1
17	208	张世新	1	0	10:57	330.00	0
18	209	钟世科	3	90	07:37	240.00	5
19	210	程东	7	350	04:19	120.00	1
20	211	李晓新	2	0	16:41	510.00	1
21	212	王冬冬	1	0	03:23	90.00	2
22	311	张晓峰	1	0	15:16	450.00	2
23	312	王涛	2	0	23:13	690.00	1
24	313	丁可	0	0	22:47	690.00	2
25	314	李东盼	3	90	12:40	390.00	1
26	315	王道发	6	300	19:04	570.00	3
27	316	张丹丹	0	0	22:24	660.00	4

图 9.14　迟到早退罚款公式

（3）加班工资以小时为单位，超过 30 分钟的可记为 1 小时，单击单元格 F3，输入公式"=IF（MINUTE（E3）>30,HOUR（E3）+1,HOUR（E3))*30"，左键拖动填充柄到单元格 F27。

（4）请假天数计算方法：统计全月的考勤空记录，然后取其平均值，再扣减掉 4 个周末。在单元格 G3 中，输入公式"=COUNTBLANK（考勤记录表!C4:BJ4)"，如图 9.15 所示，然后在该公式后面直接输入/2-8，然后左键拖动填充柄至单元格 G27 中。

图 9.15　未考勤次数统计

步骤三：考勤工资表操作

（1）根据考勤统计表中的统计结果，若无迟到、早退、请假则为全勤，奖励 400 元，否则无奖励。在单元格 C3 中输入公式"=IF（AND（考勤统计表!C3=0,考勤统计表!G3=0），400,0）"，然后左键拖动填充柄至单元格 C27 中。

（2）请假 5 天以内的每天扣 150 元，否则共扣 800 元。在单元格 F3 中输入公式 "=IF（考勤统计表!G3<5,考勤统计表!G3*150,800）"，然后左键拖动填充柄至单元格 F27 中。

步骤四：社保表操作

（1）工资合计与相应个人养老保险的折扣的乘积，在单元格 C3 中输入公式 "=工资明细汇总!D3*$J$9"，然后左键拖动填充柄至单元格 C27 中。

（2）工资合计与相应个人医疗保险的折扣的乘积，在单元格 D3 中输入公式 "=工资明细汇总!D3*$J$10"，然后左键拖动填充柄至单元格 D27 中。

（3）工资合计与相应个人失业保险的折扣的乘积，在单元格 E3 中输入公式 "=工资明细汇总!D3*$J$11"，然后左键拖动填充柄至单元格 E27 中。

步骤五：工资明细汇总表操作

（1）员工的姓名是根据员工的编号从员工资料信息工作表中查找到的，在单元格 D3 中输入公式 "=IF（B3="",'',VLOOKUP（B3,员工资料信息!$A$3:$B$27,2,0））"，然后左键拖动填充柄至单元格 D27 中。

（2）基本工资包括基础工资及工龄工资，基础工资为 1000 元，工龄工资按每年工龄 200 元计算。在单元格 D3 中输入公式 "=1000+员工资料表!J2*200"，然后左键拖动填充柄至单元格 D27 中。

（3）利用速算法计算所得税：在单元格 M3 中输入公式 "=MAX（（SUM（D3:F3）-2000）*0.05*{1,2,3,4,5,6,7,8,9}-25*{0,1,5,15,55,135,255,415,615},0）"，然后左键拖动填充柄至单元格 M27 中。

步骤六：员工信息查询表操作

根据员工编号自动查找出该员工的部门、姓名、性别、工龄、基本工资、实发工资等信息，在单元格 B3 中输入公式 "=IF（B1="",'',VLOOKUP（B1,员工资料表!$A$1:$J$26,2,0））" 即可。

项目拓展

在完成工资统计后，设计制作出个人工资条可以让员工明白自己的工资明细情况。利用 IF、MOD、ROW、COLUMN、INT、INDEX 等函数制作公司个人工资条，效果如图 9.16 所示。在 A2 单元格中输入公式 "=IF（MOD（ROW（）+2,3）=0,"",IF（MOD（ROW（）+2,3）=1,工资明细汇总!A$2,INDEX（工资明细汇总!$A:$M,INT（（ROW（）+4）/3+1）,COLUMN（））））"，填充到单元格 M75。

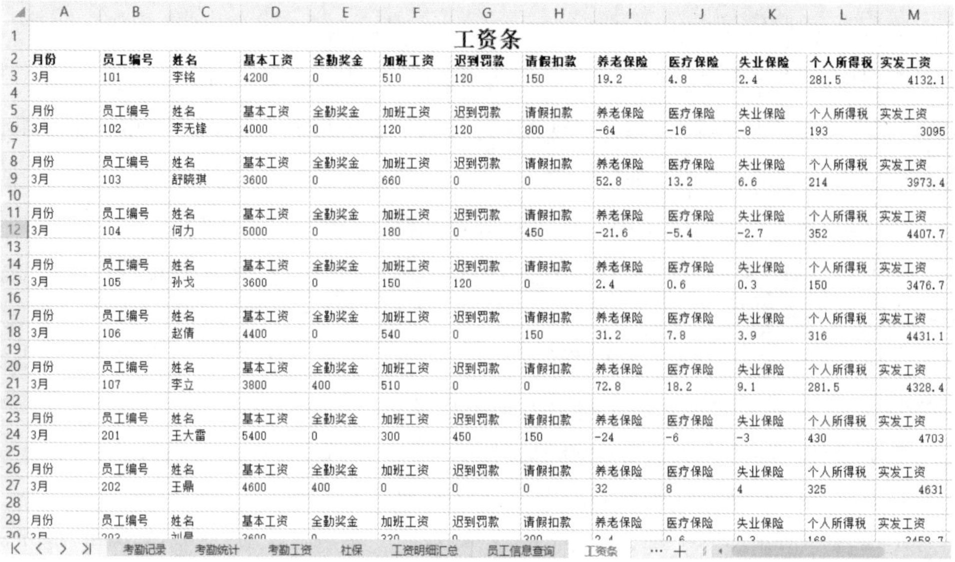

图 9.16　工资条

1. ROW 函数

函数语法格式：Row（[Reference]）

函数主要功能：返回参数所指的单元格的行号。

函数参数解析：Reference 可选，若省略则表示返回函数所在单元格的行号。

2. COLUMN 函数

函数语法格式：COLUMN（[Reference]）

函数主要功能：返回参数所指的单元格的列号（A 列计为 1，以此类推）。

函数参数解析：Reference 可选，若省略则表示返回函数所在单元格的列号。

3. INDEX 函数

函数语法格式：INDEX（Array，Row_num，Column_num）

函数主要功能：返回由行和列编号索引选定的表或数组中的元素值。如果 INDEX 的第一个参数是数组常量，请使用数组形式。

函数参数解析：Array 是一个单元格区域或数组常量。

如果数组中只包含一行或一列，则可以不使用相应的 Row_num 或 Column_num 参数。

如果数组中包含多个行和列，但只使用了 Row_num 或 Column_num，INDEX 将返回数组中整行或整列的数组。

Row_num 用于选择要从中返回值的数组中的行。如果省略 Row_num，则需要使用 Column_num。

Column_num 用于选择要从中返回值的数组中的列。如果省略 Column_num，则需要使用 Row_num。

说明：

➢ 如果同时使用了 Row_num 和 Column_num 参数，INDEX 将返回 Row_num 和 Column_num 交叉处单元格中的值。

➢ 如果将 Row_num 或 Column_num 设置为 0（零），INDEX 将分别返回整列或整行的值数组。要将返回的值用作数组，请在行的水平单元格区域和列的垂直单元格区域以数组公式（数组公式：数组公式对一组或多组值执行多重计算，并返回一个或多个结果。数组公式括于大括号{ }中。按 Ctrl+Shift+Enter 组合键可以输入数组公式）的形式输入 INDEX 函数。

➢ Row_num 和 Column_num 必须指向数组中的某个单元格，否则，INDEX 将返回#REF!错误值。

函数应用举例，如图 9.17 所示。

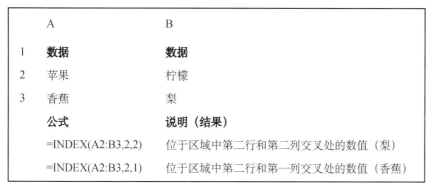

	A	B
1	**数据**	**数据**
2	苹果	柠檬
3	香蕉	梨
	公式	**说明（结果）**
	=INDEX(A2:B3,2,2)	位于区域中第二行和第二列交叉处的数值（梨）
	=INDEX(A2:B3,2,1)	位于区域中第二行和第一列交叉处的数值（香蕉）

图 9.17　INDEX 函数应用示例

4. INT 函数

函数语法格式：INT（Number）

函数主要功能：向下舍入到最接近的整数。

例如，INT（88.9）结果为 88；INT（-88.9）结果为-89。

5. LEFT/RIGHT

提取文本子串的函数除了 MID，利用 LEFT、RIGHT 函数也可获取子串。LEFT 函数返回指定文本串左边的几个字符，语法格式：LEFT（Text,Num_chars），例如：A2=left（"提取字符串",2），则 A2="提取"。

RIGHT 函数返回指定文本串右边的几个字符，语法格式：RIGHT（Text,Num_chars），例如：A1="WPS 表格函数"，A2=RIGHT（A1,2），则 A2="函数"。

项目小结

考勤打卡是保证一个单位正常有序工作的基本手段，因此保证考勤数据的真实性并及时统计发布能有效加强员工的纪律观念。通过 WPS 表格进行公司员工的平时工作考勤记录与奖惩处罚统计，可以准确有效地反映公司的考勤情况，为公司的纪律管理与制度实施提供保障。

本项目主要通过对企业员工的考勤工资进行管理来介绍 WPS 表格的文本函数 MID、TEXT 的应用，日期和时间函数 YEAR、HOUR 的操作，COUNTBLANK 操作，AND、ISEVEN 等 WPS 表格知识点，旨在了解并加深对文本函数的应用语法的熟悉，学会利用这类函数解决具体的实际问题。

项目练习

1. 在 WPS 表格中，日期数据的数据类型属于________。

A. 数字型　　B. 文字型　　C. 逻辑型　　D. 时间型

2. 下列函数中，________函数不需要参数。

A. DATE　　B. DAY　　C. TODAY　　D. TIME

3. 在 WPS 表格中，不符合日期格式的形式为________。

A. "10/15/04"　　B. 15-OCT-04　　C. 2004/10/15　　D. 15-10-04

4. 在下列函数中，属于逻辑函数的是___________。

A. IF　　B. ROUND　　C. RANK　　D. SUMIF

5. 若单元格 B2,C2,D2 的内容分别为 2800，89，88，单元格 E2 中有函数：“=IF（AND（B2>2000,OR（C2>90,D2>90））,"五星",IF（AND（B2>1800,OR（C2>85,D2>85））,"四星","三星"））”，则最终单元格 E2 中显示的内容为_________。

A. 出错　　B. 三星　　C. 四星　　D. 五星

6. 如图 9.18 所示，根据所给练习中的操作要求，对工作簿“员工情况统计表（原始）”进行数据处理，具体要求如下：

（1）职工基本信息表的完善。

- 利用身份证号信息提取“出生日期”。
- 利用身份证号信息计算“年龄”。
- 利用身份证号信息判断性别。
- 根据参加工作的时间计算职工工龄。
- 根据逻辑函数评选先进员工

规定：少数民族职工工作 10 年以上，有资格的填充“是”，没有资格的填充“否”

（2）“考勤记录表”的统计分析。

- 利用 VLOOKUP 函数，根据“职工基本信息表”的内容，填充员工姓名和职务。
- 根据职务获取职务补贴率和日加班费。
- 利用数组公式计算职务补贴、加班工资、请假扣除工资和应得工资，其中，职务补贴=基本工资*职务补贴率；加班工资=日加班费*加班天数；请假扣除工资=请假天数*（基本工资+职务补贴）/20；应得工资=基本工资+职务补贴+加班工资-请假扣除工资。

	A	B	C	D	E	F	G	H	I	J	K	L	M	N
1	编号	姓名	民族	籍贯	身份证号码	出生日期	年龄	性别	参加工作时间	工龄	学历	毕业院校	职务	是否有资格评选为先进
2	a001	茹芳	汉族	湖北	440923198504014038	1985年04月01日	36	男	2008年4月	13	本科	华中师范大学	职员	FALSE
3	a002	蒲海娟	汉族	河北	360723198809072027	1988年09月07日	33	女	2011年9月	10	本科	安徽大学	职员	FALSE
4	a003	宋沛徽	汉族	安徽	320481198504256212	1985年04月25日	36	男	2008年4月	13	硕士	四川大学	总经理	FALSE
5	a004	赵利军	回族	广东	320223197901203561	1979年01月20日	42	女	2002年1月	19	本科	中国人民大学	职员	TRUE
6	a005	杨斐	汉族	湖北	320106197910190465	1979年10月19日	42	女	2002年10月	19	本科	中国人名大学	经理助理	FALSE
7	a006	王继芹	汉族	河南	321323198506030024	1985年06月03日	36	女	2008年6月	13	硕士	清华大学	副总经理	FALSE
8	a007	杨远韡	汉族	河南	321302198502058810	1985年02月05日	36	男	2008年2月	13	本科	首都师范大学	职员	FALSE
9	a008	王旭东	汉族	河北	321324198601180107	1986年01月18日	35	女	2009年1月	12	本科	北方交通大学	职员	FALSE
10	a009	王兴华	蒙族	辽宁	321323198809105003	1988年09月10日	33	女	2011年9月	10	本科	苏州大学	职员	TRUE
11	a010	冯丽	汉族	辽西	420117198608090022	1986年08月09日	35	女	2009年8月	12	本科	西安电子科技大学	经理助理	FALSE
12	a011	旦艳丽	汉族	广东	321324198401130041	1984年01月13日	37	女	2007年1月	14	硕士	河北大学	职员	FALSE
13	a012	苏晓强	汉族	安徽	320402198502073732	1985年02月07日	36	男	2008年2月	13	本科	中国人民大学	职员	FALSE
14	a013	王辉	汉族	山东	320402198304303429	1983年04月30日	38	女	2006年4月	15	本科	武汉大学	职员	FALSE
15	a014	李鲜艳	汉族	福建	320401198607152529	1986年07月15日	35	女	2009年7月	12	本科	山东大学	职员	FALSE
16	a015	吴金	汉族	山西	320723198204021422	1982年04月02日	39	女	2005年3月	16	本科	安徽大学	经理助理	FALSE
17	a016	张文安	回族	安徽	320404198012084458	1980年12月08日	41	男	2003年12月	18	本科	南昌大学	职员	TRUE
18	a017	陈杰	汉族	江苏	360121197207216417	1972年07月21日	49	男	1995年7月	26	硕士	北京电子科技大学	经理助理	FALSE
19	a018	石孟平	汉族	天津	360103197203074121	1972年03月07日	49	女	1995年3月	26	硕士	扬州大学	职员	FALSE
20	a019	武小淇	汉族	湖南	441900198301110034	1983年01月11日	38	男	2006年1月	15	本科	中国人名大学	职员	FALSE

图 9.18　职工基本信息表

项目 10 消费收支管理

学习目标

知识目标：了解数据有效性设置的意义，明白超链接含义，明白透视表、透视图的作用，掌握财务函数和信息函数的名称参数，清楚页面布局对于打印的重要性。

能力目标：能设置数据有效性验证以保证数据有效性，能设置超链接，能制作有效的透视表图，能准确应用财务函数和信息函数，能设置合理的页面布局完成所需要的打印操作。

思政目标：通过对收支平衡进行统计分析，培养合理的消费理念，学会合理高效安排生活。

项目效果

本项目主要利用 WPS 表格的数据有效性、超链接、透视表、透视图、DB、PMT 和 ISERROR 函数等对收入支出进行平衡管理，项目操作的效果分别如图 10.1～图 10.4 所示。

	A	B	C	D	E	F	G	H	I	J
1	月收入明细统计									
2	学号	姓名	班级	收入			存款			收入总计
3				生活费	兼职	奖学金	银行存款	余额宝	理财	
4	20005010124	邵玉芳	会计2001	1500	0	0	1800	1000	1100	5410
5	20005010512	李冰冰	会计2005	6897	0	0	600	1000	900	9404
6	20005010513	李杉杉	会计2005	1000	0	0	800	1800	1500	5111
7	20005010514	李围泓	会计2005	1000			900	500	100	2504
8	20005010621	沈晓余	会计2006	3200	360		1300	1500	1600	7971
9	20005010826	徐芳婷	会计2008	2000	0	0	0	100	1400	3504
10	20005010839	李欢	会计2008	1500			1600	2200	200	5510
11	20005010851	张亿猛	会计2008	2000	0	0	1200	1200	500	4907
12	20005010916	金晓静	会计2009	2000	200	1000	1500	2100	1400	8213
13	20005010919	聂祉悦	会计2009	2000	0	0	200	2500	1800	6512
14	20005010920	钱玉洁	会计2009	1350	50	1500	700	200	1300	5106
15	20005010926	王晓欣	会计2009	2000	200	0	1000	400	2100	5709
16	20005010927	闻雨祺	会计2009	2000	0	0	500	1600	3400	7515
17	20005010928	夏赛艳	会计2009	1500	0	0	1300	500	200	3505
18	20005010929	谢静波	会计2009	2000	0	1000	400	300	2200	5908
19	20005010934	章云慧	会计2009	1000	0	0	1500	1500	2300	6314
20	20005010940	曾雪琴	会计2009	1100	900	0	1900	2100	1600	7614
21	20005010942	韩影娣	会计2009	1500	0	0	600	1200	1600	4909
22	20005010947	王翠翠	会计2009	2000	1500	0	400	2200	900	7009
23	20005010948	谢嫱	会计2009	1200			900	1100	1900	5110

收入明细表　支出明细表　收支平衡表　图表汇总　＋

图 10.1　收入明细表

	学号	姓名	班级	餐饮美食	日用杂货	教育培训	服饰装扮	医疗保健	交通出行	文化休闲	美容美发	数码电器	充值缴费	公益捐赠	固定资产	助学贷款	支出总计
1							月支出明细统计											
3	20005010124	邵玉芳	会计2001	400	200	50	300	0	50	300	0	100	20	0	27	0	1447
4	20005010512	李冰冰	会计2005	300	100	50	270	0	22	0	45	50	50	0	27	-855	1769
5	20005010513	李杉杉	会计2005	370	145	56	218	0	32	35	40	0	22	0	27	-682	1628
6	20005010514	李围泓	会计2005	900	80		130						19		27	-512	1668
7	20005010621	沈晓余	会计2006	600	100	180	200		100				50		27	0	1257
8	20005010826	徐芳婷	会计2008	650	100	50	350	300	20	30	10	200	60	0	27	0	1797
9	20005010839	夏赛艳	会计2008	900	200	20	100		10	50	0	0	50	0	27	0	1357
10	20005010851	张亿猛	会计2008	600	469	180	270		25	0	0	0	60	5	27	0	1636
11	20005010916	金晓静	会计2009	950	280	180	0		50	150	100	0	130	30	27	0	2097
12	20005010919	李欢	会计2009	515	352	60	186		10	60	0	0	60	0	27	0	1270
13	20005010920	聂祉悦	会计2009	520	231	60	0		30	200	0	0	50	0	27	0	1118
14	20005010921	王晓欣	会计2009	950	150	150	200		80	50	0	0	100	0	27	0	1707
15	20005010927	钱玉洁	会计2009	800	200	80	0		10	60	0	0	50	5	27	0	1382
16	20005010928	闻雨祺	会计2009	700	300	0	500		100	300	0	0	0	0	27	0	1927
17	20005010929	谢静波	会计2009	1500	200	0	0	0	0	0	100	0	200	0	27	0	2027
18	20005010934	章云慧	会计2009	500	40	30	4		20	50	0	0	100	0	27	-525	1296
19	20005010940	曾雪琴	会计2009	800	100	50	150	20	50	100	100	30	50	20	27	0	1497
20	20005010942	韩影娣	会计2009	700	200	150	200	50	30	50	0	50	50	10	27	0	1517
21	20005010947	王翠翠	会计2009	800	200	150	150		50	20	0	0	100	0	27	0	1677
22	20005010948	谢婷	会计2009	800	300	100	100	10	40	20	0	20	40	20	27	0	1307
23	20005011011	林苏	会计2010	1000									120		27		1937

收入明细表　支出明细表　收支平衡表　图表汇总　+

图 10.2　支出明细表

	A	B	C	D
1	行标签	平均值项:餐饮美食	平均值项:服饰装扮	平均值项:日用杂货
2	会计2001	400	300	200
3	会计2005	523	206	108
4	商英2003	600	500	300
5	会计2006	600	200	100
6	企管2002	700	350	150
7	会计2008	717	240	256
8	商英2001	743	264	164
9	商英2002	770	200	193
10	会计2010	778	377	150
11	会计2009	795	158	204
12	会计2011	862	217	110
13	企管2001	900	400	100
14	企管2003	1200	120	150
15	总计	754	237	175

图 10.3　透视表结果

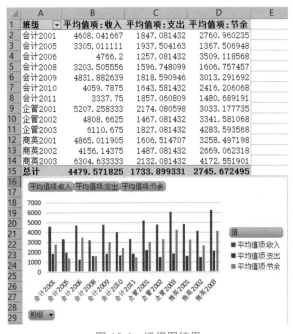

	A	B	C	D	E
1	班级	平均值项:收入	平均值项:支出	平均值项:节余	
2	会计2001	4608.041667	1847.081432	2760.960235	
3	会计2005	3305.011111	1937.504163	1367.506948	
4	会计2006	4766.2	1257.081432	3509.118568	
5	会计2008	3203.505556	1596.748099	1606.757457	
6	会计2009	4831.882639	1818.590946	3013.291692	
7	会计2010	4059.7875	1643.581432	2416.206068	
8	会计2011	3337.75	1857.060809	1480.689191	
9	企管2001	5207.258333	2174.080598	3033.177735	
10	企管2002	4808.6625	1467.081432	3341.581068	
11	企管2003	6110.675	1827.081432	4283.593568	
12	商英2001	4865.011905	1606.514707	3258.497198	
13	商英2002	4156.14375	1487.081432	2669.062318	
14	商英2003	6304.633333	2132.081432	4172.551901	
15	总计	4479.571825	1733.899331	2745.672495	

图 10.4　透视图结果

· 146 ·

知识技能

本项目所涉及的 WPS 表格知识点主要包括数据有效性、超链接、SUMIF、VLOOKUP、IF 函数的嵌套使用、数据透视图表制作。

10.1　数据有效性

数据有效性是对单元格或单元格区域输入的数据从内容到数量上的限制。对于符合条件的数据，允许输入；对于不符合条件的数据，则禁止输入。可以依靠系统检查数据的正确有效性，避免录入错误的数据。

（1）可以在尚未输入数据时，预先设置数据有效性功能，以保证输入数据的正确性。

（2）一般情况下数据有效性不能检查已输入的数据。

10.2　财务函数

财务函数是指用于财务领域内，计算如利息、成本、折旧、应付款等的函数，表 10.1 列举了部分财务函数的基本用法。

表 10.1　部分财务函数的用法

函数	参数解析	示例
DB 函数语法格式： DB（Cost,Salvage,Life,Period,Month） 函数主要功能：按照固定余额递减法计算某资产的折旧值	Cost 表示资产的原值； Salvage 表示残值； Life 表示折旧的总期数； Period 表示当前折旧的期次； Month 表示第一年的总月份数（默认为12）	=DB（5000,5000*10%,10,6）表示计算原值 5000，残值率10%，总年限 10 年的第 6 年的折旧值
PMT 函数语法格式： PMT（Rate,Nper,Pv,Fv,Type） 函数主要功能：按照固定利率和等额分期付款方式计算某贷款的每期付款额	Rate：利率； Nper：支付总期数； Pv：贷款现值； Fv：付款后的余额，默认为 0； Type：1 期初支付 0 期末支付（默认）	=PMT（5.8%/12,12,10000）表示借款 10000 按年利率 5.8%计算的每月还款额

10.3　信息函数

信息函数是指获取单元格、工作表或者工作簿的相关信息的函数，如 ISERROR、

ISTEXT 等，表 10.2 列举了部分信息函数的用法。

表 10.2 ISERROR 和 ISTEXT 函数

函数	参数解析	示例
ISERROR 函数语法格式： ISERROR（Value） 函数主要功能：检测一个值是否出错	Value 参数为这些任意错误值（#N/A、#VALUE!、#REF!、#DIV/0!、#NUM!、#NAME? 或#NULL!）时函数结果为 TRUE，否则为 FALSE	=ISERROR（98/0）的结果为 TRUE
ISTEXT 函数语法格式： ISTEXT（Value） 函数主要功能：检测一个值是否为文本	Value 参数为任意单元格	=ISTEXT（239）结果为 FALSE

议一议：信息函数有何作用？

10.4 透视图表

　　数据透视表是交互式报表，可快速合并和比较大量数据。用户可更改其行和列以看到源数据的不同列数据的分类，而且可在数据区显示满足用户需求的不同区域的明细汇总数据，透视表生成以后还可以进一步根据需要进行数据筛选。

　　透视表的结构布局如图 10.5 所示，其布局包括筛选器、行、列、值四块，行列表示分类的数据列，值表示汇总的数据列（默认为求和），筛选器表示整个透视表的筛选依据。各个块的数据可以通过字段列表获取。

　　数据透视图是数据透视表的更深层次应用，它可将数据以图形的形式表示出来，如图 10.6 所示。因此透视图表既具备制作报表与图表的功能，又能灵活多变地显示报表或图表结果，可以说是 WPS 表格软件的精华之一。

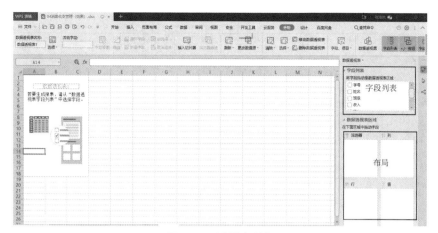

图 10.5　透视表制作

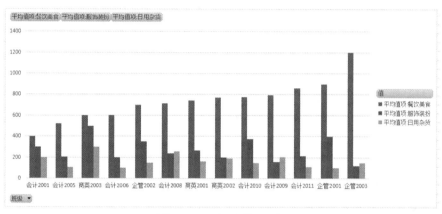

图 10.6　透视图效果实例

问一问：透视表与分类汇总有何异同？

重难点笔记区：透视图表布局中的行列区别、值的汇总方式有哪些？

10.5　打印区域设置

　　WPS 表格的打印可以只打印某一工作表的一部分区域，设置打印区域即可。选中需要打印的数据区域如工作表"收支明细表"中的 A2:H44 区域，单击"页面布局"选项卡中的"打印区域"下拉项中的"设置打印区域"命令，然后单击"文件"菜单中的"打印"命令下的"打印预览"命令，结果如图 10.7 所示。

学号	姓名	班级	收入	支出	节余	平衡情况	学号是否支出
20005010124	邵玉芳	会计2001	4608	1847	2761	盈余	TRUE
20005010512	李冰冰	会计2005	4507	2227	2280	盈余	TRUE
20005010513	李杉杉	会计2005	2905	1918	987	正常	TRUE
20005010514	李露祝	会计2005	2504	1668	836	正常	TRUE
20005010621	贾庆余	会计2006	4766	1257	3509	盈余	TRUE
20005010826	伦芳婵	会计2008	2602	1797	805	正常	TRUE
20005010839	李歌	会计2008	3104	1357	1747	盈余	FALSE
20005010851	蒋亿弦	会计2008	3905	1636	2269	盈余	FALSE
20005010916	金爱静	会计2009	5707	2097	3610	盈余	FALSE
20005010919	聂祖悦	会计2009	4808	1270	3538	盈余	TRUE
20005010920	钱玉洁	会计2009	5106	1118	3988	盈余	TRUE
20005010926	王爱欣	会计2009	4406	1707	2699	盈余	TRUE
20005010927	陈雨棋	会计2009	5108	1382	3726	盈余	TRUE
20005010928	夏寨德	会计2009	3004	1927	1077	正常	TRUE
20005010929	随静波	会计2009	4504	5027	-523	超标	FALSE
20005010934	鑫云慧	会计2009	4910	1296	3614	盈余	TRUE
20005010940	曾雪琴	会计2009	5809	1497	4312	盈余	TRUE
20005010942	韩影婼	会计2009	3806	1517	2289	盈余	TRUE
20005010947	王翠翠	会计2009	7009	1677	5332	盈余	TRUE
20005010948	谢婷	会计2009	3807	1307	2500	盈余	FALSE
20005011011	斗荀	会计2010	4085	1987	2098	盈余	TRUE
20005011012	斗梦若	会计2010	4085	1350	2735	盈余	TRUE
20005011111	李卓捷	会计2011	2103	1387	516	正常	TRUE
20005011112	斗梦	会计2011	4406	2107	2299	盈余	FALSE
20005011133	赵盟盟	会计2011	3504	1877	1627	正常	FALSE
20006030129	蔡春宇	企管2001	4507	2521	1986	正常	TRUE
20006030146	周淑生	企管2001	5907	1827	4080	盈余	TRUE
20006030237	陈瑶	企管2002	5210	1837	3373	盈余	TRUE
20006030245	祝国圆	企管2002	4407	1097	3310	盈余	TRUE
20006030340	张振凯	企管2003	6111	1827	4284	盈余	TRUE
20006060107	红瀚	商英2001	3704	1947	1757	正常	FALSE
20006060108	蒋蒙	商英2001	5308	1527	3781	盈余	TRUE
20006060110	来巧慢	商英2001	5208	1197	4011	盈余	TRUE
20006060111	李葶	商英2001	4205	1352	2853	盈余	TRUE
20006060112	黎唧情	商英2001	3608	1943	1665	正常	FALSE
20006060116	乔佳怡	商英2001	6312	1482	4830	盈余	TRUE
20006060120	钱屹怡	商英2001	5709	1797	3912	盈余	FALSE
20006060218	黄源瑶	商英2002	6913	1487	5426	盈余	TRUE
20006060220	黄瑞	商英2002	2904	1347	1556	盈余	TRUE
20006060223	蕾云静	商英2002	4205	1977	2228	盈余	TRUE
20006060226	蕾嘉怡	商英2002	2603	1137	1466	盈余	TRUE
20006060319	李秀静	商英2003	6305	2132	4173	盈余	TRUE

图 10.7　打印区域预览

步骤 1 视频

实施步骤

步骤一：工作表"收入明细表"操作

（1）在工作表"收入明细表"中选中区域 F4:F45，单击"数据"选项卡中的"数据有效性"按钮，弹出如图 10.8 所示对话框，选择"设置"选项卡，在"允许（A）"下拉框中选择"序列"，在"来源（S）"编辑框中输入"1500,1000,500,0"，单击"确定"按钮即可将区域 F4:F45 中的内容限制为这 4 个选项之一。

（2）在工作表"收入明细表"中选中区域 D4:D45，单击"数据"选项卡中的"数据有效性"按钮，在打开的对话框中选择"设置"选项卡，设置如图 10.9 所示对话框，在"允许（A）"下拉框中选择"整数"，在"数据（D）"下拉框中选择"小于或等于"，在"最大值（X）"编辑框中输入"3000"。选择"出错警告"选项卡如图 10.10 所示，在"错误信息（E）"文本框中输入"请合理安排生活费，节约开支！"，单击"确定"按钮即可将生活费限制为不超过 3000 的数值。

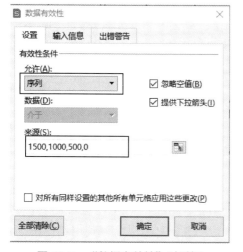

图 10.8　"数据有效性"对话框

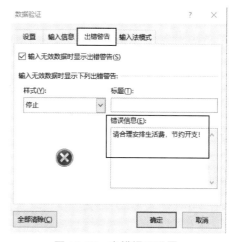

图 10.9　整数范围设置

图 10.10　出错提示设置

（3）收入总计是由生活费、奖学金、兼职收入总和及各种存款本金和利息构成的，在"收入明细表"中，单击单元格 J4，然后输入公式"=SUM（D4:F4）+（G4*（1+$M$4/12）+（H4*（1+$N$4/12）+（I4*（1+$O$4/12））））"，使用鼠标左键填充到单元格 J45 中。

步骤二：工作表"支出明细表"操作

（1）在"支出明细表"中增加一列"固定资产"，使用 DB 函数计算租用的寝室空调的年折旧费，单击单元格 Z7，输入公式"=DB（V7,Z5*V7,Z4,6）"，把相应的年折旧费用按月平均填充到固定资产列中，单击单元格 O3，输入公式"=$Z$7/12"，使用鼠标左键填充到单元格 O44 中。

步骤 2 视频

（2）在"支出明细表"中使用 PMT 函数计算出助学贷款的同学每个月应还的款项，单击单元格 Y14，输入公式"=PMT（W14/12,X14,V14）"，使用鼠标左键填充到单元格 Y20 中；使用 ISERROR 函数和 VLOOKUP 函数把相应的数据填充到助学贷款列中，单击单元格 P3，然后输入公式"=IF（ISERROR（VLOOKUP（A3,$T$13:$Y$20,6,0））=TRUE,0,VLOOKUP（A3,$T$13:$Y$20,6,0））"，使用鼠标左键填充到单元格 P44 中。

步骤三：工作表"收支平衡表"操作

（1）学号一般必须是文本型数据，"收支平衡表"中可以采用 ISTEXT 函数判断学号是否为文本。在单元格 H3 中输入公式"=ISTEXT（A3）"，使用鼠标左键填充到 H44 中。

步骤 3 视频

（2）"收支平衡表"中收入和支出是根据学号分别从"收入明细表""支出明细表"中获取的。在单元格 D3 中输入公式"=VLOOKUP（A3,收入明细表!$A$4:$J$45,COLUMN（J1）,0）"，使用鼠标左键填充到单元格 D44 中；在单元格 E3 中输入公式"=VLOOKUP（A3,支出明细表!$A$3:$Q$44,COLUMN（Q1）,0）"，使用鼠标左键填充到单元格 E44 中。

（3）收支平衡情况是根据节余值的范围来判断的，若节余值大于收入一半，则填充"盈余"，大于 1/5 的填"正常"，大于 0 的填"一般"，否则填充"超标"。在单元格 G3 中输入公式"=IFS（F3>D3*0.5,"盈余",F3>D3*0.2,"正常",F3>0,"一般",F3<=0,"超标"）"，使用鼠标左键填充到单元格 G44 中。

（4）创建相应的透视表和透视图，要求显示出每个班级的餐饮美食、服饰装扮和日用杂货三项支出的平均数，并对餐饮美食的支出以升序排列。新建工作表命名为"透视表"，选中单元格 A1，单击"插入"选项卡中的"数据透视表"按钮，然后按如图 10.11 所示设置对话框，单击"确定"按钮。透视表的行列等布局设置如图 10.12 所示。

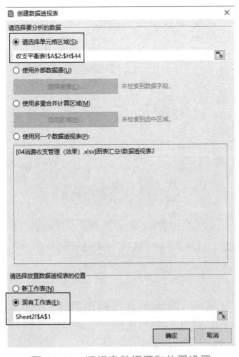

图 10.11 透视表数据源和位置设置

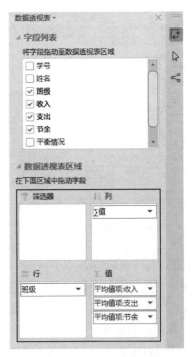

图 10.12 透视表布局设置

新建工作表命名为"透视图"，选中单元格 A1，单击"插入"选项卡中的"数据透视图"按钮，透视图数据源和位置设置如图 10.13 所示，透视图的行列等布局设置如图 10.14 所示。

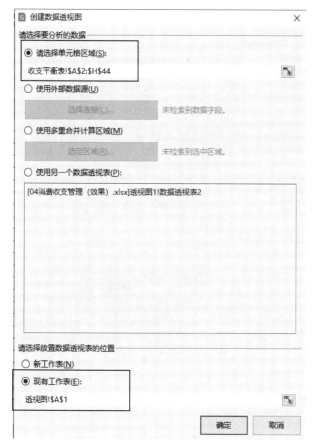

图 10.13　透视图数据源和位置设置

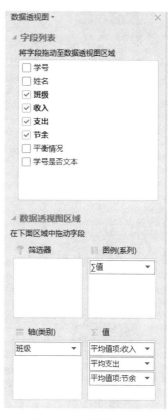

图 10.14　透视图布局

步骤四：三张工作表的链接

"收支平衡表"的单元格 D3 和 E3 分别链接到"收入明细表""支出明细表"，效果如图 10.15 所示，过程如图 10.16、图 10.17 所示。

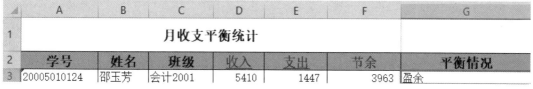

	A	B	C	D	E	F	G
1	月收支平衡统计						
2	学号	姓名	班级	收入	支出	节余	平衡情况
3	20005010124	邵玉芳	会计2001	5410	1447	3963	盈余

图 10.15　"收支平衡表"链接效果图

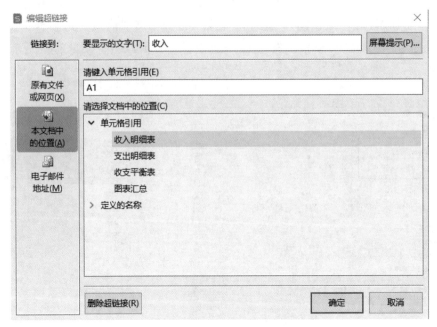

图 10.16　收入明细表链接

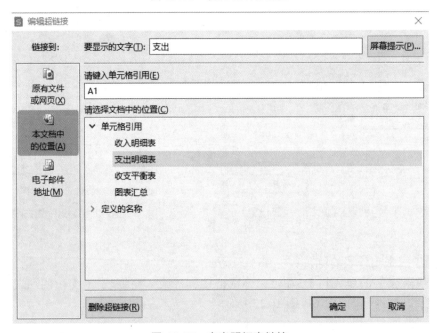

图 10.17　支出明细表链接

将"收入明细表"和"支出明细表"的单元格 A1 分别链接到"收支平衡表",效果分别如图 10.18 和图 10.19 所示。

图 10.18　"收入明细表"的单元格 A1 链接

学号	姓名	班级	餐饮美食	日用杂货	教育培训	服饰装扮	医疗保健	交通出行	文化休闲	美容美发	数码电器	充值缴费	公益捐赠	固定资产	助学贷款	支出总计
20005010124	邵玉芳	会计2001	800	200	50	300	0	50	300	0	100	20	0	27	0	1847
20005010512	李冰冰	会计2005	700	100	50	270	0	80	0	45	50	50	0	27	-855	2227
20005010513	李杉杉	会计2005	660	145	56	218	0	32	35	40	0	22	0	27	-682	1918
20005010514	李围泓	会计2005	900	80		130						19		27	-512	1668
20005010621	沈晓余	会计2006	600	100	180	200			100			50		27	0	1257
20005010826	徐芳婷	会计2008	650	100	50	350	300	20	30	10	200	60	0	27	0	1797
20005010839	夏赛艳	会计2008	900	200	20	100	0	10	50	0	0	60	0	27	0	1357
20005010851	张亿猛	会计2008	600	469	180	270	0	25	0	0	0	60	5	27	0	1636
20005010916	金晓静	会计2009	950	280	180	200	0	50	150	100	0	130	30	27	0	2097
20005010919	李欢	会计2009	515	352	60	186	0	10	60	0	0	60	0	27	0	1270
20005010920	聂祉悦	会计2009	520	231	60	0	0	30	200	0	0	50	0	27	0	1118
20005010926	王晓欣	会计2009	950	150	150	200	0	80	50	0	0	100	0	27	0	1707
20005010927	钱玉洁	会计2009	800	200	80	200	0	20	0	0	0	50	5	27	0	1382
20005010928	闻雨祺	会计2009	700	300	0	500	0	100	300	0	0	50	0	27	0	1927
20005010929	谢静波	会计2009	1500	500	0	200	0	200	0	300	2000	200	100	27	0	5027
20005010934	章云慧	会计2009	500	40	30	4	0	20	50	0	0	100	0	27	-525	1296
20005010940	曾雪琴	会计2009	800	100	50	150	20	50	100	100	30	50	20	27	0	1497
20005010942	韩影娣	会计2009	700	200	150	200	50	30	50	0	0	50	50	27	0	1517

月支出明细统计

图 10.19　"支出明细表"的单元格 A1 链接

项目拓展

透视表的布局设计完毕，利用透视表的"分析"和"设计"选项卡可以进一步进行细节处理，"分析"选项卡如图 10.20 所示。

图 10.20　透视表的"分析"选项卡

单击"分析"选项卡中的"更改数据源"按钮，弹出如图 10.21 所示对话框，选择相应的单元格区域即可更改数据源。

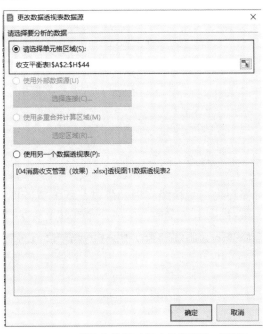

图 10.21　"更改数据透视表数据源"对话框

单击"分析"选项卡中的"字段设置"按钮弹出如图 10.22 所示对话框，可自定义字段名称、更改值字段汇总方式和值显示方式、设置数字格式等。

图 10.22　"值字段设置"对话框

透视图往往与透视表同时生成，如需要单独获取透视图，可右击透视图，选择"移动图表"命令，弹出如图 10.23 所示对话框，选择图表的位置，单击"确定"按钮即可获得单独的透视图。

图 10.23　"移动图表"对话框

WPS 表格的文件还可保存为一个在线文档，可供在线编辑，单击菜单"云服务"→"在线协作"如图 10.24 所示，系统会上传文件，生成一个在线文件如图 10.25 所示。

图 10.24　在线协作

图 10.25　在线文件

项目小结

利用 WPS 表格对收入支出信息进行记录，并整理收支平衡情况，可以完整地保存收入开销的数据，为个人消费提供指导，为提高个人合理消费提供帮助。

本项目主要通过对收入支出进行管理来介绍 WPS 表格的数据有效性、超链接和 DB、PMT 等财务函数应用，以及 ISERROR、ISTEXT 等信息函数使用、透视图表等知识点，旨在了解数据有效性、超链接、透视图表设计、财务函数、信息函数的应用，学会利用这些功能解决实际生活中的数据统计问题。

项目练习

1. WPS 表格中的图表是动态的，当在图表中修改了数据系列的值时，与图表相关的工作表中的数据_____。

A. 出现错误值 　　　　　　　　　　　 B. 不变

C. 自动修改 　　　　　　　　　　　 D. 用特殊颜色显示

2. 计算贷款指定期数应付的利息额应使用_____函数。

A. FV 　　　　　 B. PV 　　　　　 C. IPMT 　　　　　 D. PMT

3. 为了实现多字段的分类汇总，WPS 表格提供的工具是_____。

A. 数据地图 　　　 B. 数据列表 　　　 C. 数据分析 　　　 D. 数据透视表

4. 若 A1 单元格中的字符串是"温职院"，A2 单元格的字符串是"人工智能学院"，希望在 A3 单元格中显示"温职院人工智能学院招生情况表"，则应在 A3 单元格中输入公式为_____。

A. =A1&A2&"招生情况表" 　　　　　 B. =A2&A1&"招生情况表"

C. =A1+A2+"招生情况表" 　　　　　 D. =A1-A2-"招生情况表"

5. 在一个表格中，为了查看满足部分条件的数据内容，最有效的方法是_____。

A. 选中相应的单元格 　　　　　　　 B. 采用数据透视表工具

C. 采用数据筛选工具 　　　　　　　 D. 通过宏来实现

6. 打开"提前招生考试成绩表"，按要求完成所有的操作，效果如图 10.26 所示。

（1）有效性设置：

● 设置性别列选项为男和女。

● 设置等级列选项为 A,B,C,D,E。

（2）使用 ISTEXT 函数对考生的准考证号进行检查，若不是字符数据，对原准考证号升级，即在原准考证前加 0。

（3）利用 IF 函数（要求只用一条公式），根据考生选考等级，计算考生赋分值：

● 选考等级为 A，赋分 95；选考等级为 B，赋分 85；选考等级为 C，赋分 75；选考等级为 D，赋分 60；选考等级为 E，赋分 50。

（4）使用数组公式，在 Sheet1 中计算：

● "面试比例分"，计算方法为：面试成绩/3*40%。

● "总成绩"，计算方法为：笔试成绩+面试比例分+赋分值。

（5）在 Sheet1 中，添加一列，将其命名为"排名"。

要求：使用 RANK 函数，根据"总成绩"对所有考生进行排名。

（6）将 Sheet1 中的数据复制到 Sheet2 中，利用高级筛选，筛选出面试成绩在 200 分及以上且笔试成绩在 85 分及以上的考生，并将 Sheet2 重命名为"优秀成绩"。

（7）根据 Sheet1 表中的数据，在 Sheet3 中插入如图 10.27 所示的选考等级人数分布图表。

	A	B	C	D	E	F	G	H	I	J	K
1	2020年XX专业提前招生入学考试成绩										
2	准考证号	新准考证号	姓名	性别	笔试成绩	面试成绩	面试成绩比例分	选考等级	赋分值	总成绩	排名
3	50008502132	050008502132	许光明	男	90	213	28.4	A	95	213.40	1
4	50008505460	050008505460	程坚强	男	92	261	34.8	C	75	201.80	3
5	50008501144	050008501144	姜玲燕	男	45	225	30	C	75	150.00	17
6	050008503756	050008503756	周兆平	女	43	228	30.4	C	75	148.40	18
7	50008502813	050008502813	赵永敏	女	76	234	31.2	B	85	192.20	5
8	050008503258	050008503258	黄永良	男	53	222	29.6	B	85	167.60	11
9	050008500383	050008500383	梁泉涌	男	49	261	34.8	D	60	143.80	19
10	050008502550	050008502550	任广明	女	86	165	22	B	85	193.00	4
11	50008504650	050008504650	郝海平	男	45	174	23.2	C	75	143.20	20
12	050008501073	050008501073	钱梅宝	女	80	234	31.2	C	75	186.20	6
13	050008502309	050008502309	张平光	女	67	240	32	D	60	159.00	15
14	050008501663	050008501663	许动明	男	88	189	25.2	D	60	173.20	9
15	050008504259	050008504259	张 云	女	53	255	34	E	50	137.00	22
16	050008500508	050008500508	唐 琳	男	50	195	26	B	85	161.00	14
17	050008505099	050008505099	宋国强	男	91	225	30	B	85	206.00	2
18	050008503790	050008503790	郭建峰	女	62	228	30.4	C	75	167.40	12
19	50008504790	050008504790	凌晓婉	男	59	270	36	B	85	180.00	8
20	50008503890	050008503890	张启轩	女	42	159	21.2	C	75	138.20	21

图 10.26 考试成绩表

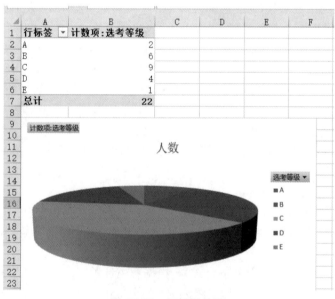

图 10.27 透视图效果

项目 11　职业技能竞赛奖状批量制作

知识目标：了解 WPS VB 的应用；熟悉 VB 工作界面；掌握 VB 基础语法知识；掌握 VB 程序结构；掌握宏的录制与应用。

技能目标：会进行 VB 宏录制；会用循环语句修改 VB 宏代码，批量制作奖状。

思政目标：培养学生专业技能与职业道德素养，树立高效办公思想；培养学生钻研精神。

项目效果

本项目围绕职业技能竞赛奖状的批量制作来介绍。步入大学，每位学生都攻读不同的专业，而不同专业都有各自的职业技能大赛，乃至大大小小的学科竞赛等，奖状作为一种荣誉的象征，是每位同学都渴望获得的。本项目通过介绍 VB 录制宏、修改宏、VB 循环语句的应用，快速生成的方法，让学生切身感受到荣誉无时不在。因此本项目希望通过奖状批量制作，一方面激励学生奋发图强，提升专业技能与职业道德素养，为自己和专业增光添彩；另一方面，希望借助办公软件的 VB 应用提高工作效率，未来迁移到工作中的表格批处理上。奖状批量制作效果，如图 11.1 所示。

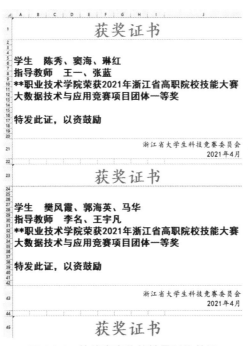

图 11.1　技能竞赛奖状批量制作效果

11.1　WPS VB概述

Visual Basic for Applications（VBA）是 Visual Basic 的一种宏语言，是微软开发出来的在其桌面应用程序中执行通用的自动化（OLE）任务的编程语言，主要用来扩展 Windows 的应用程式功能，特别是 Microsoft Office 软件。

WPS 包含 WPS 文字 、WPS 表格、WPS 演示三大功能模块，与 MS Word、MS Excel、MS PowerPoint 一一对应，应用 XML 数据交换技术，无障碍兼容 doc、xls、ppt 等文件格式，用户可以直接保存和打开 MS Word、MS Excel 和 MS PowerPoint 文件，也可以用 Microsoft Office 轻松编辑 WPS 系列文档。

如果在 WPS 中运行 Excel 中的宏代码，往往会报错，经常碰到的错误信息是"文件未找到 VBA6.DLL"，这是由于 WPS 中没有 VBA 模块，不能使用宏功能。但是可以对该软件安装 VBA 组件实现宏功能，也可以获取具有 VBA 功能的 WPS 商业版的增强版。

在 WPS 中，VB 程序菜单窗口如图 11.2 所示。

图 11.2　WPS VB 程序菜单窗口

若找不到开发工具，则单击菜单"文件"→"选项"命令，在打开的"选项"对话框中，选择显示"开发工具"窗口，如图 11.3 所示。

图 11.3　设置显示"开发工具"选项

返回主界面，可以看到在工具栏中出现了开发工具。单击后可以发现在"开发工具"下有"宏""VB 编辑器"等功能，但是都处于灰色状态，表明此时还不能使用，如图 11.4 所示，说明还没有启用。

图 11.4　未安装 VB 工具包

不能使用开发工具的原因是 WPS 本身并没有内置 VB 程序，需要安装另外的工具包才能启用。适合 WPS 2019 的工具包可以通过百度云盘下载（链接：https://pan.baidu.com/s/1Rza__o46q8k9sXSauZKnfQ，提取码：d3d7），下载后安装即可，再次打开 xlsm 文件，可以看到提示是否启用宏，单击确定，在开发工具栏下可以看到灰色状态已经消失，表明可以使用 VB 功能。

单击图 11.4 中的"VB 编辑器"图标，展开 VB 编程窗口，如图 11.5 所示。该窗口中有工程资源管理器、属性窗口、代码编辑窗口、窗体和工具箱及监视窗口等。

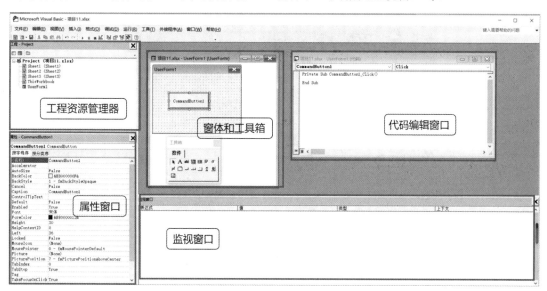

图 11.5　VB 编程窗口

1. 工程资源管理器

工程资源管理器显示当前打开的工程和它的组成部分清单。VB 工程包括工作表、图表、当前工作簿、模块、类模块、用户窗体等。通过工程资源管理器可以管理 VB 工程，方便在当前打开的工程中切换。有 3 种途径可以激活工程资源管理器：第一种通过"视图"菜单，选择工程资源管理器；第二种通过键盘，按下 Ctrl+R 组合键；第三种通过工具栏，如图 11.6 所示，单击工程资源管理按钮。

图 11.6　标准工具栏

2. 属性窗口

属性窗口如图 11.7 所示，可以用于查看工程中的对象和设置它们的属性。当前选中的对象的名称就显示在属性窗口的标题栏下面的对象栏中。对象的属性可以按照字母顺序查看，也可以按类别查看。选择按字母顺序查看时，被选择的对象的所有属性均按字母顺序列出。通过选择属性名，并且输入或者选择新的设置，来更改属性设置。选择按类别列出被选中的对象的所有属性时，用户可以将清单折叠起来，查看类别，还可以展开类别查看属性。类别名称左边存在加号（＋）说明这个类别可以展开，减号（－）说明这个类别已经展开。同样，有 3 种方式可以打开属性窗口：第一种利用"视图"菜单选择属性窗口；第二种按下 F4 功能键；第三种利用工具栏单击属性窗口按钮。

属性 - UserForm1	✕
UserForm1 UserForm	∨
按字母序　按分类序	
(名称)	UserForm1
BackColor	&H8000000F&
BorderColor	&H80000012&
BorderStyle	0 - fmBorderStyleNone
Caption	UserForm1
Cycle	0 - fmCycleAllForms
DrawBuffer	32000
Enabled	True
Font	宋体
ForeColor	&H80000012&
Height	144
HelpContextID	0
KeepScrollBarsVisible	3 - fmScrollBarsBoth
Left	0
MouseIcon	(None)
MousePointer	0 - fmMousePointerDefault
Picture	(None)
PictureAlignment	2 - fmPictureAlignmentCenter
PictureSizeMode	0 - fmPictureSizeModeClip
PictureTiling	False
RightToLeft	False
ScrollBars	0 - fmScrollBarsNone
ScrollHeight	0
ScrollLeft	0
ScrollTop	0
ScrollWidth	0

图 11.7　属性窗口

3. 代码编辑窗口

代码编辑窗口如图 11.8 所示，是用来编写 VB 编程代码的，也是用来查看、修改录制的宏代码和现存的 VB 工程的。每个模块会以一个专门的窗口打开。有多个方法可以激活代码编辑窗口：从工程资源管理器窗口选择所需的用户窗体或者模块，然后单击查看代码按钮；单击"视图"菜单中的"代码"命令；按下 F7 功能键。

在代码编辑窗口左上角的对象列表框中，可以选择用户想查看代码的对象。在代码编辑窗口右上角的列表框中可以选择一个过程或者事件过程查看代码。当用户打开这个列表框，这个模块里的所有过程名称将按字母顺序排列显示。如果用户选择了一个过程，光标就会跳到指定过程的第一行处。

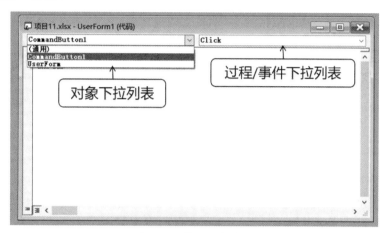

图 11.8　代码编辑窗口

4. 其他窗口

如图 11.9 所示，VB 环境下还有很多其他窗口频繁地被使用，如对象浏览器、监视窗口等，这里不再详述。

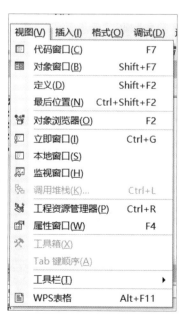

图 11.9　视图菜单中显示的其他窗口

11.2　我的第一个 VB 程序

下面对如何在 WPS 表格中使用 VB 编写代码进行举例说明。通过编写"我的第一个 VB 程序"，熟悉 VB 的编程界面与框架结构。

【示例 1】使用 VB 程序的用户窗体，实现如图 11.10 所示界面设置。当单击"你好！"按钮时，跳出"欢迎来到中国！"提示框。提示框内的文字为"Hello World!"。

图 11.10　我的第一个 VB 程序

[设计步骤]

第 1 步，插入用户窗体，修改标题为"我的第一个程序"，添加一个命令按钮，将其标题设置为"你好！"，如图 11.11 所示。

操作视频

图 11.11　编辑窗体

第 2 步，双击"你好"命令按钮，跳出如图 11.12 所示窗口，并在代码编辑窗口中添加代码：MsgBox "Hello World!", vbOKOnly, "欢迎来到中国！"。

图 11.12　命令按钮代码编辑窗口

第 3 步，单击工具栏中的绿色三角箭头的运行按钮（或按 F5 键）运行代码，运行结果如图 11.10 所示。

第 4 步，以上运行无误后，单击"文件"→"保存工作簿 1"命令，选择启用宏的工作簿，如图 11.13 所示，文件扩展名为".xlsm"。Excel 中默认情况下不自动启用宏，xlsm 格式的文件中含有宏启用。

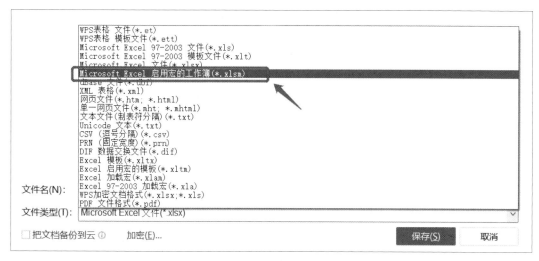

图 11.13　保存类型选择

11.3　VB 语法基础

11.3.1　标识符

标识符是一种由标识变量、常量、过程、函数、类等语言构成单位的符号，利用它可以完成对变量、常量、过程、函数、类等的引用。

VB 中的标识符命名规则如下：

（1）以字母开头，由字母、数字和下划线组成，如 A987b_23Abc。

（2）字符长度小于 40（Excel 2002 以上中文版中，可以用汉字且长度可达 254 个字符）。

（3）不能与 VB 保留字重名，如 public、private、dim、goto、next、with、integer、single 等。

11.3.2 运算符

VB 运算符是代表某种运算功能的符号，主要有以下几种：

（1）赋值运算符：=。

（2）算术运算符：+（加）、-（减）、Mod（取余）、\（整除）、*（乘）、/（除）、-（负号）、^（指数）、&、+（字符串连接符）。

（3）逻辑运算符：Not（非）、And（与）、Or（或）、Xor（异或）、Eqv（相等）、Imp（隐含）。

（4）关系运算符：=（相同）、<>（不等）、>（大于）、<（小于）、>=（不小于）、<=（不大于）、Like、Is。

（5）位运算符：Not（按位否）、And（按位与）、Or（按位或）、Xor（按位异或）。

11.3.3 数据类型

VB 共有 12 种数据类型，具体如表 11.1 所示，此外用户还可以根据以下类型用 Type 自定义数据类型。

表 11.1 VB 数据类型

数据类型	类型标识符	标识符	字节
字符串型	String	$	字符长度（0～65400）
字节型	Byte	无	1
布尔型	Boolean	无	2
整数型	Integer	%	2
长整数型	Long	&	4
单精度型	Single	!	4
双精度型	Double	#	8
日期型	Date	无	8
货币型	Currency	@	8
小数点型	Decimal	无	14
变体型	Variant	无	以上任意类型，可变
对象型	Object	无	4

11.3.4 变量与常量

VB 允许使用未定义的变量，默认的是变体变量。模块通用说明部分加入 Option Explicit 语句可以强迫用户进行变量定义。

一般变量作用域的原则是，在哪部分定义就在哪部分起作用，在模块中定义则在该模块中作用。变量定义语句及变量作用域主要有以下几种：

（1）局部变量：Dim 变量 as 类型，如 Dim x as integer。

（2）私有变量：Private 变量 as 类型，如 Private x as byte。

（3）公有变量：Public 变量 as 类型，如 Public x as single。

（4）全局变量：Global 变量 as 类型，如 Global x as date。

（5）静态变量：Static 变量 as 类型，如 Static x as double。

常量为变量的一种特例，用 Const 定义，且定义时赋值，程序中不能改变值，作用域也如同变量作用域，有如下定义格式：Const Pi=3.1415926 as single。

11.4　VB 程序结构

同其他程序设计语言，VB 程序结构有以下三种。

1. 顺序结构：赋值语句、注释语句、声明语句、VBA 函数（InputBox，MsgBox）

顺序结构的程序设计是最简单的，只要按照解决问题的顺序写出相应的语句就行，它的执行顺序是自上而下，依次执行。

2. 选择结构：If、Select Case

顺序结构的程序虽然能解决计算、输出等问题，但不能做判断再选择。对于要先做判断再选择的问题就要使用分支结构，也称选择结构。分支结构的执行是依据一定的条件选择执行路径，而不是严格按照语句出现的物理顺序。分支结构的程序设计方法的关键在于构造合适的分支条件和分析程序流程，根据不同的程序流程选择适当的分支语句。分支结构适合于带有逻辑或关系比较等条件判断的计算，设计这类程序时往往都要先绘制其程序流程图，然后根据程序流程写出源程序，这样把程序设计分析与语言分开，使得问题简单化，易于理解。

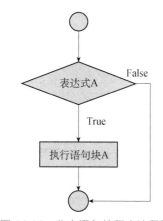

图 11.14　分支语句的程序流程图

分支语句的流程一般如图 11.14 所示。当表达式 A 的结果为真时，则执行语句块 A，否则执行语句块 B。可以看出，每次程序运行，两个分支中会执行其中一个。具体执行哪一条分支，取决于表达式 A 的结果。

3. 循环结构：For…Next、Do While…Loop、Do Until…Loop 语句

循环结构是指在程序中需要反复执行某个功能而设置的一种程序结构。它由循环体中的条件，判断继续执行某个功能还是退出循环。根据判断条件，循环结构又可细分为以下两种形式：先判断后执行的循环结构（如 While 循环）和先执行后判断（如 Loop 循环）的循环结构。

循环结构的三个要素：循环变量、循环体和循环终止条件。具体流程如图 11.15 所示。当条件满足时，程序一直执行循环体中的语句 1 至语句 n，直到条件不满足，跳出循环去执行其他语句。需要提醒的是，循环设计不恰当时，可能出现死循环。

11.4.1 顺序结构

顺序结构就是从头到尾依次按顺序逐条执行语句，不需要控制语句，因此，在顺序语句的编排上，要注意语句彼此之间的相互关系及先后顺序。

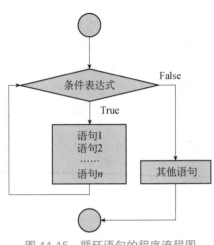

图 11.15 循环语句的程序流程图

1. 赋值语句

赋值语句是将表达式赋给指定的变量或对象，表达式也可以是常量或变量。

格式为：变量名|对象=表达式（如：r=1，S=p*r^2）。

2. 注释语句

可以用 REM 或'（单引号）来注释，语句的颜色为绿色，程序执行时，注释语句不起作用，不参与执行（如'If X >= 0 Then TextBox2.Text = X Else TextBox2.Text = -X）。

3. 声明语句

声明语句是 VBA 程序中最基本的程序语句，是说明程序中将要使用的常量、变量，一般以 Dim（动态）、Static（静态）、Private（私有）、Public（全局）开头。

4. 输入函数 InputBox（ ）

InputBox（ ）函数能够产生一个输入对话框，等待用户输入数据，并返回所输入的内容，语法格式为：Input-box（Prompt[,Title][,Default][,Xpos][,Ypos]）。其中的 Prompt 为窗口的提示词，Title 为输入窗口的标题，Default 为输入窗口的默认内容，Xpos、Ypos 为窗口距离屏幕左边、上边的距离。参数说明如表 11.2 所示。

表 11.2　InputBox（ ）函数的参数说明

参数名	说明
Prompt	输入框信息提示，最大长度为 1024 字符。如果需要在对话框中显示多行数据，可使用回车换行符来进行分割，Vbcrlf 代表回车换行符
Title	输入框标题，显示在标题栏上
Default	输入框的默认值
Xpos/Ypos	指定对话框的左上角坐标位置，如果省略该参数，则对话框呈水平居中

5. 消息提示函数 MsgBox（ ）

其语法格式为：MsgBox（Promtp[,Buttons][,Title]）。其中的 Prompt 为消息框提示信息；Buttons 为控制消息框中所包含按钮及类型；Title 为消息框标题，显示在标题栏上。参数说明如表 11.3 所示。

表 11.3　MsgBox（）函数的参数说明

参数名	说明
Prompt	消息框提示信息
Buttons	主要用于控制消息框中所包含按钮及类型，包括按钮的类型、消息框中显示的图标、消息框的默认按钮
Title	输入框的默认值

MsgBox（）函数还有另外一种形式，具有返回值，如表 11.4 所示。

表 11.4　MsgBox（）函数的返回值

对应按钮	含义	返回值
确定	Vbok	1
取消	Vbcancel	2
终止	Vbabort	3
重试	Vbretry	4
忽略	Vbignore	5
是	Vbyes	6
否	Vbno	7

【示例 2】设计如图 11.16 所示的用户窗体，当单击"数据获取"按钮时，弹出"数据输入"对话框，如图 11.17（a）所示，要求输入数据。单击"确定"按钮后，对话框会显示相应的输入数据，如图 11.17（b）所示。

图 11.16　用户窗体设计（顺序结构）

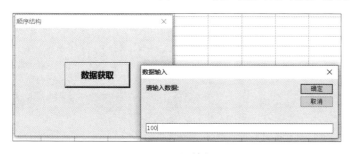

（a）输入　　　　　　　　　　　　　　　　　　（b）输出

图 11.17　输入对话框与输出对话框

[设计步骤]

第1步，设计用户窗体，插入命令按钮，并修改对应的标题属性"数据获取"。

第2步，双击"数据获取"命令按钮进入代码编辑窗口，并在相应位置输入如下代码：

```
Private Sub CommandButton1_Click ()
    Dim n As Integer
    n = InputBox ("请输入数据:","数据输入")
    MsgBox "你输入的数据是:"& n, vbOKOnly, "数据输出"
End Sub
```

第3步，保存并运行程序。

上述代码就是一典型的顺序执行过程。

11.4.2 分支结构

1. If…Then 单分支结构

If 单分支语句的基本语法如下：

```
If <条件表达式> Then [执行语句块 A]
```

如下示例表示当 x>250 时，则让 x 减掉 100，否则不执行任何语句。

```
If x > 250 Then x = x-100
```

2. If…Then…Else…End if 分支结构

If 分支语句的基本语法如下：

```
If <条件表达式> Then
    [执行语句块 A]
Else
    [执行语句块 B]
End if
```

如下示例表示当 A 中的值大于 B 中的值且 C 的值小于 D 的值时，执行"A=B+2"的语句，否则执行"A=C+2"这条语句。

```
If A > B and C < D Then
    A = B + 2
Else
    A = C + 2
End If
```

3. ElseIf 多分支结构

多分支结构的基本语法如下：

```
If <条件表达式 A> Then
    [执行语句块 A]
```

[ElseIf 〈条件表达式 B〉 Then]

　[执行语句块 B]

　…

[Else]

[执行语句块]]

End If

4. Select 多分支结构

其基本语法如下：

```
Select Case <条件表达式 1>
    执行语句块 1；
    Case <条件表达式 2>
    <...>
    Case Else
End Select
```

如下示例代码表示当 P 的值为字符串 "A101" 时，变量 Price 的值为 200；当 P 的值为字符串 "A102" 时，变量 Price 的值为 300；否则 Price 的值为 900。

```
Select Case P
  Case "A101"
        Price=200
  Case "A102"
        Price=300
  Case Else
        Price=900
End Select
```

【示例 3】设计如图 11.18 所示的用户窗体，在文本框中输入一个字符，判断该字符的结果是大写、小写、数字还是其他，并在对应位置显示判断后的结果。如果输入的值是数字，则计算对应的圆的周长，结果如图 11.19 所示。

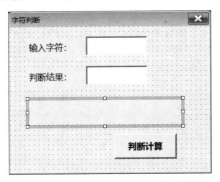

图 11.18　用户窗体设计（分支结构）

图 11.19 分支结构运行结果图

[设计步骤]

第 1 步，设计用户窗体，添加对应的控件并设置控件相应属性。

第 2 步，为命令按钮添加单击事件的代码，代码如下：

```
Private Sub CommandButton1_Click ()
   Dim x As String
     Dim isb As Boolean

     If TextBox1.Text = "" Then Exit Sub

     x = TextBox1.Text
     isb = False


   Select Case Asc (x)
    Case 65 To 90
     TextBox2.Text = "大写字母"
    Case 97 To 122
     TextBox2.Text = "小写字母"
    Case 48 To 57
     TextBox2.Text = "数字"
     isb = True
    Case Else
     TextBox2.Text = "其他字符"
   End Select


   If isb = True Then
      Dim C As Single
      C = 2 * 3.14159 * x
      Label3.Caption = "半径为" & x & "的圆的周长为" & C
   Else
```

```
    Label3.Caption = "欢迎使用!"
  End If
End Sub
```

第 3 步，运行并测试。

11.4.3 循环结构

在 VBA 中，可以多种形式实现循环结构，可以选择 Do While、Do Until 或者 For 等。

1. Do While 循环结构

Do While 在运行时，如果条件表达式的值为 True 时，则重复执行循环体语句块命令，语法结构如下：

```
Do While <条件表达式>
        执行循环体语句；

Loop
```

下列语句为使用 Do While 计算 $y=n!$ 的程序代码示例：

```
i = 1
y = 1
Do While i < n + 1
 y = y * i
 i = i + 1
Loop
```

在实现时，可设计用户窗体实现 n 的输入获取，并将结果值 y 显示到 label 控件上。

2. Do Until 循环结构

Do Until 循环结构的语法如下，与 Do While 相区别的是，该循环是先执行再判断。

```
Do Until <条件表达式>
        执行循环体语句；
Loop
```

同样以计算 n! 为例，说明 Do Until 循环的使用，结果存储至 n2 中，代码示例如下：

```
i = 1
n2 = 1
Do Until i > n
    n2 = n2 * i
    i = i + 1
Loop
```

3. For 循环结构

For 循环结构的语法如下：

```
For  变量  =  初值  To  终值  Step  步长
     执行循环体语句；
Next  变量
```

以计算 n!为例，说明 for 循环的使用，结果存储至 n3 中，代码示例如下：

```
i = 1
n3 = 1
For i = 1 To n Step 1
    n3 = n3 * i
Next i
```

动一动：利用循环语句求 1～100 的和，窗体设计如图 11.20 所示。请将对应三个按钮的代码写在下面的框里。

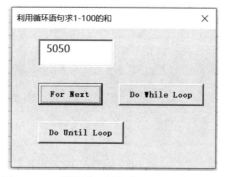

图 11.20　利用循环语句求 1–100 的和窗体

11.5　VB宏录制

　　宏是一些指令集，在表格数据处理的过程中经常需要重复完成多种相同工作，而一直重复做的话会非常烦琐，因此就可以通过宏录制来节约时间、简化步骤，对于提高工作效率是非常有好处的。WPS 表格的宏是指基于 VB 的一种宏语言，主要用于扩展 WPS 软件如表格的功能。对于经常使用 WPS 表格来工作的用户来说，它能有效地提高工作，让自己变得更轻松。

然而在 VB 编程实现过程中，很多时候并不确定要使用哪个 VB 对象的方法或属性，此时可以打开宏录制器并手动执行该操作。宏录制器会将操作转换成 VB 代码。录制完操作后，可修改代码以准确完成所需的操作。例如，如果不知道如何设置单元格的字体、字号时，可以执行下列操作：

（1）在"开发工具"选项卡上，单击"录制新宏"按钮。

（2）将默认的宏名更改为所选择的名称，然后单击"确定"按钮启动录制器。

（3）选中某个单元格，并将单元格的字体、字号做相应修改。

（4）在"开发工具"选项卡上，单击"停止录制"按钮。

（5）在"开发工具"选项卡上，单击"VB 宏"按钮。选择在步骤（2）中指定的宏名，然后单击"编辑"，查看并设置单元格对应的属性代码，将光标放在相应的属性内，然后按 F1 键或单击"帮助"按钮，查看帮助。

因此，通过宏录制可以将进行的操作录制下来，之后可以重复执行达到简化操作的目的，不用接触代码。宏录制器是一个很好的工具，可用于发现要使用的 VB 对象的方法和属性。如果不知道使用何种属性或方法，可打开宏录制器，然后手动执行操作。宏录制器会将操作转换为 VB 代码。不过，录制宏有一些限制条件，以下内容将无法录制：条件分支；变量指定；循环结构；自定义用户窗体；出错处理；用鼠标选定的文本（必须使用组合键）。

若要增强宏的功能，可能需要修改录制到模块中的代码。

下面通过一个简单的项目来说明宏的使用。

【示例 4】已知数据表 11.5 中的成绩列表，需要制作成绩单（见表 11.6），即在每个学生记录前加上标题。

表 11.5 部分学生成绩记录表

序号	学号	姓名	语文	数学	英语
1	20002100101	张三 1	68	90	76
2	20002100102	李四 1	87	84	80
3	20002100103	王五 1	78	69	89
4	20002100104	张三 2	90	79	85

表 11.6 部分学生成绩单打印稿

序号	学号	姓名	语文	数学	英语
1	20002100101	张三 1	68	90	76
序号	学号	姓名	语文	数学	英语
2	20002100102	李四 1	87	84	80
序号	学号	姓名	语文	数学	英语
3	20002100103	王五 1	78	69	89
序号	学号	姓名	语文	数学	英语
4	20002100104	张三 2	90	79	85

[设计步骤]

第1步，在"开发工具"选项卡上，单击"录制新宏"按钮，如图11.21所示，然后在弹出的如图11.22所示的"录制新宏"对话框中，设置宏名、保存位置等基本信息。

图 11.21　"录制新宏"按钮

图 11.22　"录制新宏"对话框

第2步，宏名与快捷键设置好之后，单击"确定"按钮，进入录制宏状态。单击"使用相对引用"按钮，选中标题行，复制并粘贴到第三行，最后单击A3单元格，完成后，单击"停止录制"按钮，如图11.23所示。此时，完成了第一个宏的录制，并成功定义了一个宏。

图 11.23　"停止录制"按钮

第3步，单击"VB宏"按钮弹出如图11.24所示的对话框，选择"录制成绩单"宏，然后单击"编辑（E）"按钮进入VB工程界面的代码编辑窗口。

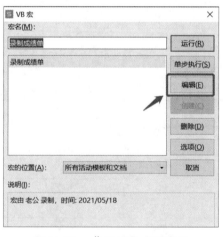

图 11.24　"VB宏"查看窗口

第 4 步，进入代码编辑窗口，如图 11.25 所示，即"录制成绩单"宏的代码，然后单击运行按钮，或者按 Crtl+Q 组合键就可以复制标题到各位学生成绩上面，最后结果如图 11.26 所示。

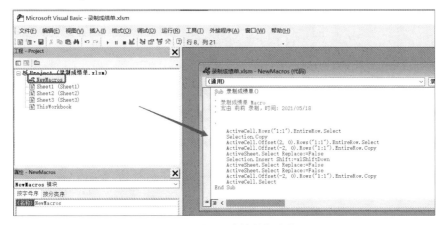

图 11.25　"录制成绩单"宏代码

	A	B	C	D	E	F	G
1	序号	学号	姓名	语文	数学	英语	
2	1	20002100101	张三1	68	90	76	
3	序号	学号	姓名	语文	数学	英语	
4	2	20002100102	李四1	87	84	80	
5	序号	学号	姓名	语文	数学	英语	
6	3	20002100103	王五1	78	69	89	
7	序号	学号	姓名	语文	数学	英语	
8	4	20002100104	张三2	90	79	85	

图 11.26　学生成绩单录制结果

实话步骤

（1）打开竞赛获奖学生名单所在的表格。打开"大数据技术与应用竞赛获奖名单.xlsx"，如图 11.27 所示。

	A	B	C	D	E
1	大数据技术与应用竞赛获奖名单				
2	序号	获奖学校	学生姓名	指导老师	获奖等级
3	1	**职业技术学院	陈秀、窦涛、琳红	王一、张蓝	团体一等奖
4	2	**职业技术学院	樊凤霞、郭海英、马华	李名、王宇凡	团体一等奖
5	3	**职业技术学院	纪梅、李国强、王红	吴宇明、刘云	团体一等奖
6	4	**职业技术学院	李英、刘彬	陈武	团体二等奖
7	5	**职业技术学院	刘卡、刘慧、王辉	张发、余名	团体二等奖
8	6	**职业技术学院	王一一、乌兰、徐天	于海、赵宇	团体二等奖
9	7	**职业技术学院	闫玉、杨杰、于宏	瞿丹、杨铭	团体二等奖
10	8	**职业技术学院	张凤凤、张培培	张小霞	团体二等奖
11	9	**职业技术学院	朱小芳、李明辉	王凯丽	团体三等奖
12	10	**职业技术学院	朱玉、马晶晶	郭海霞	团体三等奖
13	11	**职业技术学院	阿荣、旭仁花、安静	张涛、牛孟宇	团体三等奖
14	12	**职业技术学院	刘洋、刘雅婷	张江	团体三等奖
15	13	**职业技术学院	赵文强、刘嘉欣、伊静	孟瑞宇、白凯兴	团体三等奖
16	14	**职业技术学院	王梦娇、李晓娜	乔晓迪	团体三等奖
17	15	**职业技术学院	叶坤、沈天宇、常鑫	白璐、胡宗林	团体三等奖
18	16	**职业技术学院	付嘉凯、杨紫嫣、郑珊	田文浩	团体三等奖

图 11.27　大数据竞赛获奖名单

（2）制作奖状打印模板。根据历年浙江省职业技能竞赛奖状模板，以 2021 年竞赛为例，在 Sheet2 中设计对应模板，如图 11.28 所示。

图 11.28　获奖证书模板

（3）在"开发工具"选项卡中单击"录制新宏"按钮。首先，新增 Sheet3 表格，选中 Sheet3 中的 A1 单元格，然后单击"开发工具"选项卡的"录制新宏"按钮，输入对应的宏名称，如"奖状制作"，单击"确定"按钮，如图 11.29 所示。

图 11.29　奖状制作录制新宏

其次，跳转到 Sheet2 中，按 Ctrl+C 组合键复制奖状模板区域到 Sheet3 中，再按 Ctrl+F 组合键查找替换对应的信息，比如"<学生姓名>"替换为"张三"，如图 11.30 所示。最后显示结果如 11.31 所示。

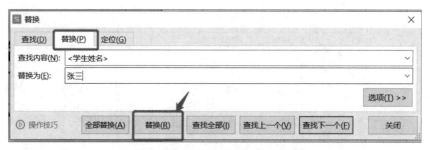

图 11.30　查找替换<学生姓名>

图 11.31 <学生姓名>替换后结果

最后，停止录制宏，并打开宏代码编辑窗口，代码如图 11.32 所示。

图 11.32 奖状录制新宏原始代码

（4）根据录制新宏代码，修改 VB 代码。根据第 3 步录制的宏代码，修改成我们需要的宏代码，如下：

```
Sheets ("Sheet2").Activate
Range ("A1:J21").Select
Selection.Copy
Sheets ("Sheet3").Activate
Range ("A1").Activate
ActiveSheet.Paste
Range ("A2").Replace What:="<学生姓名>", Replacement:="张三", LookAt:=xlPart,
SearchOrder:=xlByRows, MatchCase:=False, MatchByte:=False, SearchFormat:=True,
ReplaceFormat:=True
Selection.FindNext After:=Range ("A2")
```

（5）利用循环结构编写 VB 代码实现奖状批量制作。通过循环语句，最后编写的 VB 代码如下：

```
    Private Sub CommandButton1_Click ()
    Dim m As Integer
    Dim n As Integer


    m = 1
    n = 2


    For i = 3 To 18
        Sheets ("Sheet2").Activate
        Range ("A1:J21").Select
        Selection.Copy
        Sheets ("Sheet3").Activate
        Range ("A" & m).Select
        ActiveSheet.Paste
        Range ("A" & n).Replace  What:="<学生姓名>",  Replacement:=Worksheets
(1).Cells(i, 3).Value, LookAt:=xlPart, SearchOrder:=xlByRows, MatchCase:=False,
MatchByte:=False, SearchFormat:=True, ReplaceFormat:=True
        Selection.FindNext After:=Range ("A" & n)
        Range ("A"  &  n).Replace  What:="<指导老师姓名>",  Replacement:=Worksheets
(1).Cells(i, 4).Value, LookAt:=xlPart, SearchOrder:=xlByRows, MatchCase:=False,
MatchByte:=False, SearchFormat:=True, ReplaceFormat:=True
        Selection.FindNext After:=Range ("A" & n)
        Range ("A" & n).Replace What:="<学院>", Replacement:=Worksheets (1).Cells
( i,  2).Value,LookAt:=xlPart,SearchOrder:=xlByRows,MatchCase:=False,MatchByte:
=False, SearchFormat:=True, ReplaceFormat:=True
        Selection.FindNext After:=Range ("A" & n)
        Range("A" & n).Replace What:="<团体奖>", Replacement:=Worksheets(1).Cells
(i, 5).Value,LookAt:=xlPart,SearchOrder:=xlByRows, MatchCase:=False, MatchByte:
=False, SearchFormat:=True, ReplaceFormat:=True
        Selection.FindNext After:=Range ("A" & n)


        m = m + 22
        n = n + 22


    Next
    End Sub
```

注：以上标注出来的即对原来录制的宏代码进行的修改，再外层套上 For 循环结构。
奖状批量制作结果如图 11.33 所示。

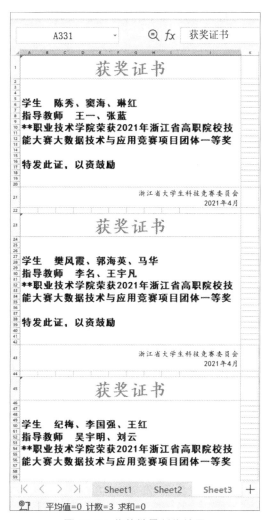

图 11.33 奖状批量制作结果

重难点笔记区：

项目步骤

应用 WPS VB 宏也可以进行考场座位表的批量制作。这里对双列考场座位表的制作做个拓展，效果图如 11.34 所示。

图 11.34 双列考场座位表的制作效果

编程步骤与奖状制作类似，分为：制作考场座位表单个模板；录制宏；修改宏；编写 VB 程序。

VB 代码如下：

```
Private Sub CommandButton1_Click ()
    Dim i, m, n As Integer
    m = 2
    n = 0

    Worksheets (2) .Activate

    For i = 2 To Worksheets (1) .UsedRange.Rows.Count
    Range ("A1:E10") .Select
    Selection.Copy
    Range ("A1:E10") .Offset (m, n) .Select
    Selection.PasteSpecial

    ActiveCell.Replace What:="<班级>", Replacement:=Worksheets (1) .Cells (i,
4) .Value, LookAt:=xlPart, _
        SearchOrder:=xlByRows, MatchCase:=False, SearchFormat:=False, _
```

```
        ReplaceFormat:=False
    ActiveCell.Replace What:="<姓名>", Replacement:=Worksheets (1) .Cells (i,
3) .Value, LookAt:=xlPart, _
        SearchOrder:=xlByRows, MatchCase:=False, SearchFormat:=False, _
        ReplaceFormat:=False
    ActiveCell.Replace What:="<学号>", Replacement:=Worksheets (1) .Cells (i,
2) .Value, LookAt:=xlPart, _
        SearchOrder:=xlByRows, MatchCase:=False, SearchFormat:=False, _
        ReplaceFormat:=False

    If i Mod 2 = 0 Then  '为下一行做准备 第 3 行 第 2 列
        n = 2
    Else
        n = 0
        m = m + 11
    End If
  Next

End Sub
```

项目小结

本项目通过奖状批量制作，一方面激励学生奋发图强，提升专业技能与职业道德素养养，为自己和专业增光添彩；另一方面，希望借助办公软件的 VB 应用提高工作效率，未来可以迁移到工作中表格的批处理上。

WPS 表格 VB 的应用属于高阶的应用。本项目简单介绍了 VB 的界面、语法基础、程序结构、宏的录制与修改等，旨在使学生能够初步掌握 WPS VB 的基础应用，能够应用录制宏与修改宏的方法批量制作竞赛奖状或者考场座位表。最后通过 WPS 表格 VB 的应用，使学生能够学会钻研精神，培养学生职业道德素养。

记一记：学习了本项目后，你觉得有哪些收获？

项目练习

1. VB 宏录制在哪些地方会应用到呢？请举例说明。

2. 利用 VB 录制宏，制作公司员工个人的工资条。

3. 无纸化考试系统的制作。要求：设计考试主界面，在"姓名"工作簿中存储已经参加过考试的员工信息，"题目"中存储的是题库，"姓名"及"题目"工作簿可加密码隐藏。当单击生成随机试卷时，要求输入员工姓名。如果姓名已出现在库中，则不允许再次参加考试。如果从未出现过，则随机生成试卷，试卷为 10 道选择题。当提交试卷时，完成试卷批改及成绩录入。单击删除记录，则清除已经生成的试题。

第
四
篇

WPS 演示文稿制作

演示文稿制作篇主要介绍在 WPS 办公领域中如何制作界面友好、美观实用的演示文稿。该篇通过项目 12 "'舌尖上的美食'演示文稿制作"、项目 13 "垃圾分类演示文稿制作"和项目 14 "岗位竞聘文稿版式设计",介绍了演示文稿的编辑、美化、多媒体合成、动画制作与定稿等知识与技能点。学生在项目实施过程中不仅能养成严谨细致的工作习惯,培养垃圾分类的好习惯和文明健康的生活方式,增强资源节约和环境保护意识,彰显自信自强的人格魅力,培育追求卓越、积极进取的价值观。

项目 12　"舌尖上的美食"演示文稿制作

学习目标

学习目标

　　知识目标：了解 WPS 演示文稿界面与功能；掌握 WPS 幻灯片的基本操作；掌握母版与版式的应用；掌握插入图片与音频。

　　技能目标：会进行 WPS 幻灯片的基本操作；能够进行母版与版式的应用；会插入图片与音频；能够进行幻灯片的交互设置。

　　思政目标：培养学生爱国热情；树立民族自豪感和文化自信。

项目效果

　　本项目围绕中国美食文化来做介绍，从结构到内容编排，从思路组织、文字安排及文化思想表达，到得出结论，借助于形象的图像和动画表达、生动的多媒体音效、扎实的数据来源、严谨的思路、准确的描述，凭借层次递进、前后呼应的方式表达，达到充分表达演讲者思想意图的目的。

　　有了整篇结构性的 WSP 演示文稿演讲思路，就可以收集资料和准备素材了。将适合主题内容的文字资料查找下载，用图、文字的形式进行阐述，在这个过程中注意选用合适的主题相关的模板和字体、图片、简洁的文字与色彩协调搭配，最后在幻灯片中插入适当的动画、超链接和音频等以增强表达效果。项目的部分幻灯片效果如图 12.1 所示。

图 12.1　项目的部分幻灯片效果

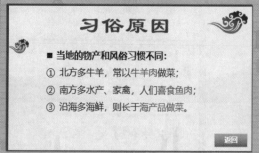

图 12.1　项目的部分幻灯片效果（续）

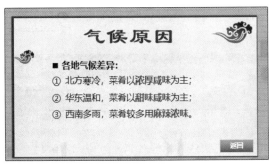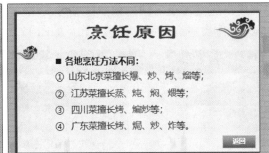

图 12.1　舌尖美食演示文稿幻灯片效果（续）

知识技能

　　本项目主要内容：WPS Office 的特点与新特性；WPS 幻灯片的基本操作，包括演示文稿的新建、打开，幻灯片的插入与删除、移动与复制、隐藏与显示、幻灯片放映及保存等；母版与版式应用；图片与音频的插入及幻灯片的交互设置。

12.1　WPS Office 概述

　　WPS Office 是由金山软件股份有限公司自主研发的一款办公软件套装，可以实现办公软件最常用的文字、表格、演示、PDF 阅读等多种功能，具有内存占用低、运行速度快、云功能多、强大插件平台支持、免费提供海量在线存储空间及文档模板的优点。

　　它支持阅读和输出 PDF（.pdf）文件，具有全面兼容微软 Office 1997—2010 格式（doc/docx/xls/ xlsx/ppt/pptx 等）独特优势，覆盖 Windows、Linux、Android、iOS 等多个平台。WPS Office 支持桌面和移动办公，且 WPS 移动版通过 Google Play 平台，已覆盖 50 多个国家和地区。WPS Office 发展历程如图 12.2 所示。

图 12.2　WPS Office 发展历程

　　WPS Office 支持自主选择窗口管理模式，可在整合模式和多组件模式之间自由切换。单击首页中的齿轮图标，进入设置，单击切换窗口管理模式即可。全新的"整合模式"支持多窗口多标签自由拆分与组合，支持标签列表保存为工作区跨设备同步。旧版的"多组件模式"

尊重用户历史使用习惯，依然按文件类型分窗口组织文档标签，不支持工作区特性。WPS Office 版本自主选择窗口管理模式，如图 12.3 所示。

图 12.3　WPS Office 窗口管理模式

1. WPS Office 版本特点

提供更好的文档编辑，显示一个简单的编辑区域；菜单界面得到优化，很多功能都集成到一个组件；文档编辑界面更加简单，制作文档也很方便；通过整合组件，在顶部菜单中就可以找到制作的标签；打开不同的文档更加迅速，切换视图简单；更快的云文档访问，轻松下载云资源；多平台工作，笔记本、平板同步内容；在 WPS 文档界面可以查看 PDF 文档内容；新版也实现了 PDF 到 doc 之间的格式转换；阅读新文档更轻松，找到每个文档标签；可以将制作的标签拖动到窗口上查看；提供更好的管理效率，文档可以立即上传云；多软件协同办公，无论是数据处理还是文字编辑都很轻松；更好的媒体加载，视频等资源都是可以加载到文档的；数据公式自定义，选择 WPS 表格可以编辑计算公式；全新的设计样式，软件的字体也得到扩展；界面的字体也是可以自己设置的；打开编辑窗口或者文件窗口可以设置背景；更多个性化设计，自己编辑软件样式；提供更好的工作区域，新建的文档编辑窗口可以制作标签；轻松在不同标签上切换编辑界面。

2. 新增功能

（1）办公，由此开始。新增首页，方便找到常用的办公软件和服务。如果需要到"WPS 云文档"找文件，新版可以不用打开资源管理器，直接在 WPS 首页中打开就行。当然也少不了最近使用的各类文档和各种工作状态的更新通知，轻松开始工作。

（2）强化标签管理，支持多窗口。文档如果太多，则只需拖放标签，按任务放在不同窗口中就好了；如果需要比较文档，则将文档拖出来即可左右对照。

（3）全面支持 PDF。提供完整的 PDF 文档支持，提供更快更轻便的文档阅读、格式转换和批注能力。

（4）视觉体验更加舒适。全新视觉设计特别打造的默认皮肤，提供一个舒适清爽的办公环境。更有多款皮肤可供选择，还可以自定义界面字体和窗口背景，打造个性化的 WPS。

12.2　WPS 幻灯片的基本操作

12.2.1　新建与打开演示文稿

打开 WPS Office 2019 应用程序，单击"首页"或者"文件"菜单，然后单击"新建"按钮，可以选择"新建空白文档"或者选择 WPS 提供的模板进行创建，即可新建演示文稿，如图 12.4 所示。

图 12.4　新建 WPS 演示文稿

打开 WPS Office 应用程序，单击"首页"或者"文件"菜单，然后单击"打开"图标，选择所需的文件，最后单击"打开"按钮。默认情况下，可以打开最近使用过的 WPS 相关文档，如 Word 文档、PPT 文档和 Excel 文档，我们选择演示文稿文档打开即可，如图 12.5 所示。

图 12.5　打开 WPS 演示文稿

12.2.2　插入与删除幻灯片

打开演示文稿后，在"开始"选项卡中，单击"新建幻灯片"按钮，可选择要插入的相关幻灯片，WPS 提供了封面、目录、章节等模板页面供选择，非常方便，如图 12.6（a）所示。当然也可以在左侧空白处右击，执行"新建幻灯片"命令插入新的幻灯片。当然还可以直接单击已有幻灯片页面上的"+"号来新建幻灯片，如图 12.6（b）所示。

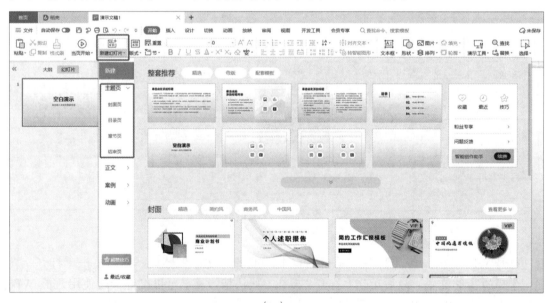

（a）

图 12.6　插入新幻灯片

（b）

图 12.6　插入新幻灯片（续）

可以插入新的幻灯片，当然也可以删除幻灯片：选中要删除的幻灯片，右击鼠标，执行"删除幻灯片"命令即可；或者选中要删除的幻灯片，按键盘上的"Delete"键删除，如图 12.7 所示。

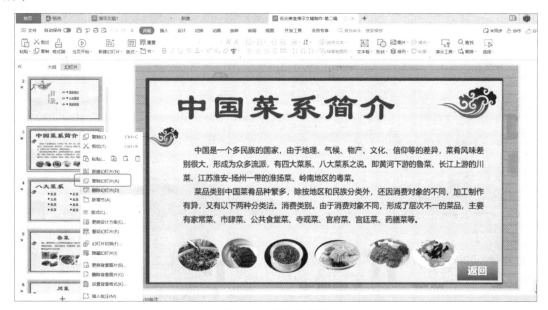

图 12.7　删除幻灯片

12.2.3　移动与复制幻灯片

在演示文稿中，选中要移动的幻灯片，单击用鼠标移动即可；如果要复制幻灯片，那么选择要复制的幻灯片，右击鼠标，执行"复制幻灯片"命令即可，如图 12.8 所示。

图 12.8 复制幻灯片

12.2.4 隐藏与显示幻灯片

在演示文稿中，有时候想在放映的时候不出现该张幻灯片，可以选中要隐藏的幻灯片，右击鼠标，执行"隐藏幻灯片"命令即可；如果不想隐藏，则执行"取消隐藏幻灯片"命令，如图 12.9 所示。

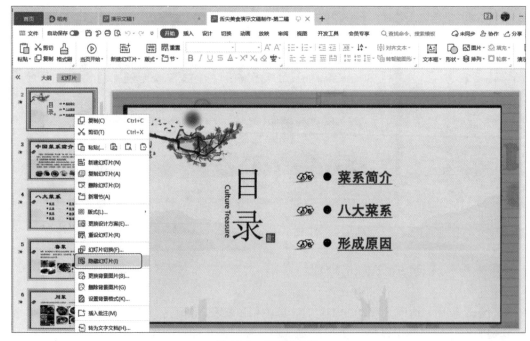

图 12.9 隐藏幻灯片

12.2.5　放映幻灯片

当演示文稿设计完成，一般都需要放映，以观察文稿的效果。若要在"幻灯片放映"视图中从第一张幻灯片开始查看演示文稿，可以在"放映"选项卡中，单击"从头开始"按钮；也可以单击状态栏下面的"播放"按钮，实现从头开始或者从当页开始播放，如图 12.10 所示。

图 12.10　放映幻灯片

12.2.6　保存演示文稿

当演示文稿编辑与设计完成，可以将其保存为各种格式的文档。单击"文件"选项卡，再执行"另存为"命令，在打开的对话框的"文件名"框中输入演示文稿的名称，选择相对应的文件类型，然后单击"保存"按钮。默认情况下，WPS 演示文稿将文件保存为.pptx 文件格式。若想要以非.pptx 格式保存演示文稿，请单击"保存类型"列表，然后选择所需要的文件格式，如图 12.11 所示。

图 12.11　保存演示文稿

12.3　母版与版式应用

1. 母版的使用

若要查看幻灯片母版，可通过单击"视图"→"幻灯片母版"按钮查看，可以像更改任何幻灯片一样更改幻灯片母版。但要记住，母版上的文本只用于样式，实际上文本（如标题和列表）需要在普通视图的幻灯片上输入，而页眉和页脚应在"页眉和页脚"对话框中输入。

在应用设计模板时，会在演示文稿上添加幻灯片母版，通常，模板包括标题母版，可以在标题母版上进行更改以应用于具有标题幻灯片版式的幻灯片。

母版包含了背景及所有的格式设置，如果把这个母版应用于幻灯片，则不仅仅是背景，还有所有的文字格式等都已经按照母版的设置而应用了，如图 12.12 所示。

图 12.12　母版的使用

2. 版式的应用

在演示文稿中，添加幻灯片的时候，有时候要用到对应母版中已设计好的版式，那么就可以通过单击"开始"选项卡中的"版式"按钮进行添加，如图 12.13 所示。

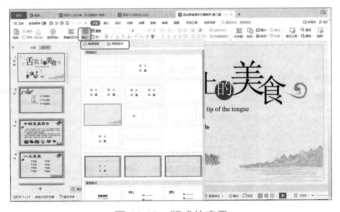

图 12.13　版式的应用

12.4　插入图片与音频

1. 向幻灯片插入图片

在幻灯片中插入图片需要首先选择幻灯片，再依次单击"插入"→"图片"按钮，可以选择"本地图片""分页插图"和"手机转图"三种形式。本地图片请选择图片文件所在的路径，选中相应的文件名即可完成图片的插入，然后即可利用"图片工具"进行图片的基本编辑，如图 12.14所示。

图 12.14　插入图片

2. 向幻灯片插入音频

在幻灯片中插入音频需要首先选择幻灯片，再依次单击"插入"→"音频"按钮，可以选择"嵌入音频""链接到音频""嵌入背景音乐""链接背景音乐"及"稻壳音频"等 5 种形式。选择相应具体音频文件所在路径，选中具体音频文件即可，如图 12.15（a）（b）所示，然后利用"音频工具"进行声音的基本编辑。

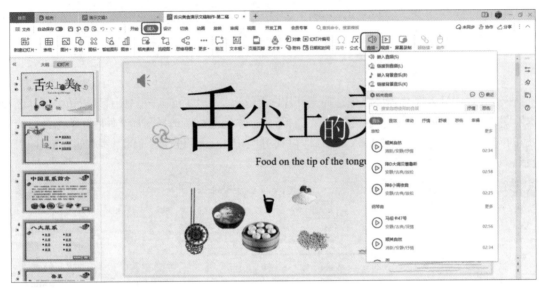

（a）

（b）

图 12.15　插入音频

12.5　幻灯片的交互设置

1. 动画设置

要设置动画首先应选中需要设置动画的对象，再单击"动画"选项卡，在动画面板中选择相应的动画名称，如图 12.16 所示。可以选择"进入""强调""退出""动作路径"及"智能动画"等，其中"智能动画"这块内容在后面项目中会详细介绍，这里不再赘述。

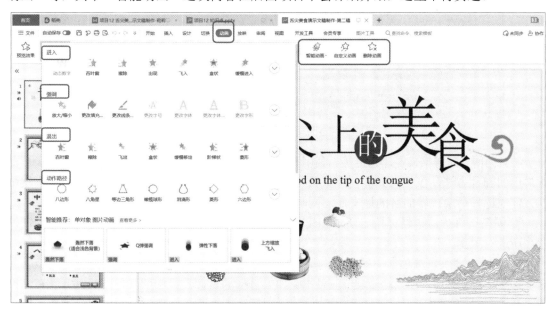

图 12.16　动画设置

2. 超链接设置

WPS Office 提供了强大的超链接功能，使用它可以在幻灯片与幻灯片之间、幻灯片与其他外界文件或程序之间及幻灯片与网络之间自由转换。

在演示文稿中我们可以使用以下两种方法来创建超链接。

（1）利用"动作设置"创建超链接。在幻灯片中设置动作链接，即对选中的对象包括文字、图片、图形等做"动作设置"操作。

① 鼠标单击用于创建超链接的对象，并将鼠标指针停留在所选对象上（对象指文字、图片、图形等内容）。

② 选中对象右击，在弹出的快捷菜单中选择"动作设置"命令选项或者选中对象直接单击"插入"→"动作"。系统都将打开"动作设置"对话框，在对话框中有两个选项卡"鼠标单击"与"鼠标移过"，通常选择默认的"鼠标单击"，选中"超链接到"选项，打开超链接选项下拉列表框，根据实际情况选择其一，然后单击"确定"按钮即可。当然，若要将超链接的范围扩大到其他演示文稿或 WPS 以外的文件中去，则只需要在选项中选择"其他 WPS 演示

文件…"或"其他文件…"选项即可,如图 12.17 所示。

图 12.17　动作设置对话框

（2）利用"超链接"创建超链接。利用常用工具栏中的"超链接"按钮来设置超链接是非常常用的一种方法,虽然它只能创建鼠标单击的激活方式,但在超链接的创建过程中不仅可以方便地选择所要跳转的目的地文件,同时还可以清楚地了解到所创建的超链接路径。

① 同第一种方法,鼠标单击用于创建超链接的对象,使之高亮度显示,并将鼠标指针停留在所选对象上。

② 单击"插入"选项卡中的"超链接"按钮,或者选中对象右击鼠标,执行"超链接"命令,系统将会弹出"插入超链接"对话框。如果链接的是此文稿中的其他幻灯片,就在左侧的"链接到:"选项中单击"本文档中的位置"图标,在"请选择文档中的位置"中单击所要链接到的那张幻灯片（此时会在右侧的"幻灯片预览"框中看到所要链接到的幻灯片）,然后单击"确定"按钮确认即可完成超链接的建立。

如果链接的目的地文件在计算机其他文件夹中或是在 Internet 上的某个网页上,或者是一个电子邮件的地址,便在"链接到:"选项中,单击相应的图标进行相关的设置即可。

3. 为包含超链接的文本配色

当观看演示文稿时,每次单击超链接的文本后,被单击过的超链接就会改变颜色,这样可以一目了然地观察到哪些超链接已经被访问过了。但有时所设置的背景色会同超链接的颜色发生冲突,那么在幻灯片放映时就看不到所创建的超链接文本,这时就必须对超链接的颜色进行设置了。

（1）单击"设计"选项卡中的"配色方案"按钮,系统将呈现"配色方案"下拉列表。

（2）此时显示默认的"标准"选项卡,可以单击配色方案所提供的几种样式来选取幻灯片的配色方案,在标准配色方案中,其条形框图的后两种颜色分别代表了超链接的文字颜色和单击链接后的颜色。

（3）如果对超链接访问前后的颜色有特殊要求,则可选择自定义的配色方案。单击"自定义"选项卡，可以根据自己的实际需要进行相应的设置。

几点注意事项：

● 设置文字的超链接时要注意最好使其保持在"对象操作"状态下而非"文字编辑"状态下，在"文字编辑"状态下会有一个光标闪烁，此时可以修改所写文字，但此时若设置超链接一般并不能得到满意的超链接结果。将"文字编辑"状态转换为"对象编辑"状态的方法是用鼠标单击"文字编辑"状态下文字的边框，此时文字框依然存在，但已无光标闪烁了，我们称这种状态为"对象操作"状态，也就是对所选择的整个对象进行操作的意思。

● 设置超链接功能需要注意：幻灯片间的切换效果必须设置为通过"鼠标单击"切换，否则就有可能出现还未来得及使用超链接的功能，文稿已经放映到最后一张幻灯片了。

● 需要通过晃动鼠标的方法在设置有超链接的页面上使鼠标指针出现，否则有的时候等不到鼠标出现。

实施步骤

本项目主要介绍 WPS Office 的入门操作，包括演示文稿的新建，幻灯片的插入，幻灯片内容的输入与编辑，母版与版式的应用，动画与超链接的设置，图片与声音的插入，幻灯片的放映、保存与打印等。

1. 新建文稿

打开 WPS Office 应用程序，选择"文件"→"新建"，再选择空白演示文稿，单击"创建"按钮即可创建一份带有一张空白幻灯片的演示文稿。

2. 幻灯片内容设计

（1）母版与版式中插入图片与图形。首先，打开"幻灯片母版"，插入新版式，并在空白页插入"母版图片 1.png"，将图片放置于右下角；其次，在原有版式的首页插入"母版图片 2.png"作为背景，并在此基础上插入正方形，填充颜色为"白色，背景 1，深色 5%"，位于正中间，调至合适位置。两个版式如图 12.18 所示。

母版与版式
设计视频

图 12.18　幻灯片母版与版式应用

（2）插入文字、图形、图片与声音。插入第一张幻灯片，即在"新建幻灯片"中选择"母版"中已经设计好的封面页，如图 12.19 所示。

封面页设计
视频

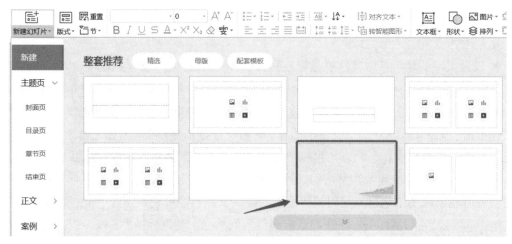

图 12.19　第一张幻灯片版式选择

在第一张幻灯片中插入一个文本框，输入文字"舌尖上的美食"，并将各汉字的字号设成从 54 到 138 不等，字体为"李旭科书法"，其中"的"字下面插入了一个红色圆形，各汉字之间摆放得宜。

插入相关素材图片，参见"第一张幻灯片图片系列"文件夹，将其中的图片依次插入第一张幻灯片，并调整其大小与位置。

插入音频文件"高山流水.mp3"，并设置为自动播放。第一张幻灯片效果如图 12.20 所示。

图 12.20　第一张幻灯片最终效果

（3）插入项目符号、设置超链接。添加新幻灯片，选择母版中的第二个，如图 12.21 所示。

超链接与动
作设置视频

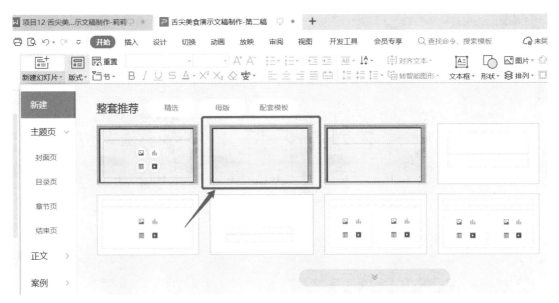

图 12.21　第二张幻灯片版式选择

插入图片文件"目录页图.jpg"，并适当调整其大小与位置。

插入竖排文字"目录"，插入目录内容，并设置项目编号为圆形，最后插入相关图片，调整位置大小，最终目录页效果如图 12.22 所示。

图 12.22　目录页效果图

添加第三张幻灯片，版式同目录页，插入相关文字内容，并调整大小填充对应颜色，相关图片调整放置于合适位置，插入矩形图形并输入"返回"，填充颜色。右击该图形，设置超链接至"本文档中的位置"→"2. 幻灯片 2"，然后单击"确定"按钮。设置过程如图 12.23 所示。

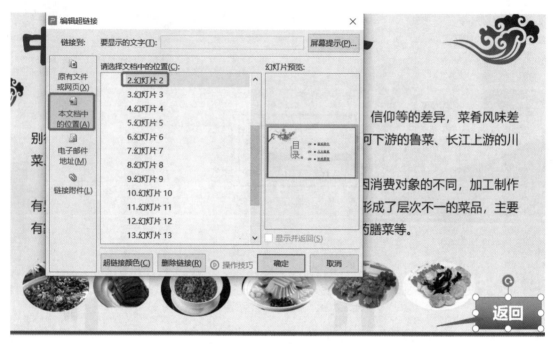

图 12.23　返回超链接设置

（4）文字超链接设置。添加第四张幻灯片，效果如图 12.24 所示。

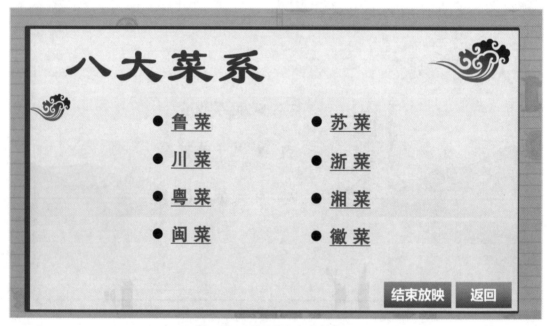

图 12.24　第四张幻灯片效果图

　　给八大菜系中的具体菜系做了项目符号，并添加文字超链接，链接到后面对应菜系的详细幻灯片中。如单击"鲁菜"设置超链接至"本文档中的位置"→"5. 幻灯片 5"，设置过程如图 12.25 所示。其他菜系设置过程与此一致。

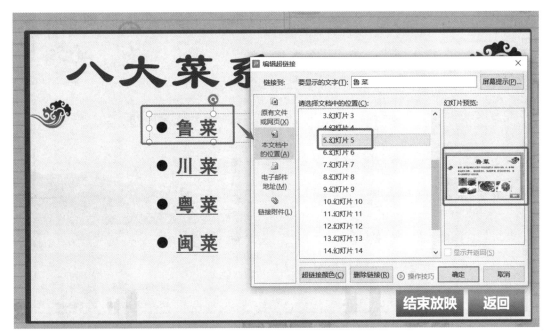

图 12.25　文字超链接设置过程

此页还添加了一个"结束放映"按钮，进行动作设置，"超链接到"设为"结束放映"。设置过程如图 12.26 所示。

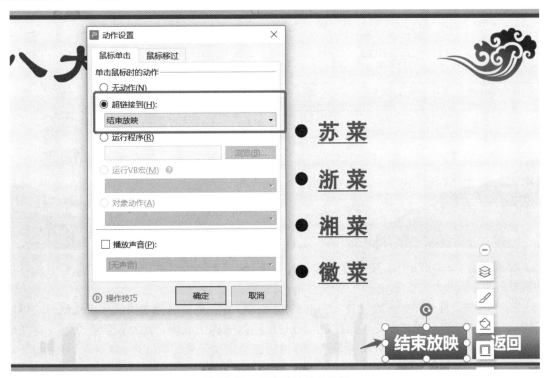

图 12.26　结束放映动作设置

最后，第四张幻灯片的效果图如图 12.27 所示。

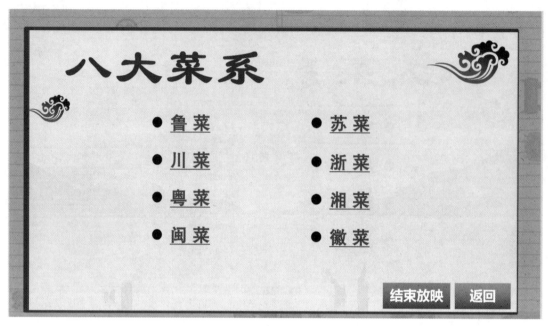

图 12.27　第四张幻灯片效果图

　　添加第五到第十七张幻灯片，做法与上面相似，这里不再赘述。"舌尖上的美食"演示文稿最终效果图可见图 12.1。

　　重难点笔记区：

_____

_____

_____

_____

_____

项目拓展

　　1. 在幻灯片动画设计中，对于同一个对象常常需要设置多个动画以增强视觉效果，因此通过多次对同一对象添加动画可以让一个对象能够呈现出不同的放映效果。

　　2. 在幻灯片的切换中，同学们可以尝试用 WPS 中不同幻灯片的切换设置来查看幻灯片的放映效果。

　　3. 在放映幻灯片时如果文档中幻灯片的数量比较多，且放映的逻辑顺序比较复杂时可以采用自定义放映的设置来实现自由放映，以使演讲者的思路能更好地呈现给观众。自定义放映的设置需要演讲者事先理清演讲思路，然后通过自定义设置即可实现。

　　首先单击"放映"→"自定义放映"按钮，如图 12.28 所示，弹出如图 12.29 所示的"自定义放映"对话框。

　　在图 12.29 中单击"新建"按钮可弹出如图 12.30 所示对话框，输入幻灯片放映名称，选择所需放映的幻灯片。此步骤可重复设置。

图 12.28　自定义放映设置

图 12.29　"自定义放映"对话框

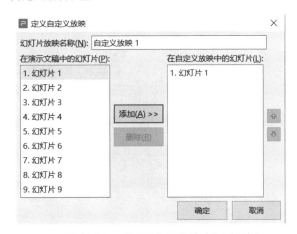

图 12.30　"定义自定义放映"对话框

在自定义放映设置完毕后，演讲者可根据幻灯片的播放顺序对演讲稿中的相应链接进行设置，以使幻灯片的播放能更好地体现演讲者的思路。

项目小结

演示文稿的制作包括设计技术与设计创意两方面，本项目以一个入门进阶级的演示文稿制作来介绍 WPS 幻灯片的基本设计技术与部分设计创意，包括演示文稿的新建、打开与保存，幻灯片的增添、删除、隐藏，母版与版式的使用，艺术字、动画及超链接的设置，插入音频等，旨在使学生学会 WPS 演示文稿制作所需的设计技术，且能够掌握基本的设计创意，最后能够做出具有常用功能且美观的演示文稿。

记一记：学习了本项目后，你觉得有哪些收获？

_____

_____

_____

_____

_____

_____

项目练习

1. 请结合自己家乡的特色，包括饮食、风景、文化等方面，搜集相关的资料图片等素材，利用 WPS 演示文稿的基本技术进行构思与设计，制作一份独具特色的"我爱家乡"演示文稿。

2. 在学校中，某次班会班主任要求每人做自我介绍，请结合自己的特色，包括自己的喜好、特长、性格等方面，制作一份精美的介绍自己的演示文稿，要求图文并茂，动画丰富，让同学们更加了解你。

3. 在学校某次职业生涯规划大赛中，你通过努力进入了决赛，决赛现场要求进行 8 分钟的策划书展示，请结合自己的职业生涯规划，制作一份演示文稿，进行展示。

项目 13　垃圾分类演示文稿制作

学习目标

　　知识目标：掌握文字、图片、形状、图标、智能图形的使用技巧，掌握内容页基本的排版技巧和配色原则。

　　技能目标：能够合理布局文字和图片，巧用图标、智能图形等元素让幻灯片更具吸引力，更加视觉化。

　　思政目标：提高大学生对垃圾分类的认识，着力引导大学生培养垃圾分类的好习惯和文明健康的生活方式，增强资源节约和环境保护意识，让中华大地天更蓝、山更绿、水更清、环境更优美。

项目效果

　　本项目选取垃圾分类演示文稿制作，通过对幻灯片文字、图片、形状、图标、智能图形、视频等对象的编辑和美化，通过幻灯片排版与布局，完成一份元素丰富、排版美观、风格统一的演示文稿，项目最终效果如图 13.1 所示。

图 13.1　垃圾分类演示文稿制作项目效果

13.1 幻灯片对象的编辑与美化

13.1.1 图片

图片是演示文稿中不可或缺的重要元素，一张适时应景的图片往往有胜于千言万语的功效，合理地处理演示文稿中插入的图片不仅能够形象地向观众传达信息，起到辅助文字说明的作用，还能避免观众面对单调的文字和数据产生厌烦的心理，达到美化页面的效果。

知识技能
讲解

想让幻灯片中的图片看起来有些变化，可以裁剪图片。WPS 演示文稿具备强大的图形编辑功能，只要学会简单的操作，就可以轻松将图片裁剪为各种形状，丰富幻灯片的视觉效果。WPS 提供了按形状裁剪和按比例裁剪两种基本类型。另外，WPS 演示文稿还提供了稻壳创意裁剪功能，以完成图片的创意裁剪，如图 13.2 所示。

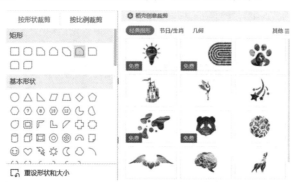

图 13.2 裁剪图片

为达到预想的页面设计效果，经常需要对图片进行一些处理。其中，抠图就是图片处理诸多手段中的一种。有时，图片经过抠图处理后能够让 PPT 页面显得更具设计感。WPS 演示文稿智能扣除背景可以一键完成图片的抠图，如图 13.3 所示。

图 13.3 抠除背景

13.1.2 形状

使用 WPS 演示文稿内置的形状，也可以绘制出很出色的形状。在幻灯片中插入形状后，可以调整形状的位置、大小、旋转、颜色等属性，还可以在形状中添加文本，以及将多个基本形状组合成复杂的图形。通过"绘图工具"选项卡可以设置形状的填充颜色、轮廓和形状效果，如图 13.4 所示。

图 13.4 "绘图工具"选项卡

选中绘制的形状，形状四周会显示多个控制手柄，调整手柄可以改变形状的几何外观。如果在设置形状时，希望形状按自己的需要任意改变几何外观，成为和原来截然不同的形状，可以使用"编辑形状"命令重新进行绘制。

WPS 演示文稿提供 5 种布尔运算类型，分别是结合、组合、拆分、相交、剪除，如图 13.5 所示。

图 13.5 布尔运算

布尔运算的适用范围主要有形状与形状、形状与图片、形状与文字、文字与文字、文字与图片、图片与图片 6 种。布尔运算使用步骤为：选中对象（至少两个），单击"绘图工具"选项卡中的"合并形状"按钮，选中相应的布尔运算工具，即可完成相应的运算，如图 13.6 所示。

（1）结合：是将两图形合并为一个新图形。

（2）组合：将两图形合并为一个新图形，去除相交部分。

（3）拆分：将两图形沿边界分割为若干新图形。

（4）相交：将两图形相交处保留，去除其他部分。

（5）剪除：从第一个选中的图形中去除第二个选中的图形与其相交部分。

要注意的是，布尔运算使用的前提是一定要有两个对象（图片、形状、文字任何两个均可），如果"绘图工具"选项卡中"合并形状"按钮是灰色的，

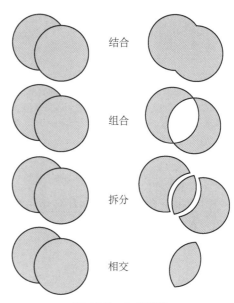

结合

组合

拆分

相交

图 13.6 合并形状

则须检查是否已经选择了两个对象。

动一动：请打开演示文稿，按图 13.6 所示绘制两个圆形，使用布尔运算工具的"剪除"查看效果，并把效果画在下框中。

13.1.3　排版工具

在使用 WPS 演示文稿制作幻灯片时，为了便于排版有时需要插入参考线和网格。对齐工具可以帮我们快速对齐元素，等距离分布元素。

网格和参考线可以帮我们精确对齐元素，平衡页面布局。单击"视图"选项卡中的"网格和参考线"按钮，在打开的对话框中勾选"屏幕上显示绘图参考线"，即可显示参考线，为幻灯片建立一条垂直和水平的参考线，如图 13.7 和图 13.8 所示。

图 13.7　网格和参考线

图 13.8　"网格线和参考线"对话框

组合可以帮助我们更便捷地进行整体选择和移动对象，每一个对象都可以进行编辑设置，相比没有组合之前需要鼠标单击两次，如图 13.9 所示。

图 13.9　组合

想一想：如果想撤销组合，应该怎么操作呢？请将操作步骤记录在下框中。

13.2　图标的应用

图标是根据实物进行拟物化或扁平化设计处理，得到所看到的那些直观感受的图形。通常这些图形使用圆角矩形、圆形、线条进行背景或边缘的修饰，使得图标看起来整齐划一。在幻灯片的设计中，我们经常会使用到图标，它可以让我们的幻灯片更视觉化、更有趣、更直观，也更形象，加深用户对于信息的理解，使主题内容更突出，还有美化页面、强调内容的作用。图标和文字组合排列，比大段文字更加生动、形象。

图 13.10　插入图标

图标在使用上要遵守统一性的原则，比如一页幻灯片中，如果使用线条图标，那么其他的图标也要统一使用；如果使用商务元素图标，那么其他的图标也要统一使用商务元素图标。

WPS 演示文稿中提供了一个图标库，帮助用户节省寻找图标的时间。单击"插入"选项卡，再单击"图标"按钮，有超多高清图标可供选择。部分图标免费，部分图标仅付费会员能使用。还可以在搜索框中直接搜索关键字查找图标，快速便捷，为用户提高工作效率，如图 13.10 所示。

13.3　智能图形的应用

智能图形用于直观地描述各单元的层次结构和相互关系，WPS 演示文稿内置了多种不同布局的智能图形，可以帮助用户轻松创建具有设计师水准的各种图示。

单击"插入"选项卡中的"智能图形"按钮。在打开的"选择智能图形"对话框中选择所需智能图形即可，如图 13.11 所示。

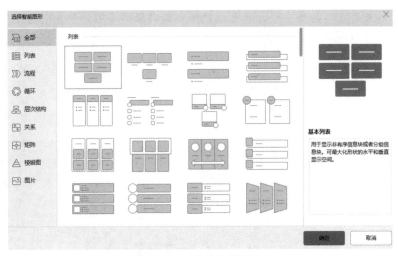

图 13.11　选择智能图形

　　另外，智能图形还提供稻壳智能图形素材，有免费使用的图形，也有付费会员才可使用的图形，根据用户需求和内容逻辑提供一键套用功能，让制作更加高效，如图 13.12 所示。

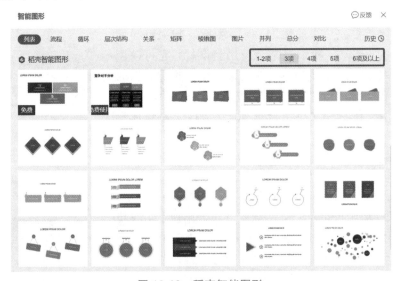

图 13.12　稻壳智能图形

　　议一议：图 13.12 中框内表示智能图形的项目数，若已在幻灯片中选用 3 项图形，需再增加一项，应该怎么做呢？

13.4　修改幻灯片母版

对于普通用户而言，在制作演示文稿的过程中使用母版不仅可以提高制作速度，还能为演示文稿设置统一的页面版式，使整个演示效果风格统一。母版通常由封面页、目录页、内容页和结束页等部分组成。

母版模板就是具有优秀版式设计的载体，使用者可以方便地对其进行修改，从而生成属于自己的演示文稿。使用母版模板是非设计专业用户制作演示文稿的入门捷径，也是一个"欣赏-学习-模仿-提高"的完整过程。

本项目提供了幻灯片母版模板，在项目实操过程中按需修改母版版式可以实现自己的幻灯片制作需求。

实施步骤

步骤一：制作封面页

步骤 1 视频

（1）打开"垃圾分类.pptx"空白演示文稿，单击添加第一张幻灯片，即新增一页母版版式预设的封面页，如图 13.13 所示。

（2）单击"视图"选项卡中的"网格和参考线"按钮，在打开的对话框中勾选"屏幕上显示绘图参考线"，单击"确定"按钮关闭对话框，幻灯片显示已绘制好的 4 条参考线，方便排版布局，如图 13.14 所示。

（3）单击"插入"选项卡中的"文本框"按钮，再单击幻灯片任意位置输入"垃圾分类"，复选文本，在"文本工具"选项卡中，字体选择云字体"汉仪雅酷黑简"，字号手工输入"135"，效果如图 13.15 所示。

图 13.13　新增封面页

图 13.14　设置参考线

图 13.15　输入标题

（4）单击"插入"选项卡中的"形状"按钮，选择"矩形"，在幻灯片下方空白处绘制一个矩形。单击"绘图工具"选项卡中的"填充"按钮，选择"取色器"，吸取幻灯片中的绿色。单击"绘图工具"选项卡中的"轮廓"按钮，选择"无边框颜色"，如图 13.16 所示。

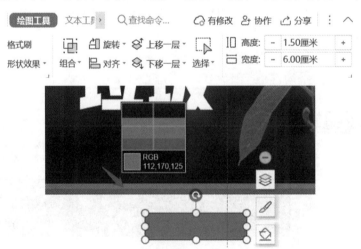

图 13.16　插入矩形

（5）单击矩形，右击鼠标，执行"编辑文字"命令，在光标处输入"宣讲人：XXX"。单击矩形，使用快捷键"Ctrl+C"和"Ctrl+V"复制一个矩形，修改文字为"20XX.07.15"。选中两个矩形，在悬浮的任务栏中单击靠上对齐按钮 ⬚，再单击相对于幻灯片按钮 ⬚，激活并单击横向分布按钮 ⬚，如图 13.17 所示。

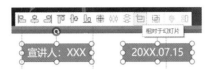

图 13.17 将矩形对齐

步骤二：制作目录页

（1）单击第一张幻灯片，按 Enter 键即可新增一页目录页。

（2）单击"视图"选项卡中的"幻灯片母版"按钮，切换到幻灯片母版视图，单击左边窗格中的第二张目录幻灯片，框选目录右边所有文本框，根据垂直参考线，整体移动到幻灯片页面垂直居中位置，如图 13.18 所示。

图 13.18 根据参考线调整文字位置

步骤三：制作内容页

（1）按 Enter 键，新建 7 张幻灯片，按住 Ctrl 键选中第 3、4 张幻灯片，右击鼠标，执行"版式"命令，选择母版中的第 3 页版式（垃圾分类的现状）。选中第 5、6 张幻灯片，右击鼠标，执行 "版式"命令，选择母版中的第 4 页版式（垃圾分类的重要性）。选中第 7、8 张幻灯片，右击鼠标，执行"版式"命令，选择母版中的第 5 页版式（如何做好垃圾分类）。选中第 9 张幻灯片，右击鼠标，执行"版式"命令，选择母版中的第 6 页结束页版式，如图 13.19 所示。

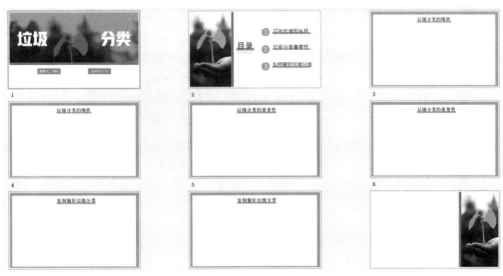

图 13.19 编辑版式

（2）单击第 3 页幻灯片，将文字素材复制到幻灯片，复选全部文本，在"文本工具"选项卡中，设置字体为"微软雅黑"，黑色，字号为 24；单击行距按钮 ，选择 1.5 倍行距，如图 13.20 所示。同时将数字部分加粗放大，修改字体颜色为绿色，如图 13.21 所示。

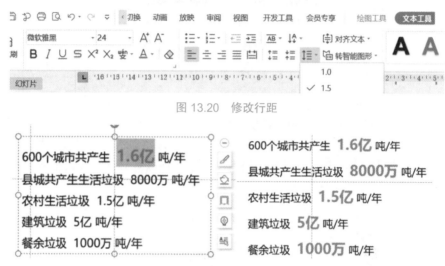

图 13.20　修改行距

图 13.21　突出文字

（3）单击"插入"选项卡，再单击"本地图片"按钮，依次上传第 3 页幻灯片 4 张图片素材。单击"图片工具"选项卡中的"图片拼接"按钮，选择"4 张"，单击第一种拼接方式，框选拼接后的组合图片，按住 Shift 键调整大小和位置，如图 13.22 所示。

图 13.22　图片拼接设置

（4）单击"插入"选项卡中的"图标"按钮，在搜索框中搜索关键字，依次选取合适的对应的图标。鼠标左键框选插入的图标，调整位置和大小，将垂直方向上的第一个图标和第四个图标对齐目录文本的第 1 行和第 4 行文本框，在悬浮的对齐对话框中单击水平居中对齐图

标 ⛉ 和纵向分布图标⛉，将图标和文本框对齐，如图 13.23 和图 13.24 所示。

图 13.23　图标对齐

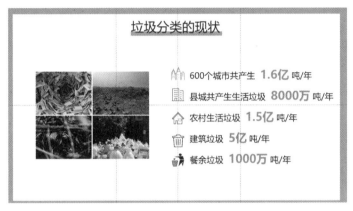

图 13.24　图标对齐后效果

（5）单击第 4 页幻灯片，再单击"插入"选项卡，然后单击"本地图片"按钮上传"第 4 页幻灯片图片素材.jpg"。单击图片，在右侧弹出框的对象属性中单击"线条"中的"实线"，选择 2.25 榜的单线，将颜色填充为浅绿色，关闭界面，如图 13.25 所示。

步骤操作视频

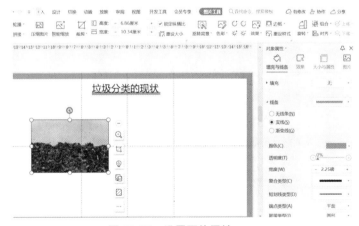

图 13.25　设置图片属性

（6）按照封面页矩形添加的方法，在图片靠下位置，插入和填充线条同色的矩形，矩形宽度和图片对齐，编辑文字为"垃圾的处理方法"，如图 13.26 所示。

图 13.26　在图片上添加矩形和文字

（7）将第 4 页幻灯片文字素材分别复制到幻灯片，复选标题文本，在"文本工具"选项卡中设置字体为"微软雅黑"，黑色，加粗，字号为 24；复选小字文本，设置字号为 16，行距为 1.5 倍；在标题文字前分别加 3 个浅绿色圆形，输入编号，如图 13.27 所示。

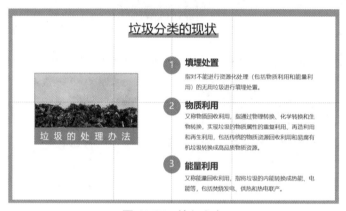

图 13.27　输入文字

（8）使用第 4 页幻灯片同样的方法，在素材文档中找到对应的图片和文字素材，完成第 5 页幻灯片左侧 3 个子标题的图文制作，需要注意的是，图片应根据参考线调整到合适位置，使之左对齐和纵向分布对齐，如图 13.28 所示。

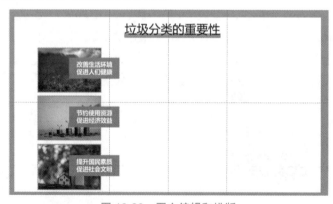

图 13.28　图文编辑和排版

（9）单击"插入"选项卡中的"智能图形"按钮，选择免费素材中的一种样式，项数选择 3 项，如图 13.29 所示。单击智能图形蓝色的形状和线条，再单击"绘图工具"选项卡，分别将智能图形中蓝色的填充颜色更改为浅绿色，保持幻灯片颜色的统一，并将素材中对应的文字复制到文本框中，颜色调整为黑色，如图 13.30 所示。

图 13.29 插入智能图形

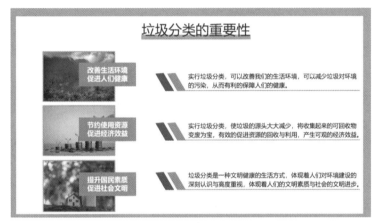

图 13.30 编辑智能图形

（10）单击"插入"选项卡中的"视频"按钮，在下拉列表中单击"嵌入本地视频"，上传素材文档中的"请分类处理垃圾.mp4"视频素材，如图 13.31 所示。

图 13.31 插入视频

（11）单击"视频工具"选项卡中的"裁剪视频"按钮，在弹出来的对话框中修改结束时间为"00:11.8"，去除不需要的视频片段，单击"确定"按钮完成裁剪，如图 13.32 所示。

图 13.32　裁剪视频

（12）将素材中的"垃圾分类.GIF"素材复制到第 7 页幻灯片左侧。将"蓝色桶.jpg"图片插入到幻灯片中，单击"图片工具"选项卡中的"抠除背景"按钮，选择"智能抠除背景"。在打开的界面中，单击黑色背景，单击"确定"按钮，即可完成黑色背景的抠除。按住 Shift 键将"蓝色桶"图片等比例缩小并放至合适位置，同理，按蓝、绿、红、灰的顺序依次将其他三种颜色垃圾桶执行同样操作，将所有图片水平对齐和纵向分布对齐，如图 13.33 所示。将素材中的第 7 页文字素材分别复制到对应颜色垃圾桶的右侧，调整位置并左对齐和纵向分布对齐。

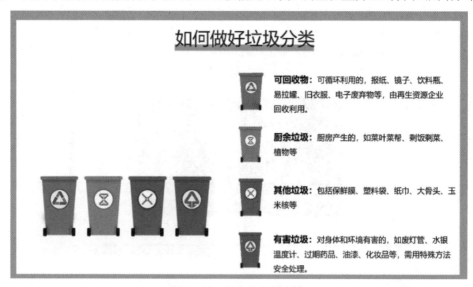

图 13.33　插入和编辑文字

（13）将素材中的"第 8 页幻灯片图片素材.jpg"插入第 8 页幻灯片左侧。单击"图片工具"选项卡中的"裁剪"按钮，选择"对角圆角矩形"，完成图片的裁剪，如图 13.34 所示。

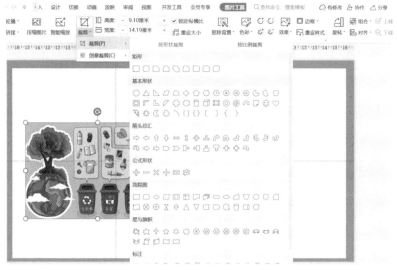

图 13.34 裁剪图片

（14）将素材中的文字素材小标题和正文分别复制到右侧空白区域，再调整至合适的位置，并在正文上下部分插入一条直线，如图 13.35 所示。

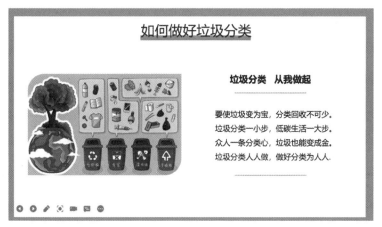

图 13.35 如何做好垃圾分类效果

步骤四：制作结束页

（1）在第 9 页幻灯片左侧空白处，分别插入文本框，输入"垃圾"（加粗，字号 88）、"是放错地方的"（字号 48）、"资""源"（加粗，字号 88）、"爱护环境 人人有责"（字号 20），颜色吸取右侧图片中较深的绿色，参考效果图调整至合适位置。

（2）在"垃圾"下插入浅绿色矩形，置于底层；在"资""源"外插入无填充、浅绿色轮廓的两个正圆形；在"爱护环境 人人有责"处插入圆角矩形，调整圆角，填充为绿色，置于底层，将"爱护环境 人人有责"字体颜色调整为白色，完成字体的排版和美化，如图 13.36 所示。

图 13.36　结束页效果

项目拓展

1. 下载图片素材

一般来说，下载图片等素材要注意是否遵循免费商用的 CCO 协议，要避免侵权。目前，以下网站可以满足大部分用户制作演示文稿的图片需求：

- www.pixabay.com
- www.pexels.com
- www.unsplash.com
- www.gratisography.com

想一想：学习了演示文稿中图片的插入和编辑后，你还有哪些疑惑?

2. 创意图片玩法

（1）多图轮播：单击图片，再单击"图片工具"→"多图轮播"，选择一个模板，更改图片即可。

（2）局部放大：单击幻灯片右下角的加号可以新建幻灯片，在"项目"→"特效"→"局部放大"中，单击一个模板。

项目小结

本项目可以提高大学生对垃圾分类的认识，引导大学生培养垃圾分类的好习惯和文明健康的生活方式，增强资源节约和环境保护意识。

一个完整的演示文稿由多页幻灯片组成，利用 WPS 演示文稿，通过改变文字、图形、形状的编辑和美化，调整排版布局，不仅能使幻灯片的界面更加丰富多彩，而且能够让幻灯片内容更加清晰直观，能够更形象地传达要表述的内容。

记一记：学习了本项目后，你觉得有哪些收获？

_____

_____

_____

_____

_____

项目练习

一、不定项选择题

1. 绘制几何图形时，按住（　　）键可以绘制正几何形状，比如椭圆形状按住 Shift 键可以绘制圆形。

A. Shift　　　　　　B. Ctrl　　　　　　C. Delete　　　　　　D. Alt

2. 使用幻灯片母版不可以修改演示文稿元素的选项有（　　）。

A. 幻灯片批注　　　　　　　　　B. 演讲者备注字体和颜色

C. 幻灯片中的统一出现的 LOGO 图形　　D. 幻灯片中的形状

二、操作题

使用哪种布尔运算工具可以将三个圆形运算得到如图 13.37 所示的云朵？打开演示文稿画出来吧，尝试绘制更多的创意图形。

图 13.37　云朵

三、综合实践题

1. 带着一双发现美的眼睛，请收集所在学校的校园风物照片，制作以美丽校园为主题的演示文稿，要求图文并茂、风格统一、逻辑清晰、内容完整。

2. 学校暑期社会实践活动马上结束了，请制作社会实践活动汇报演示文稿，要求内容完整、图文并茂，内容页要求包含学校 LOGO。

项目 14　岗位竞聘文稿版式设计

学习目标

　　知识目标：掌握幻灯片母版的设计流程和配色原则；掌握幻灯片动画设计和幻灯片切换效果；掌握幻灯片放映与输出设置。

　　技能目标：能够自定义设计幻灯片母版，包括封面页、目录页、内容页和结束页；能够基于母版制作幻灯片；能够编辑和美化智能图形，为幻灯片添加动画和切换效果。

　　思政目标：通过实际工作中岗位竞聘演示文稿的设计，个性化定制版式，展现学生的硬技能和软实力，彰显自信自强的人格魅力，培育追求卓越、积极进取的价值观，提升学生职场技能。

项目效果

　　本项目选取岗位竞聘报告这一工作场景，通过幻灯片母版的个性化设计，完成一份风格统一的演示文稿，项目最终效果如图 14.1 所示。

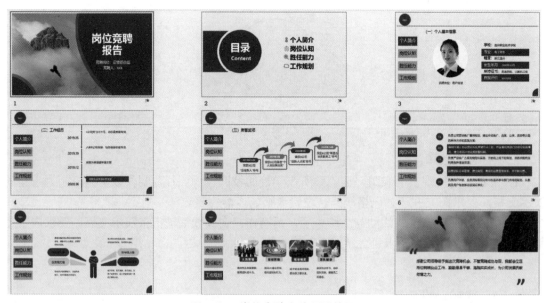

图 14.1　岗位竞聘文稿项目效果

知识技能

14.1 母版的个性化设计

通过自定义演示文稿的设计模板和内容版式，可以将自己的创意与想法付诸实践，创建具有自己风格的演示文稿。最好在开始创建幻灯片之前编辑幻灯片母版和版式。这样，添加到演示文稿中的所有幻灯片都会基于指定版式创建，如图 14.2 所示。

知识技能
讲解

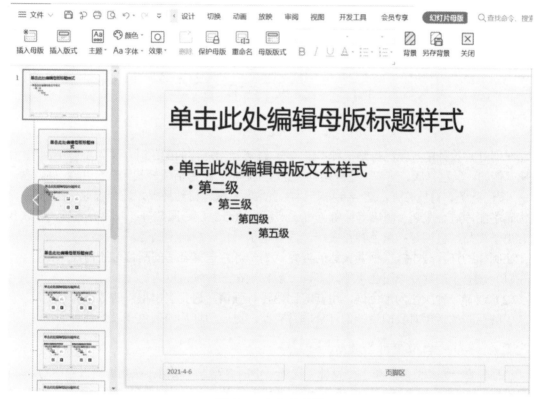

图 14.2　幻灯片母版

母版是一种批量制作风格统一的幻灯片的利器。幻灯片母版存储了演示文稿的主题颜色、字体、版式等设计模板信息，以及所有幻灯片共有的页面元素，如 LOGO、页眉页脚等。所有基于母版生成的幻灯片都具有相似的外观。如果更改幻灯片母版，就会影响所有基于母版的演示文稿幻灯片。因此，在设计母版过程中，可以为幻灯片提供标题、文本、页脚、动画等默认样式，以及统一的背景颜色或者图案。

母版由主题页和版式页组成。第一张为主题页，主题页中的修改会应用到所有版式页面上，因此可以在主题页来批量添加一些重复性元素，如幻灯片背景。

通过幻灯片母版设计，可以为幻灯片模板设计封面页、目录页、过渡页、内容页和结束页，各页面元素、色彩、风格一定要相互呼应，如图 14.3 所示。

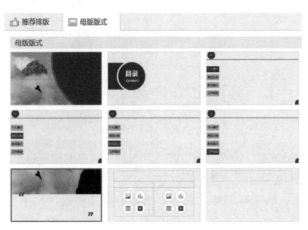

图 14.3　幻灯片母版版式

14.2　幻灯片的配色

在幻灯片设计中，颜色也是一种"语言"。在选择幻灯片的配色时，要先了解不同颜色的气质。例如，红色喜庆、热情，适合购物、党政主题等；橙色活泼轻快，适合儿童品牌、美食等；蓝色商务、科技感强，适合商务、科技产品等；绿色自然环保，适合农业、医药等；紫色优雅华丽，适合服装、酒店等；粉色可爱浪漫，适合婚庆、服装等；灰色有质感，不张扬，适合电子产品、机械等；黑色神秘庄严，适合电子科技、高端定制等。

在制作幻灯片时，需根据要表达的内容，为幻灯片选择合适的配色，还需注意：

（1）在一个幻灯片中用色不能太多，一般控制在三种颜色以内。

（2）选择一种颜色为主色调，用其对比色进行强调，达到突出重点的效果。

了解色彩的运用对我们设计幻灯片非常有益，更改幻灯片的颜色有以下几种方法。

1.　"设计"选项卡中的背景

选择任意一张幻灯片，单击"设计"选项卡中的"背景"按钮，在此可更改当前幻灯片的背景设置，如添加渐变填充、稻壳渐变色，添加背景图片，也可以将背景另存为图片，如图 14.4 所示。

图 14.4　"设计"选项卡中的背景

2. "设计"选项卡中的配色方案

单击"设计"选项卡中的"配色方案"按钮，可更改当前幻灯片主题的配色，如图 14.5 所示。

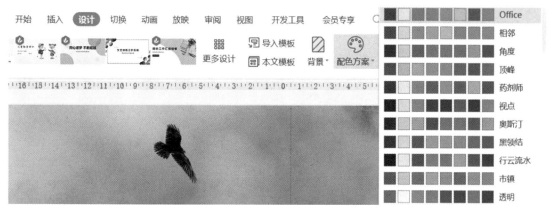

图 14.5　"设计"选项卡中的配色方案

3. "设计"选项卡中的智能配色

单击"设计"选项卡中的"智能配色"按钮，选择"智能配色"，选择需要美化的页面，可一键更改选择幻灯片的配色，如浅色系、深色系、单色系、多彩系等配色类型，如图 14.6 所示。

图 14.6　"设计"选项卡中的智能配色

14.3　幻灯片的动画设计

WPS 演示文稿设置动画包括设置各幻灯片之间的切换动画与在幻灯片中为某个对象设置动画。

14.3.1　幻灯片的动画

WPS 演示文稿在"动画"选项卡中内置了丰富的动画方案。常规动画效果包括进入、强调和退出 3 种效果。添加动画效果之后，还可以修改动画默认的效果选项。WPS 演示文稿还提供了智能动画方案，如"轰然下落""放大强调"等效果，如图 14.7 所示。

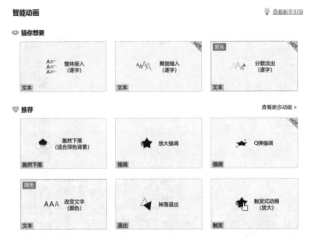

图 14.7　智能动画

　　使用 WPS 打开演示文稿，选中需要设置动画的内容。单击"动画"选项卡后，再单击"预设动画"右侧的下拉图标，即可查看所有预设的动画，根据需要进行选择即可。

　　一份好的演示文稿，对于动画的使用有以下几个原则。

1. 适度原则

　　在一个页面内，动画效果不应太多，一般不要超过两个。过多不同的动画效果，不仅会让页面杂乱，还会影响观众的注意力，恰当好处地使用动画效果才能华而不虚、艳而不妖。

2. 强调原则

　　如果一页幻灯片内容较多，要突出强调某一点，则可以单独对这个元素添加动画，其他页面保持静止，以达到强调的效果。

3. 顺序原则

　　在添加动画时，让内容根据逻辑顺序出现，观感更为舒适。并列关系同时出现，层级关系可按照从左到右的顺序或从下到上的顺序出现。

　　想一想：如何快速将已设置的动画效果应用于其他页面对象？

14.3.2　幻灯片的切换

　　幻灯片切换动画是指一张幻灯片如何从屏幕上消失，以及另一张幻灯片如何显示在屏幕上的方式。在 WPS 演示文稿中，可以为一组幻灯片设置同一种切换方式，也可以为每张幻灯片设置不同的切换方式。

　　按住 Shift 键单击需要的幻灯片，可以选择多张幻灯片，在"切换"选项卡下的"切换效果"下拉列表框中选择需要的效果。每一个预定义的切换效果都可以进行相应的调整，如切换时的声音效果、速度和换片方式等参数，单击"应用到全部"按钮即可将切换效果应用到整个演示文稿。

14.4　幻灯片的放映与输出

14.4.1　幻灯片的放映

制作完演示文稿后，即可向观众进行放映或展示，放映时有多种放映方式可选。

　1. 从头开始

单击该按钮即可从头开始播放幻灯片，快捷键是 F5。

　2. 当页开始

即从当前选中的页面开始播放幻灯片，快捷键是 Shift+F5。

　3. 自定义放映

单击"新建"按钮，选择要自定义放映的幻灯片。单击"添加"按钮，再单击"确定"按钮，即自定义添加了一个放映模式。用户制作好演示文稿后，根据不同用户的需要，可选择该演示文稿的不同部分放映，可以针对目标观众群体定制最适合的演示文稿放映方案。

　4. 放映设置

WPS 演示文稿为用户提供了两种不同场合的放映方式，切换到"幻灯片放映"选项卡，单击"放映设置"按钮，打开"设置放映方式"对话框，在其中可以选择设置放映的类型，如图 14.8 所示。

图 14.8　"设置放映方式"对话框

放映的类型可以分为演讲者放映（全屏幕）和展台自动循环放映（全屏幕），每种放映类型含义如下：

（1）演讲者放映（全屏幕）是指由演讲者控制整个演示的过程，演示文稿在观众面前全屏播放。

（2）展台自动循环放映（全屏幕）是指整个演示文稿会以全屏的方式循环播放，在此过程中除了通过光标选择屏幕对象进行放映外，不能对其进行任何修改。

设置放映方式可详细设置放映类型、是否循环放映、放映选项、切换幻灯片方式、多显示器模式，单击"确定"按钮即可设置完成。

5. 隐藏幻灯片

可快捷隐藏当前选中的幻灯片，使其不在放映时出现。

6. 排练计时

可以在放映演示文稿时同步设置幻灯片的切换时间。在整个演示文稿放映结束后，系统会将所设置的时间记录下来，以便在自动播放时按照所记录的时间自动切换幻灯片。

单击"幻灯片放映"选项卡中的"排练计时"按钮，WPS将自动进行全屏放映，并在屏幕的左上方出现一个"预演"对话框，可以控制录制时的放映时间。单击"下一项"按钮即可进入下一项计时，整个演示文稿计时完成后，在弹出的对话框中单击"是"按钮即可。排练计时完成后，将切换到"幻灯片浏览"视图，在每张幻灯片的下方可以查看到该张幻灯片所需要的时间。

7. 演讲备注

给当前幻灯片添加备注。在放映幻灯片时想记录内容但不想退出放映的时候，选择"演讲备注"，以便把内容记录到当前幻灯片下方的备注窗格。

14.4.2 幻灯片的输出

有时为了让幻灯片可以在不同环境下正常放映，可以将制作好的演示文稿输出为不同的格式，一方面可以保护演示文稿中的原创内容，另一方面又可以满足多样化的播放方式需求。单击WPS演示文稿中的"文件"选项卡，可将演示文稿输出为PDF文档、H5、视频、图片等。

动一动：将演示文稿输出为一张长图，并把操作路径记录在下框中。

14.4.3　幻灯片的打印

由于一张幻灯片的内容相对较少，如果把每一页都单独打印在一整张 A4 纸上，那么可能会使用大量的纸张，不但浪费纸，而且也会为阅读带来障碍。因此，在打印幻灯片时，一般将多张幻灯片集中打印在一张纸上。

单击 WPS 演示文稿"文件"选项卡中的"打印"选项，在打印界面中对打印范围、打印内容、打印份数等进行设置，预览打印效果，确认无误后执行打印操作。

实施步骤

操作步骤
视频

步骤一：设计封面页

（1）新建 PPTX 演示文稿，单击添加第一张幻灯片，单击"视图"选项卡中的"幻灯片母版"命令按钮，切换到幻灯片母版视图。单击"幻灯片母版"选项卡中的"背景"命令，选择"填充"→"纯色填充"，选择"白烟，背景 1，深色 5%"，关闭对话框，所有版式背景设置为白烟纯色背景颜色，如图 14.9 所示。

图 14.9　母版中设置纯色背景

（2）单击左边母版版式窗格中的第二张幻灯片即标题幻灯片，单击"幻灯片母版"选项卡中的"背景"命令按钮，选择"填充"→"图片或纹理填充"，在"图片填充"中选择"本地文件"，上传"封面图片.jpg"，如图 14.10 所示。

图 14.10　背景填充为本地图片

（3）单击"插入"选项卡中的"形状"命令按钮，选择"椭圆"，在幻灯片中绘制一个椭圆形，椭圆位置、形状和大小如图 14.11 所示，单击"绘图工具"选项卡中的"填充"命令按钮，选择 "其他颜色填充"（或者单击右侧任务栏中的 ≒ 按钮，打开"对象属性"对话框，打开颜色下拉框，选择"更多颜色"），在颜色自定义框中输入 RGB 数值（157，43，7），单击"确定"按钮，为椭圆填充颜色。单击"绘图工具"选项卡中的"轮廓"命令按钮，选择"无边框颜色"。选择"椭圆"，使用快捷键"Ctrl+C"和"Ctrl+V"复制一个椭圆。单击新复制的椭圆，再单击右侧任务栏中的 ≒ 按钮，将透明度调整为 44%，微调椭圆大小和位置如图 14.11 和图 14.12 所示。

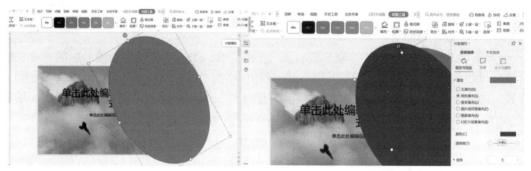

图 14.11　插入椭圆

图 14.12　调整两个椭圆位置

（4）同理，在幻灯片左下角创建两个椭圆，编辑方法与上述相同，此处不再赘述，如图 14.13 所示。

图 14.13　左下角同样插入 2 个椭圆

（5）关闭幻灯片母版视图，回到普通视图，在第一张幻灯片中新建文本框并输入"岗位竞聘报告"，字体微软雅黑，字号 80，加粗，填充为白色。同理在其下方输入"竞聘岗位：运营部总监"和"竞聘人：XXX"，字体微软雅黑，字号 24，颜色白色，如图 14.14 所示。

图 14.14　标题的编辑

步骤二：设计目录页

（1）单击"视图"选项卡中的"幻灯片母版"命令按钮，切换到幻灯片母版视图，单击左边窗格中的第二张幻灯片，框选所有文本框，按 Delete 键删除。

（2）单击"插入"选项卡中的"形状"命令按钮，选择"椭圆"，按住 Shift 键的同时在幻灯片绘制一个圆形。在"绘图工具"选项卡下设置宽度和高度均为 10 厘米，位置如图 14.15 所示。单击"绘图工具"选项卡下"填充"命令按钮，选择"最近使用颜色"中的颜色，为圆形填充和封面页椭圆一样的颜色。单击"绘图工具"选项卡中的"轮廓"命令按钮，选择"无边框颜色"，如图 14.15 所示。

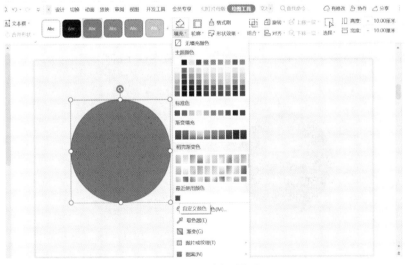

图 14.15　插入圆形

（3）单击圆形，使用快捷键"Ctrl+C"和"Ctrl+V"复制一个圆形，单击"绘图工具"选项卡下的"填充"命令按钮，选择"无填充颜色"，单击"轮廓"命令按钮，选择"最近使用颜色"中的颜色，设置宽度和高度均为 11 厘米，如图 14.16 所示。

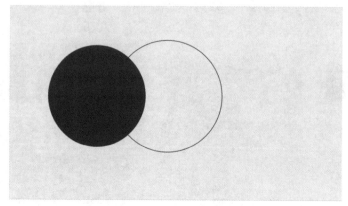

图 14.16　复制一个圆形

（4）单击无填充的大圆，按住 Shift 键的同时单击小圆，在悬浮的对齐对话框中，单击 ⊞ 按钮，完成中心对齐，如图 14.17 所示。

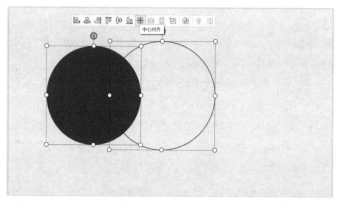

图 14.17　中心对齐

（5）新建文本框，输入"目录""Content"，调整文本框至圆形居中位置，如图 14.18 所示。

图 14.18　编辑目录文字

（6）单击"插入"选项卡中的"形状"命令，选择"矩形"，在幻灯片左侧绘制一个矩形。在"绘图工具"选项卡下设置高度和宽度分别为9.5厘米和12厘米。单击"绘图工具"选项卡下的"填充"命令，选择"最近使用颜色"中的颜色，为矩形填充和封面页椭圆一样的颜色。单击"绘图工具"选项卡中的"轮廓"命令，选择"无边框颜色"，如图14.19所示。

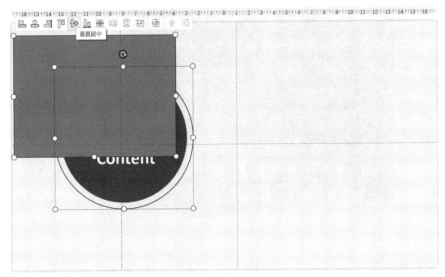

图 14.19　绘制矩形

（7）单击矩形，按住 Shift 键的同时单击大圆，在悬浮的对齐对话框中，单击 ![按钮] 按钮，完成垂直居中对齐。单击矩形，右击，选择"置于底层"，如图14.20所示。

图 14.20　选择多个对象垂直居中对齐

（8）调整位置使矩形右侧包含在大圆内部。单击矩形，按住 Shift 键的同时单击大圆，在"绘图工具"选项卡的"合并形状"命令中选择"拆分"，分别单击拆分好的图形，将多余的部分删除，如图14.21和图14.22所示。

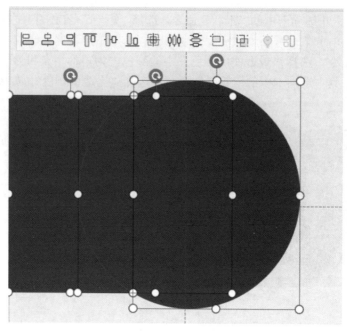

图 14.21　拆分

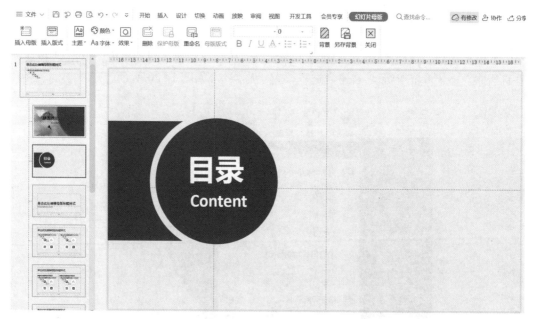

图 14.22　拆分后效果

（9）关闭幻灯片母版视图，在普通视图下单击第二张幻灯片右侧，插入文本框，分别输入目录文字"个人简介""岗位认知""胜任能力""工作规划"，选中所有文本框，在悬浮的对齐对话框中单击左对齐按钮 ⧉ 和纵向分布按钮 ⧉，将目录文本对齐。

（10）单击"插入"选项卡中的"图标"命令按钮，在"免费"选项卡中选择"商务办公元素图标"，插入 4 个不同的合适的图标。鼠标左键框选插入的图标，调整位置和大小，使用上述方法将图标和文本框对齐，如图 14.23 所示。

图 14.23 对齐图标

步骤三：设计内容页

（1）单击"视图"选项卡中的"幻灯片母版"命令按钮，切换到幻灯片母版视图，单击左边窗格中的第三张幻灯片，框选所有文本框，按 Delete 键删除。

（2）单击"插入"选项卡中的"形状"命令按钮，选择"直线"，按住 Shift 键在幻灯片上方绘制一条直线，单击"绘图工具"选项卡中的"细微线-强调颜色 3"，如图 14.24 所示。

图 14.24 绘制直线

（3）在幻灯片左上角插入一个正圆，即单击"插入"选项卡中的"形状"命令按钮，选择"椭圆"，按住 Shift 键的同时在幻灯片绘制一个圆形，在"绘图工具"选项卡下设置宽度和高度均为 2.8 厘米，颜色填充为封面页椭圆一样的颜色，轮廓设置为"无边框颜色"。

（4）单击圆形，使用快捷键"Ctrl+C"和"Ctrl+V"复制一个圆形，将其移动至幻灯片右下角。单击左上角的圆形，在光标处输入文字"logo"，如图 14.25 所示。

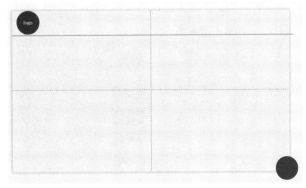

图 14.25 绘制装饰图形

（5）单击"插入"选项卡中的"形状"命令按钮，选择"矩形"，在幻灯片左侧绘制一个矩形。在"绘图工具"选项卡下设置高度和宽度分别为 2.1 厘米和 4.5 厘米，为矩形填充和封面页椭圆一样的颜色，轮廓设置为"无边框颜色"。按住 Ctrl 键，单击矩形，按住鼠标左键依次拖曳至下方，复制 3 个相同的矩形。选中所有矩形，在悬浮的对齐对话框中单击左对齐按钮 ⬚ 和纵向分布按钮 ⬚，将目录文本对齐，如图 14.26 所示。

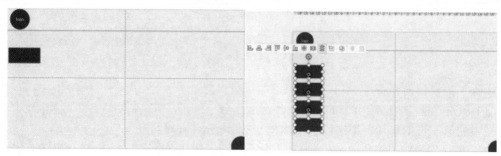

图 14.26　绘制导航

（6）鼠标左键框选第 2～4 个矩形，单击"绘图工具"选项卡中的"填充"命令按钮，将颜色填充为"白色，背景 1，深色 25%"，依次在 4 个矩形中输入文本"个人简介""岗位认知""胜任能力""工作规划"，字体为微软雅黑，字号为 28，将"个人简介"填充为白色，其余填充为黑色，如图 14.27 所示。

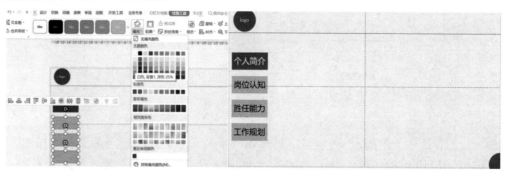

图 14.27　输入导航文字

（7）在幻灯片母版视图下，单击刚做好的第三张幻灯片，使用快捷键"Ctrl+C"和"Ctrl+V"复制 3 张幻灯片。在第四张幻灯片中，单击第一个矩形，再单击"开始"选项卡中的"格式刷"命令按钮，将第二个矩形刷成相同格式。同理，再将第一个矩形刷成灰色，完成第四张幻灯片内容页的制作，如图 14.28 所示。

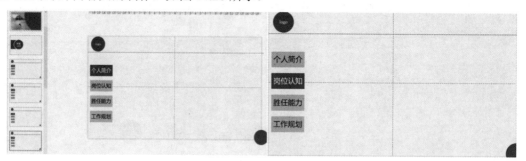

图 14.28　新建版式

（8）依次修改第五、第六张幻灯片左侧导航条中的矩形颜色。

步骤四：设计结束页

（1）单击"视图"选项卡中的"幻灯片母版"命令按钮，切换到幻灯片母版视图。单击左边窗格中的第三张幻灯片，框选所有文本框，按 Delete 键删除。

（2）单击"插入"选项卡中的"图片"命令按钮，选择并打开"封面图片.jpg"，插入图片，按住 Shift 键同比例放大图片至整张幻灯片，如图 14.29 所示。

图 14.29　插入图片

（3）单击"图片工具"选项卡中的"裁剪"命令，向下拖动裁剪框裁剪图片，并将裁剪的图片移动至顶部，如图 14.30 所示。

图 14.30　裁剪图片

（4）插入文本框，输入左引号，字体为 Calibri，字号为 138，加粗，填充为最近使用颜色。同理，输入相同格式的右引号，完成结束页的制作，如图 14.31 所示。

图 14.31　完成结束页制作

至此，自定义母版制作完毕，如图 14.32 所示，关闭幻灯片母版视图，返回普通视图。

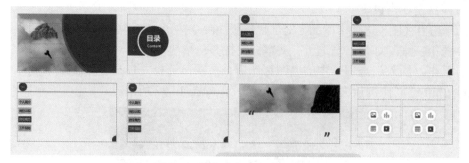

图 14.32   完成自定义母版制作

步骤五：编辑内容页

（1）新建 7 张幻灯片，按住 Ctrl 键选中第 3～5 张幻灯片，右击鼠标，选择"版式"，选择母版中的第三页版式。选中第 6 张幻灯片，右击鼠标，选择"版式"，选择母版中的第四页版式。选中第 7 张幻灯片，右击鼠标，选择"版式"，选择母版中的第五页版式。选中第 8 张幻灯片，右击鼠标，选择"版式"，选择母版中的第六页版式。选中第 9 张幻灯片，右击鼠标，选择"版式"，选择母版中的第七页结束页版式，如图 14.33 所示。

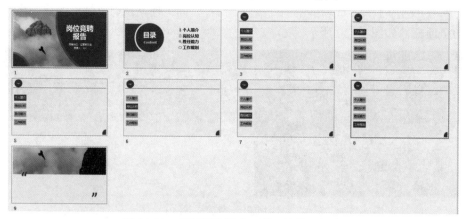

图 14.33   根据母版新建 9 张不同的幻灯片

（2）单击"插入"选项卡中的"智能图形"命令按钮，在"稻壳智能图形"中选择"免费"标签的智能图形模板，单击上方选项卡对应的项数，如图 14.34 所示。

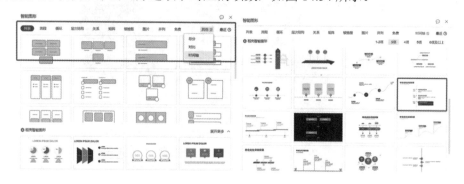

图 14.34   选择智能图形

（3）在添加智能图形后，为所有智能图形修改填充颜色，颜色按母版已有配色填充，结合空白文档中提供的具体文字内容，修改智能图形中的文字，如图 14.35 所示。

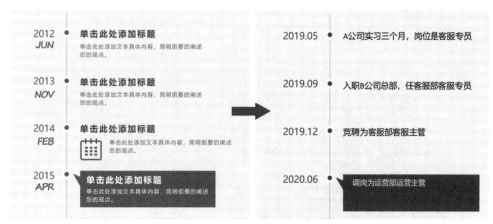

图 14.35　修改智能图形中的文字和样式

（4）其他两页内容页同理，按自己喜好选择智能图形即可，本书模板仅供参考，此处不再赘述。

想一想：在学习了智能图形的插入和编辑后，你还有哪些疑惑?

步骤六：设置幻灯片的动画

（1）选择第 6 张幻灯片，复选圆形编号 1 和文本框，单击"动画"选项卡中动画效果栏的"出现"进入动画效果，如图 14.36 所示。同时，依次为所有编号设置"出现"进入动画效果。

图 14.36　添加动画效果

（2）单击"动画"选项卡中动画效果栏的"动画窗格"按钮，在弹出的动画窗格中，按住 Ctrl 键框选带鼠标图标的动画 2、动画 3、动画 4、动画 5，右击鼠标，在下拉框中选择"在上一动画之后"，如图 14.37 所示。

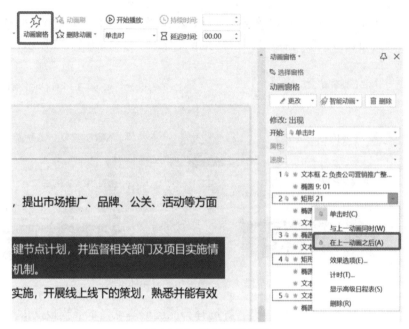

图 14.37　动画窗格设置

（3）按住 Ctrl 键框选编号 2 开始的所有对象，右击鼠标，在下拉框中选择"计时"，在打开的对话框的"延迟"框中设置为"1.0"秒，如图 14.38 所示，单击"确定"按钮，完成动画制作，如图 14.38 所示。完成动画效果如图 14.39 所示。

图 14.38　调整动画延迟时间

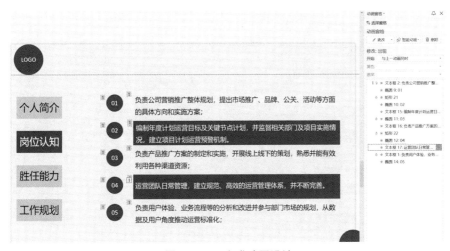

图 14.39　完成动画设计

（4）同理，为其他幻灯片添加合适的动画效果，此处不再赘述。

（5）按住"Shift+A"键，选中所有幻灯片，在"切换"选项卡"切换效果"下拉列表框中选择"随机"效果。单击"预览"命令按钮，可以查看切换效果，如图 14.40 所示。

图 14.40　添加幻灯片切换效果

步骤七：幻灯片的放映与输出

（1）单击状态栏上的"幻灯片放映"按钮 ▶，或者单击"放映"选项卡中的"从头开始"命令按钮，开始放映。按键盘上的 Esc 键，结束放映。

（2）单击"文件"选项卡中的"输出为 PDF"，可选择需要输出的页数并输出。付费会员可输出纯图片 PDF，免费会员输出普通 PDF，如图 14.41 所示。

图 14.41　将演示文稿输出为 PDF

议一议：纯图片 PDF 和普通 PDF 有什么区别？

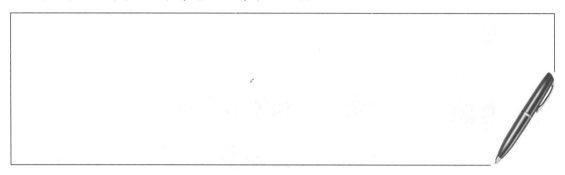

项目拓展

1. 制作长图

很多新媒体平台发布的内容都是长图形内容，那么可以将制作好的 WPS 演示文稿导出为长图，直接在各大新媒体平台发布。需要注意的是，只有 WPS 会员才具有合成长图为无水印、高清品质图片功能。

单击"文件"选项卡中的"输出为图片"按钮，在打开的对话框中可选择"合成长图"并输出。付费会员可将"水印设置"设置为"无水印"，免费会员输出带水印，如图 14.42 所示。

图 14.42　将幻灯片输出为图片

2. 使用幻灯片母版统一修改字体

使用 WPS 演示文稿打开幻灯片，选中"幻灯片母版"选项卡，根据需要单击"主题""颜色""字体""效果"按钮，可以统一修改所有幻灯片的主题、字体、颜色和效果。如单击"字体"按钮，设置字体为宋体，所有的幻灯片中的文字字体就统一修改成宋体了。

也可以通过单击"设计"选项卡下"智能美化"中的"统一字体"命令按钮，选择需要美化的页面，在自定义字体中为标题和正文选择自定义的中文字体和西文字体，如图 14.43 所示。

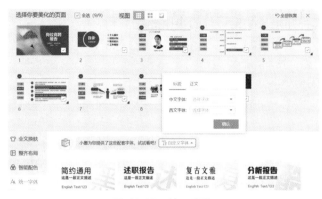

图 14.43　统一字体

3. 添加统一公司 LOGO

幻灯片做完后，若要在每个幻灯片的页眉加上公司 LOGO，使用幻灯片母版就能一键添加。本项目中以圆形来代替公司 LOGO，实际工作场景中，在"设计"选项卡中单击"编辑母版"按钮，进入母版视图，选择主母版。选中"插入"选项卡，再单击"图片"按钮，插入 LOGO图片。图片摆放好位置后，关闭母版版式，此时 WPS 演示文稿中的每一页都添加了 LOGO。

项目小结

本项目通过展现学生的硬技能和软实力，彰显自信自强的人格魅力，树立追求卓越、积极进取的价值观。

本项目结合岗位竞聘报告实例主要讲述了通过幻灯片母版设计制作专属模板。设计模板前，首先要确定好背景，这样在后面的内容安排上才能更好地设置其布局及颜色，提高幻灯片页面的可视效果。其次，基于自定义的版式制作风格统一的内容页，通过智能图形、形状和图标的使用，以及文本的排布方式，提升演示文稿的设计感。通过本项目的学习和实操，应熟练掌握幻灯片的编辑和设计技巧，结合具体场景制作一份独一无二的演示文稿。

记一记：学习了本项目后，你觉得有哪些收获？

项目练习

一、选择题

1. 在编辑演示文稿时，按快捷键（　　　）可选定全部幻灯片。

A. Shift　　　　　　　　B. Ctrl　　　　　　　　C. Delete　　　　　　　　D. Alt

2. 从第一张幻灯片开始放映幻灯片的快捷键是（　　）。

A. F2   B. F3   C. F4   D. F5

二、操作题

1. 设置段落文本淡入效果，动画播放后隐藏。

2. 以"公司简介"演示文稿为主题，设计一个商业风格幻灯片母版版式。

三、综合实践题

即将毕业的学生正在找工作，已在网上投递大量简历。现在有一家中意的公司邀请参加面试，需要在面试过程中进行 5 分钟的现场展示，请结合自己的简历，制作求职演示文稿，要求图文并茂、风格独特、逻辑清晰、内容完整。

现代信息技术

现代信息技术篇主要介绍互联网、云计算、人工智能、区块链、物联网、大数据。该篇通过项目15"认知互联网：网络信息检索"、项目16"认知云计算：百度网盘应用"、项目17"认知人工智能：红色地标智能识别"、项目18"认知区块链：分布式数字账本应用"、项目19"认知物联网：NetAssist网络调试助手的使用"、项目20"认知大数据：新冠疫情大数据可视化分析"介绍了互联网、云计算、人工智能、区块链、物联网、大数据等知识与技能点，学生在项目实施过程中能理性参与互联网生活，提高网络安全意识，培养大数据涵养，激发对新技术和新知识学习的自修能力。

项目 15　认知互联网：网络信息检索

学习目标

知识目标：熟悉互联网概念，掌握互联网接入方式和主要应用，了解互联网发展史。

技能目标：能够将自己的计算机或手机接入访问 Internet，能够利用互联网获取自己所需要的信息或者休闲娱乐，掌握网络搜索技能。

思政目标：树立正确的人生观、价值观，能够理性参与互联网生活，并自觉遵守并接受信息社会道德规范的约束。

项目效果

Internet 的普及和发展给人们带来了空前丰富的信息资源，越来越多的用户利用网络阅读和查询所需信息，网上阅读和检索已成为人们获取信息的重要途径。在浏览器上通过逐个网页浏览寻找所要信息，就像大海捞针一样，不仅浪费大量的计算机时间和占用网络通道资源，而且也很难找到真正需要的信息。如何认识和利用浩瀚如海的网络信息，快速查找并准确获取所需资源，需要掌握一定的网络检索方法和技巧以便快捷地对互联网进行检索查询，提高搜索的命中率。

项目通过对搜索引擎、论文及报告检索方法的介绍，学习快速有效地从互联网上获取最新知识的技巧，项目实践效果如图 15.1、图 15.2 所示。

图 15.1　知网检索

图 15.2　知网检索（在结果中检索）

知识技能

15.1　认识互联网

互联网指的是网络与网络之间串联起来形成的庞大网络，这些网络以一组通用的协议相连，形成逻辑上的国际网络。Internet 是目前全世界规模最大、信息资源最多的互联网。

认识互联
网视频

15.1.1　Internet 发展简史

Internet，中文直译为因特网，它起源于 1969 年美国国防部下属的高级研究计划局所开发的军用实验网络——ARPAnet。最初只连接了位于不同地区的 4 台计算机，供科学家们进行计算机联网实验用，1980 年，用于异构网络互联的 TCP/IP 协议研制成功，实现了不同计算机网络之间的相互通信和信息共享，因此，从技术角度来看，Internet 是一个以 TCP/IP 协议连接各个国家、各个地区、各个机构的计算机网络（包括各种局域网和广域网）的数据通信网，它将数万个计算机网络、数千万台主机互连在一起，形成一个世界上最大的互联网络。

1985 年，美国国家科学基金会（National Science Foundation，NSF）提供巨资建造了全美五大超级计算中心，并在全国建立按地区划分的广域网，与超级计算中心相连，最后再将各超级计算中心互连起来，即 NSFnet，它于 1990 年 6 月彻底取代 ARPAnet 成为互联网的主干网，并向全社会开放，使互联网进入以资源共享为中心的服务阶段。1991 年，欧洲核子物理实验室发明了用超文本链接网页的"万维网"（Word Wide Web，WWW），创造了全新的文献检索和查阅方法，使得互联网成为一个巨大的信息库。同年，Internet 开始用于商业用途，商业机构也很快发现其在通信、资料检索、客户服务等方面的巨大潜力，于是，无数的企业纷纷涌入 Internet，带来了 Internet 发展史上的一个新的飞跃，同时，Internet 也为商业的发展提供了广阔的空间。

随着 Internet 规模的不断扩大，向全世界提供的信息资源和服务越来越丰富，由最初的文件传输、电子邮件等发展成包括信息浏览、文件查找、图形化信息服务等。所涉及的领域包括政治、军事、经济、新闻、广告、艺术等各个领域，已经发展成为一个集各个部门、各个领域的信息资源为一体的，供网络用户共享的信息资源网。尤其是 WWW 的出现，更使 Internet 成为全球最大的、开放的、由众多的网络相互连接而成的计算机互联网，最终发展演变成今天成熟的 Internet。

15.1.2　中国互联网发展

Internet 在中国的发展可以追溯到 1986 年，中国科学院等一些科研单位通过长途电话拨号到欧洲一些国家，进行国际联机数据库检索。1993 年，中国科学院高能物理研究所开通了一条 64Kbps 国际数据信道，连接到美国斯坦福线性加速器中心（SLAC）。今天，随着技术的不断进步和基础设施的不断完善，互联网已经成为人们生活、工作、学习不可或缺的一个工具。其近 30 年的发展历程可分为四次互联网大浪潮。

1. 第一次互联网大浪潮（1994—2000 年）

1994 年，中国实现与国际互联网的全功能连接，中国科技网、中国公用计算机互联网、中国教育和科研计算机网、中国金桥信息网四大骨干网开始建设，中国互联网步入快速发展阶段，网民数从 1997 年的 62 万人急剧增长到 2000 年的 1690 万人，免费邮箱、新闻资讯、即时通信成为当时最热门的应用。

2. 第二次互联网大浪潮（2001—2008 年）

在这个阶段，新浪、网易、搜狐等门户网站迅速崛起，从搜索引擎到社交网络、电子商务，百度、淘宝、支付宝迅速普及，互联网打开了一个全新的世界。中国网民数量在 2008 年 6 月达到 2.53 亿人，首次超过美国，跃居世界首位。

3. 第三次互联网大浪潮（2009—2014 年）

2009 年以来，智能手机日益普及，移动端的用户越来越多，加入移动战局的互联网公司也越来越多，中国互联网开启了又一个新的时代——"移动互联网时代"，互联网原有的格局和用户使用习惯被打破和重构，随着微博、微信的上线，"滴滴出行"网约车的到来，互联网逐步渗透到了人们的衣食住行领域。

4. 第四次互联网大浪潮（2015—2020 年）

2015 年，中国提出"互联网+"国家战略，在经历了滴滴与快滴、58 同城与赶集、美团与大众点评、携程与去哪儿的四大 O2O 合并之后，直播、短视频迅速兴起，互联网思维成为中国经济社会创新的驱动力量，加速中国实体经济全面升级。2019 年，中国互联网迎来了 5G 商用元年，大数据、人工智能、物联网等新兴技术不断发展，互联网走近万物互联。据中国互联网络信息中心（CNNIC）发布的第 48 次《中国互联网络发展状况统计报告》显示，截至 2021

年 6 月，我国网民规模达 10.11 亿人，较 2020 年 12 月增长 2175 万人，互联网普及率达 71.6%。10 亿用户接入互联网，8.88 亿人看短视频，6.38 亿人看直播，短视频、直播正在成为全民新的娱乐方式；8.12 亿人网购，4.69 亿人点外卖，全民的购物方式、餐饮方式正在发生悄然变化；3.25 亿人使用在线教育，2.39 亿人使用在线医疗，在线公共服务进一步便利民众，互联网已形成了全球最为庞大、生机勃勃的数字社会，中国已经从互联网大国迈进互联网强国。

议一议：从中国互联网的发展，你看到了什么？

15.1.3 Internet 主要应用

Internet 发展到今天，已不单纯是一个计算机网络，它包括了世界上的任何东西，从知识到信息，从经济到军事，几乎无所不包，无所不含。使用 Internet，可以坐在行驶的汽车里查看朋友发过来的信件；可以参加各种论坛，发表见解；可以学习知识、请教问题；还可以与远方的朋友玩游戏。可以说，Internet 已经发展成为一个内容广泛的社会，已成为人们在工作、生活、娱乐等方面获取和交流信息不可缺少的工具。其主要应用有以下几种。

1. WWW

所谓 WWW，就是 Word Wide Web 的英文缩写，译为"万维网"或"全球信息网"，是目前 Internet 上最为流行、最受欢迎也是最新的一种信息浏览服务，最早于 1989 年出现于欧洲粒子物理实验室（CERN）。WWW 是一个将检索技术与超文本技术结合起来、遍布全球的检索工具。WWW 服务的基础是 Web 页面，Internet 上的每一个网页都具有一个唯一的名称标识，通常称为 URL 地址，即统一资源定位符（Uniform Resource Locator，URL），它是用于完整地描述 Internet 上网页和其他资源的地址的一种标识方法。简单地说，URL 就是 Web 地址，俗称"网址"。每个站点都包括若干个相互关联的页面，每个 Web 页面既可展示文本、图形图像和声音等多媒体信息，又可提供一种特殊的链接点。这种链接点指向一种资源，可以是另一个 Web 页面、另一个文件、另一个 Web 站点，这样可使全球范围的 WWW 服务连成一体。这就是所谓的超文本和超链接技术。超媒体则是超文本的自然扩展，是超文本与多媒体的组合，即链接的除了文本文件以外，还有音像和动画等。

概括而言，WWW 遵循超文本传输协议（Hyper Text Transfer Protocol，HTTP），以超文本（hypertext）或超媒体（hypermedia）技术为基础，将 Internet 上各种类型的信息（包括文本、声音、图形、图像、影视信号）集合在一起，存放在 WWW 服务器上，供用户快速查找。通过使用 WWW 浏览器，一个不熟悉网络的人几分钟就可漫游 Internet。电子商务、网上医疗、网上教学等服务都是基于 WWW、网上数据库和新的编程技术实现的。

WWW 诞生以来，互联网的网站和网页得到了快速的发展。为了方便用户查询信息。搜索引擎便应运而生。搜索引擎是万维网中的特殊站点，专门用来帮助人们查找存储在其他站点上的信息，是某些网站为用户提供的用于网上查询信息的搜索工具，通过在网站提供的特定数据库中查询相关的关键字，可检索相关的信息和数据。具有强大搜索引擎的网站得到了用户的青睐，成为受欢迎的门户网站，最具代表性的全文搜索引擎有百度、Google 等。搜索引擎的出现，使人们能够便利地从互联网上获取自己需要的内容。

想一想：互联网、因特网、万维网三者的区别？

2. 文件传输（FTP）

在 Internet 上有许多极有价值的信息资料，当用户想从一个地方获取这些信息资料或者将自己的一些信息资料放到网络中的某个地方时，用户就可以使用 Internet 提供的文件传输协议服务将这些资料从远程文件服务器上传到本地主机磁盘上。相反，用户也可使用文件传输协议将本地机上的信息资料通过 Internet 传到远程某主机上，即 FTP（File Transfer Protocol），中文意思为文件传输协议，它最突出的优点就是可在不同类型的计算机和操作系统之间传送文件，无论是 PC、服务器、大型机，还是 DOS 平台、Windows 平台、UNIX 平台，只要双方都支持 FTP 协议，就可以很方便地交换文件。FTP 在进行工作前必须首先登录到对方的计算机上，登录后才能进行文件的搜索和文件传送的有关操作。普通的 FTP 服务需要在登录时提供相应的用户名和口令，一些信息服务机构为了方便 Internet 的用户通过网络使用他们公开发布的信息，提供了一种"匿名 FTP 服务"。

3. 电子邮件（E-mail）

电子邮件是 Internet 上提供和使用最广泛的一种服务，它可以发送文本文件、图片、程序等，还可以传输多媒体文件（例如图像和声音等）、订阅电子杂志、参与学术讨论、发表电子新闻等。有了它，可以在短时间内将信件发给远方的朋友，使用方便，传送快速，费用低廉。

电子邮件好比是邮局的信件一样，不过它的不同之处在于，电子邮件是通过 Internet 与其他用户进行联系的快速、简洁、高效、价廉的现代化通信手段。使用电子邮件服务首先要拥有一个完整的电子邮件地址，它由用户账号和电子邮件域名两部分组成，中间使用"@"把两部分相连，如 wzy2006@wzvtc.cn、cgl@126.com 等。用来收发电子邮件的软件工具很多，如 Foxmail、Outlook Express 等。

动一动：发送一封邮件，写下电子邮件使用注意事项。

_____

_____

_____

_____

互联网应用给人们生活带来了巨大的便利。概括而言，基础应用类包括即时通信、搜索引擎、网络新闻、远程办公等，商务交易类应用包括网络购物、网上外卖、网络支付、旅行预订等，网络娱乐类应用包括网络音乐、网络文学、网络游戏、网络视频、网络直播等，公共服务类应用包括网约车、在线教育、在线医疗等。2020 年新冠疫情防控中，电子商务、在线教育、在线医疗、网络视频、远程办公等应用快速增长，充分展现了互联网发展带来的新机遇。随着科技的发展，还会有更多的服务和功能，互联网已经成为我们日常工作、生活不可或缺的一部分，将会为我们的生活带来更多的便利。

15.2　接入互联网

Internet 作为世界上最大的信息资源网，网络用户需要经过有关管理机构的许可并遵守有关的规定，将自己的计算机接入 Internet，一旦用户的计算机接入 Internet，便成为 Internet 中的一员，就可以访问 Internet 中提供的各类服务与丰富的信息资源。接入互联网需要向 ISP（Internet Service Provider）提出申请。所谓 ISP，就是 Internet 服务提供者，是管理 Internet 接口的服务机构，它为用户提供 Internet 接入服务，即通过网络连线把你的计算机或其他终端设备连接互联网，如中国电信、移动、联通等的数据业务部门。

目前接入 Internet 的方式主要有以下几种：普通电话拨号接入、ISDN 接入、xDSL 接入、光纤接入及无线接入等。普通电话拨号、ISDN 及 xDSL 均采用普通电话线接入。普通电话拨号接入是利用调制解调器，通过电话线接入互联网，速率低于 56Kbps，速率较低，无法实现高速率要求的互联网络服务，并且费用较高，性价比最低。ISDN 又叫"一线通"，它采用数字传输和数字交换技术，将多种综合业务在一个数字网络中传输处理，利用两条 64Kbps 和一条 16Kbps 的通道，能同时实现上网和打电话的功能。这两种接入方式均属于早期家庭使用。xDSL 是数字用户线（Digital Subscriber Line）的统称，它包括 ADSL、HDSL、RADSL、VDSL 等，其中以 ADSL 技术应用最为广泛，它能提供最高达到 8Mbps 的下行速率和 1Mbps 的上行速率，上网的同时并不影响电话的使用，能满足用户对视频点播、网络电视、远程教学的要求。其连接方法如图 15.3 所示。

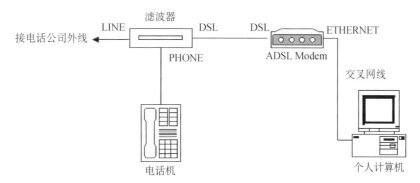

图 15.3　通过 ADSL 接入方式

1. 光纤接入

光纤接入指的是终端用户通过光纤连接到局端设备。根据光纤深入用户的程度的不同，有光纤到路边（FTTC）、光纤到大楼（FTTB）、光纤到小区（FTTP）、光纤到办公室（FTTO）、光纤到户（FTTH）、光纤到桌面（FTTD）等。它们统称为 FTTx，FTTx 是 "Fiber To The x" 的缩写，意谓 "光纤到 x"，为各种光纤通信网络的总称，其中 x 代表光纤线路的目的地，如图 15.4 所示。

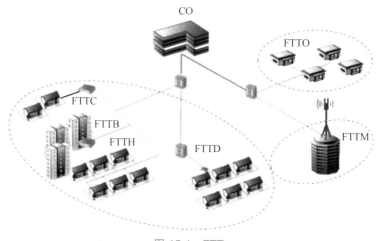

图 15.4　FTTx

光纤是目前宽带网络中最理想的一种传输介质，具有通信容量大、质量高、损耗小、防电磁干扰、保密性强等优点，它能够提供 10Mbps、100Mbps 甚至 1000Mbps 的高速宽带的同时，可以让每个用户独享带宽，无须中继即可达到 100km 的传输距离。因此，尤其适合开展远程教学、远程医疗、视频会议等对外信息发布量较大的网上应用。比如，居住在已经或便于进行综合布线的住宅、小区和写字楼的较集中的用户；有独享光纤需求的大企事业单位或集团用户。随着光通信技术及设备的发展成熟，光纤接入技术将是大势所趋。

对于光纤到户（FTTH），运营商将光缆接到住宅楼道光纤配线箱，从光纤配线箱拉一条光纤接入到用户家中，用户家中需配置一个 "光猫"，配合光猫，通过网线接入到用户计算机上，如图 15.5 所示。

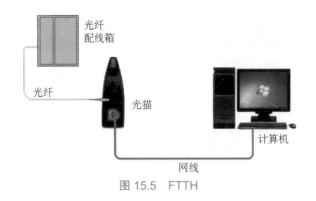

图 15.5　FTTH

2. 无线接入

无线接入是指使用无线连接的互联网登录方式，近年来，无线接入上网已经广泛地应用在商务区、大学、机场及其他各类公共区域，其网络信号覆盖区域正在进一步扩大，受到广大商务人士的喜爱。

无线接入主要分两类。第一类是利用 2G、3G、4G、5G 实现无线上网，2G 是第 2 代无线通信技术，如移动联通的 GSM、电信的 CDMA，设计时以通信为主，上网速度较慢，一般不超过 50Kps，如 GSM 系统的 GRPS。3G 是第 3 代无线通信技术，如联通的 WCDMA、电信的 CDMA2000 及移动的 TD-SCDMA。4G 是第 4 代无线通信技术，设计以高速上网为主，能够以 100Mbps 的速度下载，上传的速度也能达到 20Mbps，5G 数据传输速率则可达 10Gbps，相比较 4G 而言，不再是线状网络，将会更加立体化，接收的数据量承载容量会更大，并且会更加细化精准，甚至针对每位用户都会有一条"专属网络"，满足每位用户的不同网络需求。5G 最大的优势在于速度和时延，5G 网络的理论峰值速度可达 20Gbps，但运营商现在所提供的 5G 网络都有最高速度限制，一般分为下行速率 300Mbps、500Mbps 及 1Gbps 三个档位。在这样的速度限制下，5G 网络相对于千兆宽带网络并没有显著优势。而对于绝大部分普通用户来说，日常的宽带网络正常时延已经可以满足普通用户的需求，因此，5G 低时延的优势体验并不明显，但在物联网、车联网和远程医疗等方面有更大的发挥空间。利用 2G、3G、4G、5G 实现无线上网的具体方式主要包括手机单独上网、计算机等无线设备利用手机当作热点实现无线上网、计算机等无线设备通过安装无线上网卡实现无线上网等三种方式，这些上网方式的速度则根据使用不同的技术、终端支持速度和信号强度共同决定。

另一类是 WLAN 无线上网，即 Wireless Local Area Networks，中文意思为无线局域网络，无线局域网的通信范围不受环境的限制，网络的传输范围也很广，最大可达到几十千米。对一幢大楼、校园内部、园区或工厂用户来说，通常会采用无线 AP（Wireless Access Point），无线 AP 就是一个无线交换机，相当于无线网和有线网之间沟通的桥梁，接入在有线交换机或路由器上，其工作原理是将网络信号通过双绞线传送过来，经过 AP 产品的编译，将电信号转换成为无线电信号发送出来，形成无线网的覆盖。典型距离覆盖几十米至上百米，也有可以用于远距离传送的，最远的可以达到 30km 左右，其信号范围为球形，搭建的时候最好放到比较高的地方，可以增加覆盖范围。用户的手机或计算机等无线设备在覆盖范围检测 WLAN 信号，即可通过账号认证方式实现上网，如图 15.6 所示。一般来说，大面积的公共区域无线信号覆盖一般都采用无线 AP，家庭小范围无线上网则用无线路由器，因为无线路由器价格比无线 AP 要便宜许多。

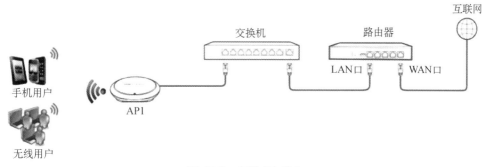

图 15.6　无线 AP 接入

为了提供多台计算机或手机、手提计算机同时接入 Internet，光纤入户后，光猫再通过网线连接到无线路由器 WAN 接口上，计算机可连接到路由器中任意一个 LAN 接口上，由无线路由器发送 Wi-Fi 信号，手机、笔记本电脑即可通过无线接入，如图 15.7 所示。

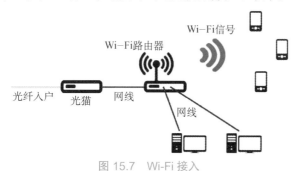

图 15.7　Wi-Fi 接入

所谓 Wi-Fi，即 Wireless Fidelity，中文意思为无线保真，Wi-Fi 技术与蓝牙技术相同，是短距离无线联网技术，由网线转变为无线电波来连接网络。Wi-Fi 的覆盖范围则可达 90 米左右，比较适合手机、平板电脑等无线终端设备。从包含关系上来说，Wi-Fi 是 WLAN 的一个标准，Wi-Fi 包含于 WLAN 中，属于采用 WLAN 协议中的一项新技术，其优点就是传输速率快，最新一代 WiFi6（802.11ax）的理论传输速率达到 1.2Gbps。

随着无线技术的成熟和应用的推广，网络性能与服务质量不断改善，移动互联网用户呈线性增长趋势，移动数据则以近乎指数式模式倍增，无线接入将进一步渗透校园、医疗、商贸、会展或酒店、无线城市等行业，并在布线困难、成本昂贵的露天区域及野外勘测等场所发挥其优势。相信在未来，无线接入将以其高速传输能力和高度灵活性发挥更加重要的作用，不断变革的互联网接入技术也一定会让我们的生活变得日益美好。

15.3　互联网安全

互联网的诞生发展，让世界变成了地球村。互联网从最初的工具、渠道、平台的属性，变成了一个复杂的网络空间，它为经济增长创造新空间、为产业转型升级创造新机遇的同时，也给现代社会带来严峻挑战。网络攻击、网络诈骗、有害不良信息泛滥等网络安全问题，不但给个人、机构、企业造成了直接经济损失，而且对社会产生不可低估的负面影响，它甚至关系到国家安全和主权、社会的稳定、民族文化的继承和发扬等重要问题，给社会稳定带来极大的冲击和挑战，例如，不负责任地造谣传谣、大肆散布消极情绪、歪曲党史国史、蓄意制造恐慌气氛、恶意施展网络欺凌等。习近平总书记十分重视网络安全工作，他指出，"没有网络安全就没有国家安全，就没有经济社会稳定运行，广大人民群众利益也难以得到保障"。

根据中国互联网络信息中心发布的第 48 次《中国互联网络发展状况统计报告》显示，截至 2021 年 6 月，61.4%的网民表示过去半年在上网过程中未遭遇过网络安全问题，与 2020 年 12 月基本保持一致。遭遇个人信息泄露的网民比例、遭遇网络诈骗的网民比例及遭遇账号或密码被盗的网民比例均有少许上升，尽管遭遇设备中病毒或木马的网民比例有少许下降，但网络安全形势依然复杂严峻，如图 15.8 所示。

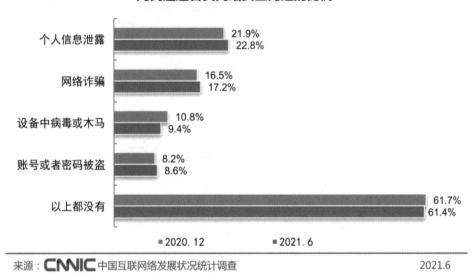

网民遭遇各类网络安全问题的比例

个人信息泄露 21.9% / 22.8%
网络诈骗 16.5% / 17.2%
设备中病毒或木马 10.8% / 9.4%
账号或者密码被盗 8.2% / 8.6%
以上都没有 61.7% / 61.4%

■2020.12 ■2021.6

来源：CNNIC 中国互联网络发展状况统计调查　2021.6

图 15.8　网络安全现状

所谓网络安全，所处角度不同，其具体含义也不尽相同。对于用户（个人、企业等）来说，主要是指涉及个人隐私或商业利益的信息在网络上传输时受到机密性、完整性和真实性的保护，避免其他人或对手利用窃听、冒充、篡改、抵赖等手段侵犯用户的利益和隐私，同时也避免其他用户的非授权访问和破坏；对于网络运行和管理者来说，主要是指对本地网络信息的访问、读写等操作受到保护和控制，避免出现"陷门"、病毒、非法存取、拒绝服务和网络资源非法占用和非法控制等威胁，并制止和防御网络黑客的攻击；对安全保密部门来说，主要是指对非法的、有害的或涉及国家机密的信息进行过滤和防堵，避免机要信息泄露，避免对社会产生危害，对国家造成巨大损失；而从社会教育和意识形态角度来讲，网络上不健康的内容，会对社会的稳定和人类的发展造成影响，必须对其进行控制。

2013 年 6 月，前中情局（CIA）职员爱德华·斯诺登揭露美国国家安全局的"棱镜"窃听计划，即美国安全局和联邦调查局于 2007 年启动了一个代号为"棱镜"的秘密监控项目，直接进入美国际网络公司的中心服务器里挖掘数据、收集情报，通过网络实现对全球舆情的监控，包括微软、雅虎、谷歌、苹果等在内的 9 家网际网路巨头都参与其中。消息一公布，世界舆论随之哗然，引发全球对"棱镜门"事件的思考。

"棱镜门"事件为我们敲响了警钟，新技术发展给我国带来新的信息安全隐患，让我们重新审视我国信息安全的相关能力。透视"棱镜门"，我们可以发现，美国通过大数据等新技术获取他国情报信息的能力已经到了一个新的高度。"棱镜门"事件也让我们惊觉，美国无时无刻不在通过各种渠道、手段收集各国情报信息。

想一想："棱镜门"事件，你能想到什么？

网络安全为人民，网络安全靠人民，维护网络安全是全社会的共同责任，需要政府、企业、广大网民共同参与，共筑网络安全防线。对于政府而言，必须加强互联网治理，净化网络生态，捍卫网络安全。对于企业来说，不仅需要采取相应的网络安全防护措施，积极利用人工智能、大数据等新技术，提升网络安全态势感知能力，比如数据的异地加密备份、升级安全防御机制和体系等，还需要把网络安全提升到管理的高度上实施，然后落实到技术层次，"三分技术、七分管理"，构建一个健全的网络安全管理体系，主动承担主体责任，抵制一切有悖于网络诚信、妨碍行业发展的行为，切实履行社会责任，用求真务实之心、精益求精之心在网上发声，把互联网建设成宣传正能量、传播真善美、塑造高尚情操、弘扬社会正气的新阵地。

当前，互联网日益成为人们获取信息的主要途径，网络舆论直接或间接影响着人们的思想观念和价值取向，对于广大网民而言，应该充分认识到当前网络信息安全的严峻形势，努力学习网络安全知识，增强网络信息安全防范意识，养成网络安全防护的良好习惯，加强个人网络信息安全防护措施。

作为普通用户，网络安全从良好的意识习惯开始。自我防范意识的养成，可以有效规避绝大多数的网络安全事件。首先是个人敏感信息的保护意识，比如，在使用微博、QQ 空间、贴吧、论坛等社交软件时，尽可能避免透露或标注真实身份信息，以防不法分子盗取个人信息；在朋友圈晒照片时，不晒包含个人信息的照片，如要晒姓名、身份证号、二维码等个人信息有关的照片时，发前先进行模糊处理，防止社会工程学攻击。其次是养成良好的软硬件使用习惯，比如，对个人使用的手机和计算机进行安全设置，定时打好补丁，及时更新病毒库；关闭家用路由器的远程 Web 管理功能，及时更新路由器固件等；不访问危险网站，不随意在不明网站或 App 上进行实名认证注册，不随意接入开放 Wi-Fi，不随意扫描和点击来路不明的二维码和链接等。有了良好的网络安全意识和使用习惯，再结合可以信赖的安全软件，可以尽量将安全隐患降低到最小。

网络安全，关乎你我。"防火墙"能够勉强抵挡一些"黑客"与病毒，创建一个健康、有序、安全、具有活力、没有污染的"绿色"网络环境，更需要坚守自己的道德底线，趋利避害，牢牢把握正确舆论导向，对相关法律法规心存敬畏，坚持弘扬正能量，营造风清气正的网络空间，推进互联网真正造福社会、更好造福人民。

实施步骤

1. 搜索引擎

（1）搜索引擎是伴随互联网的发展而产生和发展的，它是万维网中的特殊站点，专门用来帮助人们查找存储在其他站点上的信息。搜索引擎能够为信息检索用户提供快速、高相关性的信息服务。利用百度查找网上的中英文搜索引擎，并列出 3 个中文搜索引擎和 3 个英文搜索引擎的名称。

搜索引擎
视频

首先在地址栏中输入百度的网址"www.baidu.com"，按回车键，进入百度搜索的首页。在搜索框内分别输入需要查询的内容"中文搜索引擎""英文搜索引擎"，按回车键，或者鼠标单击搜索框右侧的"百度一下"按钮，就可以得到相关网页内容

动一动：根据找到的信息，填写如下表格。

地区	搜索引擎名称	搜索引擎地址
中文搜索引擎		
英文搜索引擎		

（2）想了解因特网和万维网的区别，可利用百度查找相关信息，获取相关知识。在百度的搜索框中输入"因特网 万维网"，即可获得相关信息，需要注意的是，输入多个词语搜索不同字词之间要用一个空格隔开，这样可以获得更精确的搜索结果。

（3）利用百度查找网页标题包含"万维网"的信息。在百度搜索框中输入"intitle：万维网"，就会搜索出网页标题中包含"万维网"的页面。需要注意的是"intitle："和后面的关键词之间不要有空格。把查询内容范围限定在网页标题中，有时能获得良好的效果。

（4）搜索"在线课堂"相关网站。在百度中搜索"在线课堂"，查看其收录的相关网页数量，关键字分别换成"浙江在线课堂""浙江大学在线课堂"，查看并记录百度收录网站数量的变化，以及搜索结果与关键字的对应情况。

动一动：根据找到的信息，填写如下表格。

搜索引擎	关键字	收录相关网页数量	主要网站名称和网址
百度	在线课堂		
	浙江在线课堂		
	浙江大学在线课堂		

2. 文献检索

在学习与工作中，除了利用百度查找网络信息以外，常用 CNKI 中国知网进行文献检索。CNKI 是国家知识基础设施工程的简称，由清华大学、清华同方发起，

文献检索
视频

始建于 1999 年 6 月。2003 年 10 月，正式启动建设"中国知识资源总库"及 CNKI 网络资源共享平台，实现对全国各类知识资源的跨库、跨平台、跨地域的一站式检索。中国知网网址为 http://www.cnki.net，主页如图 15.9 所示。

图 15.9　中国知网

（1）首先根据需求选择数据库，在操作界面上，中国知网将其文献分成了不同的库，将常用资源（如期刊、博硕、会议、报纸等）汇聚起来，既可以在多个数据库中同时检索，也可以通过勾选标签，跳转到单个数据库进行检索，实现方便快捷找到所需文献的目的，如图 15.10 所示。

图 15.10　选择数据库

（2）设置检索条件，比如主题、作者、单位、期刊名称、关键词、摘要等条件，在文献检索框中输入要检索查找的论文关键词，如电子商务。如果不能从结果中轻松地找到自己想要的文献，那么可以在结果呈现界面中进行多次递进检索。在已有检索结果界面中，对检索参数进行改变设置，再输入一个关键词，如数字化，然后选中"结果中检索"，再搜索，如图 15.11 所示。一般情况下，完成了这几步之后，就能找到相关的文献资料了。

图 15.11　在结果中检索

（3）在页面上单击检索到的论文篇名，就会出现论文信息页界面，单击页面中如图 15.12 所示的"PDF 下载"或"HTML 阅读"按钮，可直接下载论文或在线查阅。

图 15.12　PDF 下载

（4）为了查找结果更精确，可在知网首页的搜索框右侧单击"高级检索"，打开如图 15.13 所示页面，同时可以进一步限定作者、作者单位、发表时间、更新时间、文献来源、支持基金等条件，以实现更精准的检索。目前，中文文献检索网站主要有中国知网、万方数据、百度学术等，基本能够满足一般的文献搜索需求。

图 15.13　高级检索

（5）文献抄袭检测。中国知网拥有较丰富的全文对比资源库支撑，是公认的最全的论文收录平台，查重的结果权威性更高。作为高校，通常会选择用知网对毕业论文进行查重，"中国知网"大学生论文检测系统提供针对毕业论文的专业检测服务，可快速、准确、高效地检测文献中的文字复制情况。为发现抄袭与剽窃、伪造、篡改、不当署名、一稿多投等学术不端行为提供科学、准确的线索和依据。在知网查重报告中，标黄色的文字代表这段话被判断为"引用"，标红色的文字代表这段话被判断为"涉嫌剽窃"。

项目拓展

Internet 是由世界各地的许许多多的计算机通过不同的方式连接在一起的。Internet 上的每一台独立的计算机都有唯一的地址与之对应，这就像实际生活中的门牌号码，每个房间都有一个独立的门牌号码与其他房间区分开来。这个地址就我们平时经常听说到的 IP（Internet Protocol）地址，IP 地址是由 32 位二进制数组成的，而且在 Internet 范围内是唯一的。例如，某台联在 Internet 上的计算机的 IP 地址为：

讲解视频

11010010 01001001 10001100 00000010

很明显，这些数字对于人来说不太好记忆。人们为了方便记忆，就将组成计算机的 IP 地址的 32 位二进制分成 4 段，每段 8 位，中间用小数点隔开，用点分开的每个字节的数值范围是 0～255，然后将每 8 位二进制数转换成十进制数，这样上述计算机的 IP 地址就变成了：210.73.140.2，这种书写方法叫作点数表示法。尽管如此，人们依然很难记住目标网站的 IP 地址，于是就有了域名系统，即 DNS。DNS 可将一个 IP 地址关联到一组有意义的字符上去。用户访问一个网站的时候，输入方便记忆的域名，就能访问目标网站。

以访问百度为例，其 DNS 解析如图 15.14 所示。当用户在浏览器中输入域名后，首先发给本地 DNS，如果本地 DNS 查不到，则向根 DNS（即根服务器）发出请求解析，理论上访问每个域名，浏览器都要把域名转化为对应 IP 地址的请求，最后经过根服务器引导，访问该域名所在的服务器，查询到所请求的域名，解析为目标网站的 IP，找到对应的网站，浏览相应的网页。

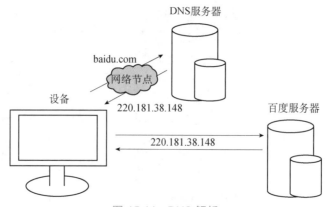

图 15.14　DNS 解析

　　通俗地讲，根服务器就是整个互联网世界的地址登记表，就像我们在现实世界中只有通过地址才能找到朋友的家，虚拟世界里必须通过根服务器才能访问入网的各类网站和设备。可以说，谁掌握了根服务器，谁就有对互联网的"最终解释权"。在 IPv4 时代，全世界根服务器只有 13 台，1 个为主根服务器在美国，其余 12 个均为辅根服务器，其中 9 个在美国，2 个在欧洲（位于英国和瑞典），1 个在亚洲（位于日本），中国本土没有一台根服务器。所有根服务器均由美国政府授权的互联网域名与号码分配机构 ICANN 统一管理，负责全球互联网域名根服务器、域名体系和 IP 地址等的管理。

　　如果将互联网比作一本书，根服务器就相当于书本的目录。当我们在计算机上访问一个网站时，这个输入网址的过程通俗地说就像是翻找目录的过程，而这个网站地址就是目录对应的页数，只有当你输入对的地址，找到了正确的页数，才能看这一页的所有内容。因此，世界对美国互联网的依赖性非常大。

　　议一议：今天，美国能否利用根服务器让中国断网？

　　随着 5G 时代的来临，移动互联网和物联网业务迅速发展，海量设备正连接入网，对 IP 地址产生更大需求，每个连接入网的设备都需要地址、需要属于自己的"门牌号"。这样信息才能进行有效传递，满足人与人、人与物及物与物之间的信息交流。

　　众所周知，32 位的 IPv4 地址总数约 43 亿个，本来，IPv4 这块"蛋糕"就不大，其中还存在严重分配不均的问题。美国拥有全球四分之三的 IPv4 地址数，大约有 30 亿个，而人口最多的亚洲只有不到 4 亿个 IPv4 地址。具体到我国，占全球 20% 的互联网用户只拥有 5% 的 IP 地址，人均拥有 0.15 个，对比之下美国的 IPv4 地址人均拥有量是 4 个，因此，我国 IP 地址紧缺的问题一直都极为突出。

2019 年 11 月 26 日起，全球 IPv4 地址正式耗尽，意味着为应对未来发展大规模物联网、工业互联网对地址的爆发式需求，IPv6 的普及成为互联网演进发展的必然趋势。所谓 IPv6（Internet Protocol Version 6），即互联网协议第 6 版，它重新定义地址空间，采用 128 位地址长度，可以提供 2^{128} 个 IP 地址。外界经常用这样的例子来形容，IPv6 的地址数量多到能给地球上每一粒沙子都分配一个地址。除了带来更多的 IP 地址外，更重要的是，随着 IPv6 技术的实施，我国在根服务器部署方面迎来了新的机会，中国在 2015 年时就启动了 IPv6 根服务器测试和运营项目——"雪人计划"，目前已经在全球 16 个国家完成了 25 台根服务器的部署，全部是由中国主导完成的，中国部署有 1 台主根服务器和 3 台辅根服务器，打破了中国过去没有根服务器的困境，这是网络时代我们跨出的坚实一步，有利于中国的网络主权和信息安全。国家相关部门预测：到 2025 年我国 IPv6 网络规模、用户规模、流量规模将位居世界第一位，网络、应用、终端全面支持 IPv6，全面完成向下一代互联网平滑演进升级。

项目小结

在今天，网络可以说无处不在，各种网络应用也将层出不穷，并将逐渐深入到社会的各个领域及人们的日常生活当中，改变着人们的工作、学习和生活乃至思维方式。通过知识技能学习，认识互联网，了解互联网的发展历程、主要应用及接入互联网方式；通过项目操作实践，掌握常见搜索引擎的使用方法，能够利用互联网获取各类信息资源，并理性参与网络生活。

记一记：写出本项目学习心得或提出自己的问题。

_____

_____

_____

_____

_____

项目练习

1. 简述互联网、因特网、万维网三者的区别。
2. 请查找我国互联网发展的最新状况。
3. 查阅相关资料，了解什么叫人肉搜索。
4. 下载 Foxmail 软件，添加设置 QQ 邮箱。
5. 列举自己喜欢的两个慕课课程及其网页链接地址。
6. 找出与自己专业（或就业倾向、兴趣）相关的 5 个网站。

项目 16 认知云计算：百度网盘应用

学习目标

知识目标：了解云计算的概念、云计算的基本架构、分布式计算和云计算的区别等，掌握云计算目前几种主流技术。

技能目标：掌握百度网盘的常用功能，如文件上传下载、共享、跨端同步、自动备份以及它们的使用方法。

思政目标：培养学生养成良好的数据分享习惯，提高学生的网络安全意识。

项目效果

本项目主要通过百度网盘的使用，增加对云计算知识的了解，项目操作的效果分别如图 16.1、图 16.2 所示。

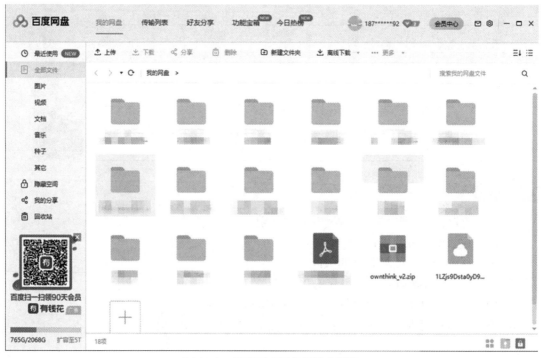

图 16.1　创建百度网盘后的实例图

图 16.2　百度网盘上传文件后

知识技能

　　本项目所涉及的知识点主要包括百度网盘软件的安装和使用，综合运用网盘软件实现文件的上传、下载和共享，实现跨端同步和备份。

16.1　什么是云计算

　　"云"实质上就是一个网络，狭义上讲，云计算就是一种提供资源的网络，使用者可以随时获取"云"上的资源，按需求量使用，并且可以看成是无限扩展的，只要按使用量付费就可以，"云"就像自来水厂一样，我们可以随时接水，并且不限量，按照自己家的用水量，付费给自来水厂就可以。云计算实现了"IT 资源能够即需即用的环境"，说得更通俗点，云服务就是"IT 资源的自动售货机"，如图 16.3 所示。

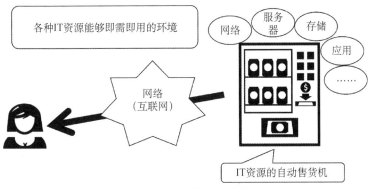

图 16.3　云计算实现功能

想一想：日常生活中有哪些地方有云计算服务的应用？

16.2　云计算的三种服务模式

IT 系统的逻辑组成分为 4 层，自下至上依次是基础设施层、平台软件层、应用软件层和数据信息层。云计算是一种新的计算资源使用模式，云端本身还是 IT 系统，所以逻辑上同样可以划分为这 4 层。低 3 层可以再划分出很多"小块"并出租出去，这有点像立体停车房，按车位大小和停车时间长短收取停车费。因此，云服务提供商出租计算资源有 3 种模式，满足云服务消费者的不同需求，分别是 IaaS、PaaS、SaaS，如图 16.4 所示。

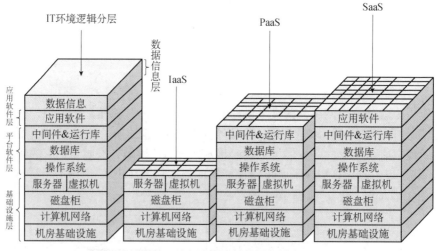

图 16.4　云计算的 3 种服务模式

云服务提供商只负责出租层及以下各层的部署、运维和管理，而租户自己负责更上层次的部署和管理，两者负责的"逻辑层"加起来刚好就是一个完整的 4 层 IT 系统（见图 16.4 最左侧）。比如有一家云服务提供商对外出租 IaaS 云计算业务，云服务提供商负责机房基础设施、计算机网络、磁盘柜和服务器/虚拟机的建设和管理，而云服务消费者自己完成操作系统、数据库、中间件和应用软件的安装和维护。另外，还要管理数据信息（如初始化、数据备份、恢复等）。再比如，另一家云服务提供商出租 PaaS 业务，那么云服务提供商负责的层数就更多了，而云服务消费者只需安装自己需要的应用软件并进行数据初始化即可。总之，云服务提供商和消费者各自管理的层数加起来就是标准的 IT 系统的逻辑层次结构。

IaaS 是"Infrastructure as a Service"的首字母缩写，意思是基础设施即服务，即把 IT 系统的基础设施层作为服务出租出去。由云服务提供商把 IT 系统的基础设施建设好，并对计算设备进行池化，然后直接对外出租硬件服务器、虚拟主机、存储或网络设施（负载均衡器、防火墙、公网 IP 地址及诸如 DNS 等基础服务）等。云服务提供商负责管理机房基础设施、计算机网络、磁盘柜、服务器和虚拟机，租户自己安装和管理操作系统、数据库、中间件、应用软件和数据信息。IaaS 云服务提供商计算租赁费用的因素包括 CPU、内存和存储的数量，一定时间内消耗的网络带宽，公网 IP 地址数量及一些其他需要的增值服务（如监控、自动伸缩等）等。

PaaS 是"Platform as a Service"的首字母缩写，意为平台即服务，即把 IT 系统的平台软件层作为服务出租出去。相比于 IaaS 云服务提供商，PaaS 云服务提供商要做的事情增加了，他们需要准备机房，布好网络，购买设备，安装操作系统、数据库和中间件，即把基础设施层和平台软件层都搭建好，然后在平台软件层上划分"小块"（习惯称为容器）并对外出租。PaaS 云服务提供商也可以从其他 IaaS 云服务提供商那里租赁计算资源，然后自己部署平台软件层。另外，为了让消费者能直接在云端开发调试程序，PaaS 云服务提供商还得安装各种开发调试工具。相反，租户要做的事情相比 IaaS 要少很多，租户只要开发和调试软件或者安装、配置和使用应用软件即可。PaaS 云服务的消费者主要包括程序开发人员、程序测试人员、软件部署人员、应用软件管理员、应用程序最终用户等。PaaS 云服务的费用计算一般根据租户中的用户数量、用户类型（如开发员、最终用户等）、资源消耗量及租期等因素计算。

SaaS 是"Software as a Service"的首字母缩写，意为软件即服务。简言之，就是软件部署在云端，让用户通过因特网来使用它，即云服务提供商把 IT 系统的应用软件层作为服务出租出去，而消费者可以使用任何云终端设备接入计算机网络，然后通过网页浏览器或者编程接口使用云端的软件。这进一步降低了租户的技术门槛，应用软件也无须自己安装了，而是直接使用软件。总之，从云服务消费者的角度来看，SaaS 云服务提供商负责 IT 系统的底三层（基础设施层、平台软件层和应用软件层）。

16.3　云计算的关键技术

云计算的关键技术主要有以下三种。

1. 虚拟化技术

云计算的虚拟化技术不同于传统的单一虚拟化，它是涵盖整个 IT 架构的，包括资源、网络、应用和桌面在内的全系统虚拟化，它的优势在于能够把所有硬件设备、软件应用和数据隔离开来，打破硬件配置、软件部署和数据分布的界限，实现 IT 架构的动态化，实现资源集中管理，使应用能够动态地使用虚拟资源和物理资源，提高系统适应需求和环境的能力。

2. 分布式数据存储技术

通过将数据存储在不同的物理设备中，能实现动态负载均衡、故障节点自动接管，具有高可靠性、高可用性、高可扩展。因为在多节点的并发执行环境中，各个节点的状态需要同步，并且在单个节点出现故障时，系统需要有效的机制保证其他节点不受影响。这种模式不仅摆脱了硬件设备的限制，同时扩展性更好，能够快速响应用户需求的变化。利用多台存储服务器分担存储负荷，利用位置服务器定位存储信息，它不但提高了系统的可靠性、可用性和存取效率，还易于扩展。

3. 资源管理技术

云计算需要对分布的、海量的数据进行处理、分析，因此，数据管理技术必需能够高效地管理大量的数据。云计算系统的平台管理技术，需要具有高效调配大量服务器资源使其更好协同工作的能力。方便地部署和开通新业务、快速发现并且恢复系统故障、通过自动化、智能化手段实现大规模系统可靠的运营是云计算平台管理技术的关键。

想一想：IaaS、PaaS 和 SaaS 的区别是什么？

实施步骤

本项目涉及多个步骤的操作，具体实施步骤介绍如下。

百度网盘
安装视频

1. 客户端的安装

（1）双击安装包，安装时选择软件安装的路径，然后单击"极速安装"按钮，如图 16.5 所示。

图 16.5　选择软件安装路径

（2）完成安装后，显示百度网盘客户端的登录界面，输入账户和密码后，单击"登录"按钮进入百度网盘，如图 16.6 所示。

图 16.6　百度网盘登录界面

（3）百度网盘使用界面，如图 16.7 所示。

图 16.7　百度网盘使用界面

2. 文件上传

（1）例如，在百度网盘根目录下，右击鼠标，执行"新建文件夹"命令，完成文件夹的创建，如图 16.8 所示。

（2）双击新建文件夹，把本地环境中任意的文件拖入该文件夹，完成文件的上传，如图 16.9 所示。

图 16.8　创建新建文件夹

图 16.9　完成文件的上传

　　注意：未完成上传的文件，将显示为一个中间状态，即文件右上角有"×"的符号，表示文件还在上传中，如图 16.10 所示。可以通过单击"传输列表"，查看文件上传的进度，如图 16.11 所示。

图 16.10　未完成上传的文件

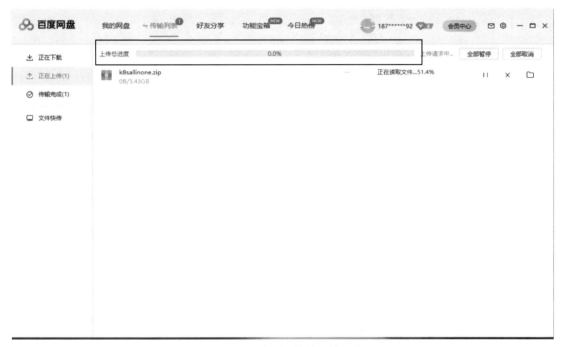

图 16.11　查看文件的上传进度

3. 文件下载

（1）选中要下载的文件，单击文件上方的"下载"按钮，如图 16.12 所示。

图 16.12　单击"下载"按钮

（2）在弹出的对话框中，设置文件下载的路径，单击"下载"按钮，如图 16.13 所示。

图 16.13　设置文件下载的路径

（3）完成文件下载以后，即可在设置的文件路径中找到所需文件。

4. 文件共享

（1）选中要分享的文件，单击文件上方的"分享"按钮，如图 16.14 所示。

图 16.14　单击"分享"按钮

（2）在弹出的对话框中，选择私密链接分享文件，把文件提取码设置为"系统随机生成提取码"，"有效期"设置为"7 天"，如图 16.15 所示。

图 16.15　设置文件分享方式

（3）完成私密链接文件设置，单击"创建链接"按钮，即可生成分享链接，如图 16.16 所示。

图 16.16　复制链接的生成

（4）把链接粘贴给其他用户，其他用户打开链接，录入提取码，单击"提取文件"按钮，如图 16.17 所示。

图 16.17　其他用户录入提取码

（5）其他用户单击"下载"按钮，把共享的资源文件存储到本地，如图 16.18 所示。

图 16.18　下载文件

动一动：请选择一种主流的公有云服务器，试着申请一个使用，并记下操作步骤。

_____

_____

_____

_____

项目拓展

云服务器 ECS（Elastic Compute Service）是一种云计算服务，它的管理方式比物理服务器更简单高效。无须提前采购投入，就可以根据业务的需要，随时创建实例、扩容磁盘或释放任意多台云服务器实例。

百度云是百度提供的公有云平台，于 2015 年正式开放运营。百度云秉承"用科技力量推动社会创新"的愿景，不断将百度在云计算、大数据、人工智能方面的技术能力向社会输出。2016 年，百度正式对外发布了"云计算+大数据+人工智能"三位一体的云计算战略。百度云推出了 40 余款高性能云计算产品，天算、天像、天工三大智能平台，分别提供智能大数据、智能多媒体、智能物联网服务。百度网盘是百度推出的一项云存储服务，是百度云的其中一个服务。

阿里云是目前使用用户最多也最广泛的云服务器，目前很多电商平台都使用阿里云的服务器。下面介绍如何申请和使用阿里云服务器。

1. 用户注册

进入阿里云服务器申请网站（http://www.aliyun.com），如果有阿里云账号，则直接登录，否则，在注册成功后进行登录操作。

2. 选择云服务器 ECS

单击页面左侧"弹性计算"，选择"云服务器 ECS"，单击"立即购买"按钮，如图 16.19 所示。

安全、稳定的云计算基础服务

弹性计算	数据库	存储与CDN	云盾（安全）
高可用、高性能、可弹性伸缩的计算服务	高性能、超安全、易运维	非结构化数据存储与网络加速	十年攻防，一朝成版
云服务器 ECS 可弹性伸缩、安全稳定、简单易用的计算服务 包年包月￥40.8/月起 了解常用配置 【立即购买】	云数据库 RDS	对象存储 OSS	Web应用防火墙
	云数据库 Redis 版	表格存储	安骑士（服务器安全）
块存储 弹性扩展的块级随机存储 立即购买	云数据库 Memcache 版	CDN	态势感知
	云数据库 MongoDB 版	归档存储	DDoS 高防 IP
专有网络 VPC 轻松构建隔离的专有网络 立即开通	数据传输	消息服务	证书服务
负载均衡 多台云服务器间流量分发 立即开通			
弹性伸缩 自动调整计算资源的服务 免费开通			

图 16.19　选择云服务器

3. 配置选型

阿里云推荐以下几种配置组合方案，能够满足大部分用户的需求。

（1）入门型：1 核 1 GB 1 MB，适用于访问量较小的个人网站初级阶段。

（2）进阶型：1 核 2 GB 1 MB，适用于流量适中的网站、简单开发环境、代码存储库等。

（3）通用型：2 核 4 GB 1 MB，能满足 90%云计算用户，适用于企业运营活动、并行计算应用、普通数据处理。

（4）理想型：4 核 8 GB 1 MB，用于对计算性能要求较高的业务，如企业运营活动、批量处理、分布式分析、应用 App 等。

4. 创建实例

登录云服务器 ECS 管理控制台账户，在左侧导航栏中单击"实例"。在实例列表页面，单击"创建实例"，进入创建页面。完成基础配置后，选择计费方式、地域和可用区，选择实例规格并设置实例数量。选择镜像类型、存储方式等，接着完成网络和安全组的设置，进行系统配置、分组设置。然后确认订单，创建实例如图 16.20 所示。

图 16.20　创建实例

议一议：如何选择性价比高的服务器？

5. 登录实例

用户可以从 Windows、Linux、Mac OS X 等操作系统登录 Linux 实例。下面介绍常用的登录服务器方式——使用管理终端登录实例。

管理终端作为一种区别于普通远程的连接工具，在普通远程工具（比如 Putty、Xshell、SecureCRT 等）无法使用的情况下，用户可以通过管理终端进入云服务器登录界面，查看服务器界面当时状态；如果用户拥有操作权限，则可以登录到服务器进行操作配置，对于有技术能力的用户解决自己遇到的问题有很大的帮助。操作步骤如下：

（1）登录云服务器管理控制台。

（2）找到要连接的实例。

（3）单击右侧的"更多"→"连接管理终端"按钮，如图 16.21 所示。

图 16.21　连接管理终端

（4）第一次使用时会提示连接密码。该提示只出现一次，以后每次登录时都需要输入该密码，请务必记下该密码。如果忘记密码，或希望使用自己熟悉的密码，单击右上角的"修改"→"管理终端密码"按钮，在打开的对话框中进行设置如图 16.22 所示。

图 16.22　"管理终端连接密码"对话框

（5）单击左上角的"发送远程"命令按钮，连接管理终端，输入连接密码。

（6）输入用户名 root 和密码。密码是创建实例时设置的密码。

Linux 实例支持 Ctrl+Alt+F1～F10 的快捷键切换，可以切换不同的终端来进行不同的操作。如果出现黑屏，则可能是因为 Linux 实例处于休眠状态，单击键盘上的任意键即可唤醒。

项目小结

通过百度网盘和 ECS 的使用，培养学生养成良好的数据分享习惯，提高学生在网络中对涉黄、涉赌、非法产品的辨别能力，提高学生的网络安全意识。

本项目主要通过对百度网盘软件的安装和使用，综合运用网盘软件实现文件的上传、下载和共享，实现跨端同步和备份等知识点；通过对 ECS 的申请，了解了 ECS 如何计费、选型、选择地域和可用区、选择服务器镜像和选择网络安全组等知识，实现了公有云主机的申请和使用。最后设置两个例子旨在加深学生对云计算服务的了解。

记一记：学习了本章节后，你觉得有哪些收获？

项目练习

1. 请简要介绍如何高效利用百度网盘，提升个人办公效率。

2. 下列哪个不是上云业务的需求特征？（　　）

A. 广泛的网络访问　　　　　　　　　　B. 按需使用服务

C. 超大的资源池　　　　　　　　　　　D. 拥有更多的固定资产

3. 下列哪个不属于云计算的主要业务类型？（　　）

A. 间断性的应用　　　　　　　　　　　B. 快速增长的应用

C. 需求突增的应用　　　　　　　　　　D. 封闭型应用

4. CDN 流量计费采用什么样的计费方式?（　　）

A. 阶梯到达　　　　　　　　　　　　　B. 月度阶梯累进

C. 时长计费　　　　　　　　　　　　　D. 包年包月

5. 云计算按照交付模式可以分为哪几个层次?（　　）

A. 基础设施即服务（IaaS）　　　　　　B. 平台即服务（PaaS）

C. 软件即服务（SaaS）　　　　　　　　D. 云即服务（CaaS）

6. 在拓展任务的基础上，对创建的 ECS 服务器进行系统盘快照备份，并基于这个快照备份创建一个自定义镜像，将这个镜像分享给你的同学。

项目 17 认知人工智能：红色地标智能识别

学习目标

知识目标：了解人工智能技术的发展现状、识别技术、应用场景。

技能目标：掌握计算机视觉包 OpenCV、神经网络和深度学习识别技术原理。

思政目标：培养学生爱国主义情感和民族自豪感，激发学生对新技术学习的自修能力。

项目效果

百度 AI 开发平台支持识别 12 万个中外著名地标、热门景点，还可使用 EasyDL 定制训练平台和地标分类标签，可广泛应用于拍照识图、幼教科普、图片分类等场景。

本项目主要利用百度 AI 开放平台中的图像技术模块，识别照片中出现的著名红色地标、景点等。项目操作的效果如图 17.1 所示。

图 17.1　红色地标识别效果图

项目操作完成，可以识别出地标为"南京大屠杀遇难同胞纪念馆"。该纪念馆是中国首批国家一级博物馆，首批全国爱国主义教育示范基地，全国重点文物保护单位，首批国家级抗战纪念设施、遗址名录，也是国际公认的"二战"期间三大惨案纪念馆之一。纪念馆区域内分布着各种当时惨烈状况的雕塑，如图 17.2 所示，本项目可以识别出以下地标均来自"南京大屠杀遇难同胞纪念馆"。

图 17.2　南京大屠杀纪念馆雕塑

知识技能

17.1　人工智能概况

人工智能（Artificial Intelligence，AI），是研究、开发用于模拟、延伸和扩展人的智能的理论、方法、技术及应用系统的一门新的技术科学。

人工智能是人类设计并在计算机环境下实现的模拟或再现某些人类智能行为的技术，是研究使计算机来模拟人类的某些思维过程和智能行为（如学习、推理、思考、规划等）的学科。人工智能研究的一个主要目标是使机器能够胜任一些通常需要人类的智慧才能完成的复杂工作。人工智能作为新一代信息技术领域的核心板块之一，已经在基础层、技术层和应用层等多方位领域中实现了应用，渗透到了我们生活中的方方面面。

人工智能的发展与机器学习方法的不断进步有着密不可分的关系，如图 17.3 所示。从 1942 年"机器人三定律"的提出之后，人工智能经历了人工智能学科的提出、专家系统的诞生、深度学习的广泛应用等历程，一直到 2016 年，围棋人工智能程序 AlphaGo 以 4∶1 的成绩战胜围棋世界冠军李世石。之后，基于深度学习的 AlphaGo 化身，再次出战，横扫棋坛，让人类见识到了人工智能的强大。

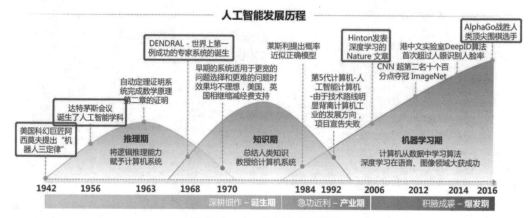

图 17.3　人工智能的发展历程

17.2　人工智能技术

人工智能是计算机科学的一个分支，它企图了解智能的实质，并生产出一种新的能以人类智能相似的方式做出反应的智能机器。该领域的研究包括计算机视觉、机器学习、自然语言处理、机器人技术和生物识别技术等。本项目的实现将采用人工智能学科中的计算机视觉和机器学习相关技术。

17.2.1　计算机视觉的发展

计算机视觉是指用计算机来模拟人的视觉机理，获取处理信息的能力，然后用摄像机和计算机代替人眼对目标进行识别、跟踪和测量，并进一步做图形处理，用计算机将图形处理成更适合人眼观察或传送给仪器检测的图像。

计算机视觉是一门关于如何运用摄像机和计算机来获取我们所需的被拍摄对象的数据与信息的学科，试图建立能够从图像或者多维数据中获取信息的人工智能系统，使计算机能像人类一样通过视觉观察和理解世界，并具有自主适应环境的能力。计算机视觉的挑战是要为计算机和机器人开发具有与人类水平相当的视觉能力。计算机视觉需要图像信号、纹理和颜色建模、几何处理和推理、物体建模等。

随着深度学习的进步、计算机存储的扩大及可视化数据集的激增，计算机视觉技术得到了迅速发展。在目标跟踪、目标检测、目标识别等领域，计算机视觉都担当着重要角色。随着人工智能技术的日益成熟，计算机视觉将蓬勃发展，适应更多应用场景，帮助各行业创造更大的价值，具体应用如图 17.4 所示。

图 17.4　计算机视觉研究领域

17.2.2　OpenCV 计算机视觉包

OpenCV 是一个基于 BSD 许可（开源）发行的跨平台计算机视觉包，于 1999 年由 Intel 建立，如今由 Willow Garage 提供支持。它可以运行在 Linux、Windows、macOS 上，轻量级而且高效，由一系列 C 语言函数和少量 C++ 类构成，同时提供了 Python、Ruby、MATLAB 等语言的接口，实现了图像处理和计算机视觉方面的很多通用算法。其覆盖了工业产品检测、医学成像、无人机飞行、无人驾驶、安防、卫星地图与电子地图拼接、信息安全、用户界面、摄像机标定、立体视觉和机器人等领域。OpenCV 框架结构如图 17.5 所示。OpenCV-Python 是 OpenCV 的 Python 版本，读者可以下载并安装使用。

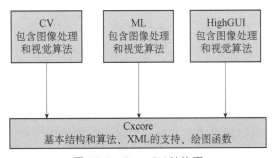

图 17.5　OpenCV 结构图

在进行物体检测时，可选择使用 Harr 分类器，用户可以直接在网上搜索别人训练好的 XML 文件，以便更快捷地进行物体检测。如果我们想自己构建分类器，比如用于识别火焰、汽车、数字、花等，同样也可以使用 OpenCV 来训练和构建。

议一议：OpenCV 中使用了哪种机器学习方法完成人脸检测？

17.2.3　机器学习

机器学习主要有人工神经网络和深度学习。人工神经网络（Artificial Neural Networks，ANN）系统是 20 世纪 40 年代后出现的。它是由众多的神经元可调的连接权值连接而成的，具有大规模并行处理、分布式信息存储、良好的自组织自学习能力等特点。BP（Back Propagation）算法又称为误差反向传播算法，是人工神经网络中的一种监督式的学习算法。

深度学习（Deep Learning，DL）是机器学习（Machine Learning，ML）领域中一个新的研究方向，它被引入机器学习使其更接近于最初的目标——人工智能。

深度学习是学习样本数据的内在规律和表示层次，这些学习过程中获得的信息对诸如文字、图像和声音等数据的解释有很大的帮助。它的最终目标是让机器能够像人一样具有分析学习能力，能够识别文字、图像和声音等数据。深度学习是一个复杂的机器学习算法，在语音和图像识别方面取得的效果，远远超过先前相关技术。

17.3　人工智能应用

人工智能应用的范围很广，包括计算机科学、金融贸易、医药、诊断、重工业、运输、远程通信、在线和电话服务、法律、科学发现、玩具和游戏、音乐等诸多方面。在各个方面的应用过程中，主要采用 BP 神经网络算法和深度学习算法来实现人工智能。

BP 神经网络是在研究人脑的奥秘中得到启发，试图用大量的处理单元（人工神经元、处理元件、电子元件等）模仿人脑神经系统工程结构和工作机理。算法在理论上可以逼近任意函数，基本的结构由非线性变化单元组成，具有很强的非线性映射能力。而且网络的中间层数、各层的处理单元数及网络的学习系数等参数可根据具体情况设定，灵活性很大，在优化、信号处理与模式识别、智能控制、故障诊断等许多领域都有着广泛的应用前景。

深度学习是机器学习的一种，而机器学习是实现人工智能的必经路径。深度学习的概念源于人工神经网络的研究，含多个隐藏层的多层感知器就是一种深度学习结构。深度学习通过组合低层特征形成更加抽象的高层表示属性类别或特征，以发现数据的分布式特征表示。研究深度学习的动机在于建立模拟人脑进行分析学习的神经网络，它模仿人脑的机制来解释数据，如图像、声音和文本等。

动一动：查阅神经网络、深度学习在图像识别领域的应用情况。

实施步骤

本项目采用百度大脑（AI 开发平台）中的图像技术功能，实现"南京大屠杀遇难同胞纪念馆"相关图片识别，具体步骤如下。

1. 收集图片

利用百度查找"南京大屠杀遇难同胞纪念馆"相关图片并下载到本地，确定图片名称，记录希望 AI 平台实现的功能，如图 17.6 所示。

实验视频

图 17.6　收集图片

2. 登录平台

在浏览器地址栏中输入以下网址：https://ai.baidu.com/tech/imagerecognition/landmark。自动登录到百度大脑（AI 开发平台）中的地标识别网站，如图 17.7 所示。

图 17.7　登录平台

3. 上传图片

单击"本地上传"按钮，打开本地图片文件夹，选择要识别的图片，如图 17.8 所示。

图 17.8　上传图片

4. 识别图片

由百度 AI 开发平台自动识别出红色地标结果。识别过程中，由平台训练模型并校验效果。通过选择部署方式与算法，用上传的数据一键训练模型。模型训练完成后，可在线校验模型效果。用户查看请求接口文档，该请求用于识别地标，即对于输入的一张图片（可正常解码，且长宽比适宜），输出图片中的红色地标识别结果，如图 17.9 所示。最后，根据训练时选择的部署方式，将模型以云端 API、设备端 SDK 等多种方式发布使用。

功能演示

图 17.9　识别图片

　　本项目的识别图片功能是由 EasyDL 利用深度学习算法进行模型训练来完成的。用户在使用人工智能算法进行图片识别的时候，只需要完成模型创建、数据上传、模型训练、模型发布的全流程可视化便捷操作，即可获得一个高精度模型，得到识别图片结果。

　　想一想：红色地标图片集识别的正确率是多少？

项目拓展

　　模式识别包括图像识别、文字识别、语音识别、车牌识别、人脸识别、信号识别等。以文字识别为例，对本项目进行拓展。利用百度 AI 开放平台中的文字识别模块，识别照片中出现的红色地标的名称。项目操作的效果如图 17.10 所示。

图 17.10　红色地标文字识别效果图

　　想一想：红色地标识别运用到哪些人工智能算法？

项目小结

通过本项目学习，学生能够了解人工智能技术的发展现状、识别技术、应用场景，掌握计算机视觉包 OpenCV、神经网络和深度学习识别技术原理，培养学生爱国主义情感和民族自豪感，激发学生对新技术学习的自修能力。

记一记：学习了本项目后，你觉得有哪些收获？

项目练习

1. 请查找人工智能发展的新技术应用场景。
2. 请准备多组红色地标图片集，统计识别正确率。
3. 请对地标进行标注，记录标注图片的识别效果。
4. 请比较百度 AI 平台与其他平台的图片识别正确率。

项目 18　认知区块链：分布式数字账本应用

学习目标

知识目标：了解哈希函数、区块组成与分布式区块链概念。

能力目标：能运用哈希算法；能分析区块组成要素与区块链的链接方式。

思政目标：培养诚实守信的品质；增强保护个人隐私与数据安全的意识。

项目效果

分布式数字账本是区块链技术的一个重要应用，这个账本由一页一页的区块构成，区块上面记录着交易信息。把这些区块按照产生的时间顺序连起来，就变成了区块链。这个账本不是只有某个人或者某个中心机构在保管和更新，而是整个网络中的所有的参与者都有一份账本并且都有更新的权利，这种去中心的特点就可以有效防止对账本信息的恶意篡改。

本项目主要利用区块链可视化演示平台进行分布式数字账本查看、记录和修改等功能的模拟试验。在试验中学习区块链相关知识，项目操作的效果分别如图 18.1、图 18.2 所示。

图 18.1　区块链试验效果图

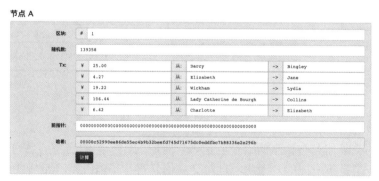

图 18.2　数字账本试验效果图

知识技能

本项目所涉及的区块链知识点主要包括区块链概述、哈希算法、区块内部组成、分布式区块链数据与区块链相关应用等。

18.1 区块链概述

区块链是一种特殊的分布式共享数据库，数据以链式结构存储并可以维持持续增长。不同于普通的数据库，区块链既没有管理员也没有中心节点，每个节点都是平等的，且都保存着整个数据库。区块链具有去中心化、开放性、信息不可篡改性的特点，目前已经在金融、能源、医疗、物联网等领域有了一些应用，随着区块链技术的快速发展，未来还将会有更多的应用落地，因此区块链技术具有非常广阔的前景。

18.2 区块链相关技术

1. 哈希算法

哈希算法广泛应用于安全加密、文件唯一标识计算、数据校验、分布式存储等方面，也是区块链技术的基础。哈希算法有一个输入值和输出值，如图 18.3 所示，输出值是根据输入内容计算得到的，称为哈希值。区块链正是通过哈希算法对一个交易区块中的交易信息进行加密计算，得到一串由数字和字母组成的字符串，即哈希值，如图 18.4 所示。

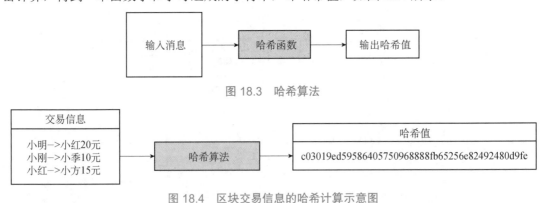

图 18.3 哈希算法

图 18.4 区块交易信息的哈希计算示意图

区块链使用的哈希算法主要有以下两个特点：

（1）输入的交易信息与输出的哈希值是一一对应的，不同的交易信息通过哈希函数计算得到的哈希值一定是不一样的，因此一旦对交易信息进行了修改，哈希值就会发生变化。

（2）计算过程是不可逆的，也就是说我们无法根据哈希值来反推出具体的交易信息，这就起到了一定的加密功能。

想一想：为什么哈希算法能检测区块记录的交易信息有没有被篡改？

2. 区块

区块是区块链的基本组成单元，其作用就是记录信息，当产生新的数据时，就会生成一个新的区块，并将新数据记录到新区块中。以数字账本为例，每个数字账本就是一条区块链，其中每个区块则记录着部分交易数据。一个区块包括两个部分：区块头和区块体。区块头中记录当前区块和上一个区块的哈希值，区块体记录当前区块的交易数据。区块头中的哈希值就相当于每个区块的唯一身份编号，各个区块通过这个编号就能找到自己的前一个区块进行连接，如图 18.5 所示。这样的链式结构可以有效防止数据篡改，原因在于如果有人修改了某个区块的数据，根据哈希算法可知这个区块的哈希值就会改变，也就是说这个区块的唯一身份编号改变了，那后续的区块就无法通过原来的编号正常进行连接。为了保证后续的区块的正常连接，必须要重新计算后续所有区块的哈希值，由于哈希值计算需要一定的时间，并且后续会不断有新的区块产生，因此这样的计算修改很难完成。

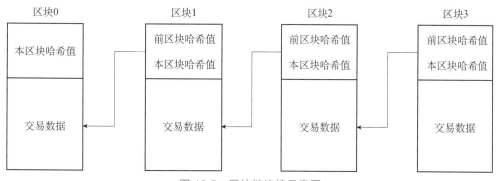

图 18.5 区块链连接示意图

想一想：区块链的链接原理是什么？

3. 分布式数据

区块链系统中，负责记录数据的是计算机，每台参与记录数据的计算机称为一个节点。每个节点拥有同样的权利，可以为区块链添加数据，且每个节点都会拥有一份完整区块链数据，因此整个区块链上的数据是公开的，所有节点都可以看到完整的数据。由于节点是分散在世界各地的，因此区块链系统天然就是分布式的。每个节点的数据一模一样，这就意味着单个节点的数据篡改是没有意义的，区块链系统会选择拥有相同数据版本较多的节点的版本作为真实数据，而篡改后的节点会被系统舍弃掉。例如，分布式数字账本，参与记账的每个节点都拥有一份账本数据，如图 18.6 所示。当某个节点记录写入新的交易数据后，这条新数据会立即在全网上公开，而其他节点就会进行数据同步，这样所有的节点就能实时地更新数据。

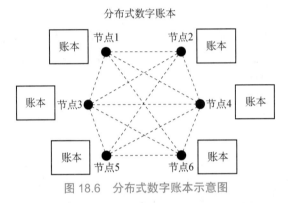

图 18.6 分布式数字账本示意图

想一想：分布式区块链中各个节点都保存了一份相同的数据，这有什么作用？

18.3 区块链相关应用

区块链作为数字时代的最前沿技术，正在积极推动数字产业化整体发展，也被国家视为具有国家战略意义的新兴产业。目前区块链技术应用已延伸到数字金融、物联网、供应链管理、医疗、虚拟货币交易等多个领域。

在金融财会领域，区块链分布式记账和数据存储允许不同地理位置的多个人员参与交易，每个参与人员的义务和责任相同，即使单个人或者节点出现问题，也不会影响整个系统的运作，极大地提高了整个系统的容错能力。集体参与和监督给每个参与的人和节点提供了同一份真实的账本副本，每一笔交易的产生和记录都需要每个节点的单独审查和验证，极大减少了会计的舞弊和差错性。同时区块链的时间戳如时间轴上的描点，往未来和过去无限延伸，再久远的数据都可以追溯和查证，加上区块链的不可篡改特性，极大保证了信息的真实性。

在供应链物流管理领域，通过集成物联网和传感器的数据，能够跟踪集装箱与温度控制和集装箱重量等多个变量，通过区块链技术实现买方、卖方和中间各环节间实时的信息共享、安全的文件传递和全方位的货物追踪。同时区块链通过其可追踪、不可篡改等特性，让端到端的供应链生产端保持透明度和可见性，有助于链条上的众多企业快速了解生产过程。

在医疗数据互通领域，目前全球的医疗数据在进行互联互通时面临各地法律法规不同的挑战，借助区块链技术，遵守相同数据法规的医疗机构可以建立联盟链，通过区块链的分布式技术实现部分医疗机构间的安全和可控的数据互联互通。

虚拟货币依靠区块链技术的发展而大量出现，在众多虚拟货币中，比特币最为大众所知，与其他法定货币不同，比特币不依靠特定货币机构发行，它依据特定算法，通过大量的计算产生，比特币的交易记录公开透明，其初衷是建立一个自由、无中心、有序的货币交易世界。虚拟货币目前仍存在很多问题，例如使用比特币进行洗钱、转移赃款、非法集资等违法用途，对社会发展造成严重影响，因此在我国政府已经全面禁止了有关虚拟货币的挖矿、交易等行为。

尽管区块链技术已经开始应用于各个行业，但目前仍然存在一些安全问题，未来需要从技术和管理上全局考虑，加强基础研究和整体防护。

议一议：根据区块链的特点，你还能想到区块链的哪些应用场景呢？

实施步骤

本项目借助区块链可演示化平台，通过查看分布式数字账本数据了解区块链如何记录交易数据；通过修改区块的交易数据、重新计算哈希值等操作，了解区块链的哈希值计算、区块链接、数据纠错等原理。具体实施步骤介绍如下。

实验视频

（1）在浏览器地址栏中输入网站"https://andersbrownworth.com/blockchain/block"，打开区块链演示平台。

（2）如图 18.7 所示，单击顶部菜单栏中"代币"菜单，进入页面，可以看到页面呈现了一个分布式数字账单，共有 A、B、C 三个节点，仔细观察各个节点的区块链记录的账本数据是否一致及各个相邻区块的哈希值有什么联系。

图 18.7　哈希值计算模拟试验图

记一记：各个节点的账本数据是否一致及各个相邻区块的哈希值关系。

_____

_____

_____

_____

_____

_____

（3）选取节点 A 的区块链账本数据，仔细观察每个区块记录的账本数据，里面包括了多条交易记录，这些数据存储在区块体中；再观察下面的两个哈希值，分别表示前一个区块的哈希值和当前区块的哈希值。修改区块 2 的一条交易数据，将第一条交易记录的金额改为 100，如图 18.8 所示，可以观察到区块 2~5 的颜色与哈希值发生了变化，说明当区块链中某个区块的交易数据发生篡改时，后续的区块会同时出现链接错误。

（4）依次单击节点 A 中区块 2~5 的"计算"按钮，重新计算每个区块的哈希值以保证区块能重新正确进行链接，计算后的区块 2 和区块 3 数据结果如图 18.9 所示，区块 4 和区块 5 数据结果如图 18.10 所示。

节点 A

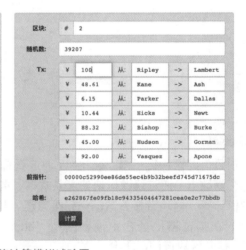

图 18.8　哈希值计算模拟试验图

节点 A

图 18.9 区块 2 和区块 3 账本数据图

图 18.10 区块 4 和区块 5 账本数据图

（5）数据纠错。观察节点 A、B、C 的账本数据，可以发现节点 A 的区块链中各区块在重新计算哈希值后虽然能正常链接，但是节点 B、C 的账本数据仍然为原来的数据，说明基于区块链的分布式账本应用中，即使篡改了一个节点的数据，网络中的其他节点仍然保存着正确的数据，而篡改掉的节点数据最终会被废弃掉。

项目拓展

区块链的去中心化可以解决中介信用问题。过去，两个互不相识的人如果要达成某种协议，则必须要依靠第三方。比如支付行为，我们需要依托于银行这样的中介信任机构才能够完成。而有了区块链技术后，因为其数据不可篡改的特点，交易双方可以在没有中介机构参与的情况下互信地完成转账行为，这样去中心化的交易方式可以节约更多的资源，使得大规模的信息交互方式成为现实，同时不用担心个人信息、交易信息的泄露。

但是区块链技术同样存在着一些挑战，比如分布式数字账本应用中，每个参与记账的节点都会保存一份完整的数据，随着账本数据的增长，会带来的信息存储、验证、容量等方面问题，同时记录的速度也会非常慢。目前有技术人员将分片技术应用于区块链项目中，此技术将交易记录分解为分片并将其分布到整个网络中，这样一来，每个网络节点都不必下载和保存整个区块链状态。通过并行化，分片技术可以显著提高交易处理速度。

项目小结

    区块链是一个分布式的共享账本和数据库，具有去中心化、不可篡改、全程留痕、可以追溯、集体维护、公开透明等特点，这些特点保证了区块链的"诚实"与"透明"，为区块链创造信任奠定基础。区块链丰富的应用场景，基本上都基于区块链能够解决信息不对称问题及实现多个主体之间的协作信任与一致行动，区块链技术奠定了坚实的"信任"基础，创造了可靠的"合作"机制，具有广阔的应用前景。

    本项目主要通过区块链可视化演示平台进行分布式数字账本的模拟试验，介绍了哈希算法、区块内部组成元素、分布式区块链等知识点，进行了分布式账本数据查看、账本数据修改、区块哈希值计算、数据纠错等操作，旨在了解区块链的基础知识，学会区块链的简单操作应用，为以后深入学习区块链技术打下基础。

    记一记：学习了本项目后，你觉得有哪些收获？

项目练习

    1. 打开区块链演示平台，单击顶部菜单栏中的"哈希"菜单，在数据输入框中输入不同交易记录，观察哈希值的变化，理解哈希算法的特点。

    2. 打开区块链演示平台，单击顶部菜单栏中的"区块链"菜单，在区块 1 数据输入框中输入一条交易记录，观察各个区块的哈希值的变化；单击各个区块的"计算"按钮，重新计算各个区块的哈希值并使区块能够重新链接。

    3. 查阅资料，分析当前区块链技术在各行业中的具体应用项目并与同学分享。

    4. 查阅资料，收集我国对于支持区块链技术发展的系列政策并分析区块链发展趋势，与同学分享自己的观点。

项目 19　认知物联网：NetAssist 网络调试助手的使用

学习目标

知识目标：了解物联网的概念和发展，熟悉物联网的应用，了解物联网的核心技术，熟悉物联网中的 TCP/UDP 协议，明白物联网网络地址的作用。

能力目标：能使用 NetAssist 网络调试助手进行网络连接调试，会设置 NetAssist 的网络调试参数，会分析解决常见网络故障。

思政目标：从协议约定出发，培养契约精神。

项目效果

现如今，随着物联网技术的不断发展，智能家居设备也走进了千家万户，极大地提高了人们生活的便利性。图 19.1 所示的是飞利浦智能照明灯的使用效果，它利用网络将手机和灯泡连接起来，通过手机给智能灯发送开灯、关灯、调亮度、改变色调等各种指令。扫描图上的二维码，可以查看智能灯的演示视频。

图 19.1　飞利浦智能照明灯

在物联网设备的开发过程中，人们需要在多个设备之间调试网络连接和网络指令收发，这就需要网络调试工具。NetAssist 网络调试助手是 Windows 平台下开发的 TCP/IP 网络调试工具，集 TCP/UDP 服务端及客户端于一体，是网络应用开发及调试工作必备的专业工具之一，可以帮助网络应用设计、开发、测试人员检查所开发的网络应用软/硬件的数据收发状况，提高开发速度，简化开发复杂度，成为 TCP/UDP 应用开发调试的得力助手。

本项目主要利用 NetAssist 进行网络模拟实验，在实验中学习物联网基础知识，项目操作的效果分别如图 19.2、图 19.3 所示。

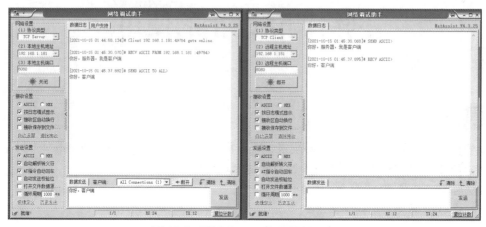

图 19.2　TCP Server 和 TCP Client

图 19.3　UDP 测试

【知识技能】

本项目所涉及的物联网知识主要包括 TCP 连接、UDP 连接，TCP 服务端和客户端数据发送和接收的地址、协议等信息的设置。

19.1　物联网技术概述

1999 年，美国 Auto-ID 首先提出"物联网"的概念，当时也叫传感网。物联网（Internet

of Things，IoT）即"万物相连的互联网"，是互联网基础上的延伸和扩展的网络，将各种信息传感设备与网络结合起来而形成的一个巨大网络，实现在任何时间、任何地点，人、机、物的互联互通。通俗地讲，物联网就是让各种设备联网，让人和物、物和物通过网络进行交互。现在流行的智能家居就是最常见的一个物联网应用。譬如，可以通过手机网络远程控制家里的小米电饭煲进行烧饭；回到家的时候，只要对着小爱机器人喊一声："小爱，请开灯！"家里的灯就自动开了；对着小爱问一句："小爱，明天天气怎么样？"小爱机器人就自动播报明天的天气。如今的智能家居系统已经比较完善，我们通过手机就能将家里的各种设备进行管理和监控，如图 19.4 所示。

图 19.4　智能家居展示

19.2　物联网体系架构介绍

物联网体系架构没有统一的标准，通常讲物联网架构分为三层：感知层、网络层和应用层，如图 19.5 所示。

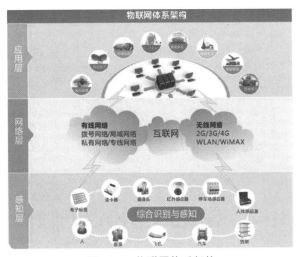

图 19.5　物联网体系架构

　　感知层犹如人的感知器官，物联网依靠感知层识别物体和采集信息。以传感器、二维码、条形码、RFID、智能装置等作为数据采集设备，并将采集到的数据通过通信子网的通信模块和延伸网络与网络层的网关交互信息。

　　网络层犹如人的大脑和中枢神经。感知层获取信息后，依靠网络层进行传输。目前网络层的主题是互联网、网络管理系统和计算平台，也包括各种异构网络、私有网络。

　　应用层是物联网和用户（包括人、组织和其他系统）的接口，能够针对不同用户、不同行业的应用，提供相应的管理平台和运行平台并与不同行业的专业知识和业务模型相结合，实现更加准确和精细的智能化信息管理。

19.3　网络协议和网络地址的概念

　　网络协议指的是计算机网络中互相通信的对等实体之间交换信息时所必须遵守的规则的集合。通俗的解释，就像我们说话用某种语言一样，在网络上的各台计算机之间也有一种语言，这就是网络协议，不同的计算机之间必须使用相同的网络协议才能进行通信。

　　设备联网以后都有一个唯一的地址与之对应，这就像实际生活中的门牌号码，每个房间都有一个独立的门牌号码与其他房间区分开来。这个地址就是我们前面学过的 IP 地址，IP 地址由 32 位二进制数组成，用十进制来表达就是 4 个 0~255 之间的数字构成一个地址，中间用"."号隔开，如 192.168.1.1 就是一个常见的网络地址。我们想要让设备联网并进行控制，至少要解决两件事情：设备的地址是什么？设备间信息传递的协议是什么？只有解决了这两个问题，设备之间才能顺畅地交互。这也是物联网程序设计的重要工作之一。因此，在物联网编程中，我们经常需要用网络测试工具来进行网络连通测试和协议指令测试，比如"NetAssist 网络调试助手"就是一个比较常见的网络调试工具。在 Windows 系统中，我们可以在命令行工具下输入"ipconfig"命令来查看本机 IP 地址。

　　议一议：日常生活中还有哪些是物联网应用的典型项目？

19.4　常见网络协议的特点

　　网络协议很多，这里简要的介绍一些我们日常生活接触到的网络协议，如表 19.1 所示。

表 19.1　常见的网络协议

协议名称	协议特点	常见用途
HTTP（HyperText Transfer Protocol），超文本传输协议	客户请求服务端响应的模式，就好像日常生活中的一问一答的场景	互联网 Web 服务，如网站
SMTP（Simple Mail Transfer Protocol），简单邮件传输协议	类似于 HTTP，SMTP 也是一个请求响应的协议，它最大的特点就是它能够在传送中接力传送邮件	网络邮箱
TCP（Transmission Control Protocol），传输控制协议	TCP 协议最大的特点就是面向连接，连接以后可以双工通信，通俗的解释就是类似于两个人打电话，拨通以后就可以一直交流	适用于要求可靠传输的应用，如文件传输
UDP（User Datagram Protocol），用户数据报协议	UDP 最大的特点就是无连接，因此一台服务机可同时向多个客户机传输相同的消息，类似于日常中的写信交流	适用于实时应用（IP 电话、视频会议、直播等）

实施步骤

　　本项目主要通过 NetAssist 工具进行设备连接测试，本测试可以让教师机当作服务器端，多台学生机当作客户端进行设备连接实验，模拟物联网设备连接的真实场景；也可以用两台学生机进行模拟，一个当服务器端，一个当客户端进行实验，实施步骤如下。

TCP 协议实验视频

　　1. TCP 协议实施步骤

　　（1）开启 TCP 服务器端。打开 NetAssist 软件，软件界面如图 19.6 所示。开启 TCP 客户端只需要三个步骤：选择"TCP Server"协议类型，设置端口，这里可以用默认的 8080 端口，单击"打开"按钮，就开启服务器端了，开启成功以后界面如图 19.7 所示。

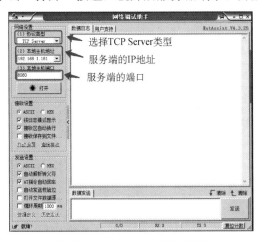

图 19.6　NetAssist 软件界面

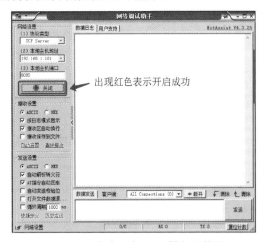

图 19.7　成功开启 TCP 服务端效果

（2）开启 TCP 客户端。打开 NetAssist 软件，协议选择"TCP Client"类型，表示选择 TCP 客户端，"远程主机地址"填写服务器端的地址，端口号要和服务器端一致，然后单击"连接"按钮，如图 19.8 所示。

（3）设置端口、数据包格式等参数。尝试修改如图 19.9 所示的这些参数，并观察效果。

图 19.8　成功开启 TCP 客户端效果

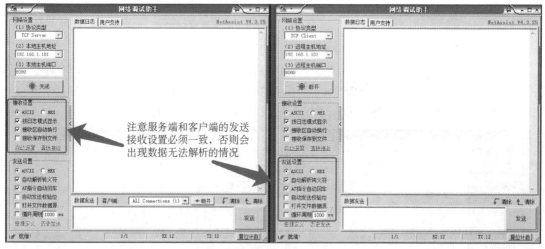

图 19.9　服务端和客户端的参数设置

（4）TCP 服务器端和客户端互相收发数据测试。两位同学分别在输入框里输入文字并单击"发送"按钮，观察对方的数据接收情况。这里我们可以自行定义一套指令来映射机器的操作，比如 001 表示开机，002 表示关机等，如图 19.10 所示。

图 19.10 TCP 服务端和客户端互相收发数据测试

2. UDP 协议实施步骤

分析 UDP 和 TCP 的异同点，模仿 TCP 协议连通性测试，进行 UDP 协议的网络连通性测试，并编写设备连接测试的步骤和过程。

UDP 协议
实验视频

由于 UDP 服务器端和客户端是同一个，因此既可以发消息又可以接消息，本示例里将开启两个 UDP 服务器端，互相收发消息。请注意，这两个服务器端的端口不能重复。具体操作步骤如下。

（1）开启 UDP 服务器端。我们开启一个 UDP 服务器端，端口号为 8080，配置如图 19.11 所示，同理我们再开启一个 UDP 服务器端，端口号为 8081。

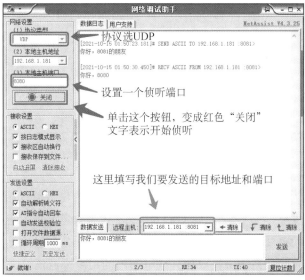

图 19.11 UDP 协议设置效果图

（2）收发消息测试。如图 19.12 所示，两台服务器端可以进行互相发送和接收消息。

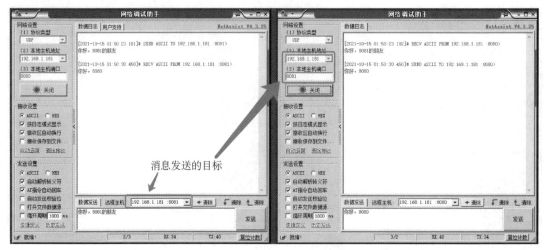

图 19.12　UDP 消息发送和接收

想一想：为什么 UDP 协议实验里没有开启客户端的步骤？

项目小结

通信协议可以被认为是一种语言，即两台或两台以上的设备可以相互交流。同时无规矩不成方圆，通信协议也要遵循一组规则，两台设备才会将有意义的信息传递给对方。在分布式系统中通信协议极为重要，相同的协议不同的部分在多个位置独立运行。系统在运行进程时可能是多样化的，因此在系统中需要保证一组通用的指令来通信。

本项目通过配置 NetAssist 软件来实现服务端和客户端的数据通信效果，旨在让学生了解物联网设备通信的原理，加深对物联网架构的理解，激发学生对物联网技术的学习兴趣。

记一记：学习了本项目，你觉得有哪些收获？

项目拓展

通过前面的练习，同学们已经掌握了通过 NetAssist 软件实现两台或者多台计算机之间的消息发送。接下来，我们可以尝试不同类型的设备之间的连接，比如计算机和手机之间的消息发送。以下就以 TCP 协议为例实现计算机和手机的互联，其中计算机作为服务端，多台手机作为客户端向服务器端计算机发送指令消息，具体操作步骤如下。

1. 开启 TCP 服务器端

我们在计算机上开启一个 TCP 服务器端，端口号为 8080，配置如图 19.13 所示。

图 19.13　计算机端的 NetAssist 软件界面

2. 安装手机端网络调试工具

由于 NetAssist 软件没有官方的手机版应用程序，所以我们只能安装第三方的网络调试工具，安卓手机推荐安装"网络调试助手"App，苹果手机建议安装"TCP&UDP 调试工具"，如图 19.14 和图 19.15 所示。

图 19.14　网络调试助手 App　　　　　图 19.15　TCP&UDP 调试工具

3. 手机连接计算机并发送消息

手机和计算机的互联本质上和计算机之间的联网是一样的，在做实验时要注意一点，手机和计算机要在同一个网络中，最简单的处理方式是让它们连接同一个局域网，比如连接同一个 WiFi 热点。图 19.16 表示手机连接计算机服务器端，并发送一条 "hello，are you ok?" 语句，图 19.17 表示计算机服务器端对手机端进行回复。

图 19.16　手机端界面

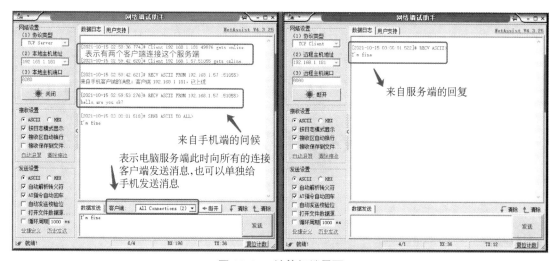

图 19.17　计算机端界面

项目练习

根据下列操作要求对"项目拓展"步骤 3 中的数据发送和接收进行数据格式的修改：

1. 修改 TCP 服务器端和客户端的收发端口为 8000。
2. 修改 TCP 服务器端和客户端的数据格式为十六进制格式，并观察数据的变化。
3. 尝试让手机和计算机以 UDP 协议进行连接，并互相发送消息。
4. 尝试让手机端作为 TCP 协议的服务器端，让多台计算机连接手机并互相发送消息。
5. 尝试让两台手机用 UDP 协议进行连接，并互相发送消息。
6. 上网查阅资料，了解端口的含义，并列举常见保留端口及用途。

项目 20　认知大数据：新冠疫情大数据可视化分析

学习目标

知识目标：了解大数据技术概念；熟悉常见数据可视化工具。

技能目标：掌握 FineBI 自助式数据分析工具的简单操作；通过可视化工具能够进行简单的数据分析。

思政目标：不仅培养学生大数据涵养与数据分析能力，而且向学生宣扬中国伟大抗疫情神，培养学生民族自信。

项目效果

疫情时期，共克时艰。在新冠疫情牵动社会人心的关键时刻，通过 FineBI 可视化工具，制作一期"全民战疫"为主题的疫情数据可视化公益活动，展示各省份疫情现状、春运迁入迁出数据、新型肺炎患者通行查询、医用物资相关等信息。围绕疫情态势展示、疫情大众科普、人口迁移分布、通行交通分析、医院门诊情况及物资等需求场景，挖掘出多源数据之间的关联关系，为夺取防控疫情的胜利贡献力量。让我们一起来看看疫情数据可视化分析效果图，如图 20.1 所示，是本项目完整的可视化分析图。因涉及数据较多，本项目实施步骤里将重点介绍开头的两个图表，带大家进行数据分析与可视化。

知识技能

20.1　认识大数据技术

大数据技术对社会生产生活中所产生的各种数据进行科学筛选，并从中快速获取具有研究价值的数据信息的一种新型产业类技术形式。在大数据技术中，大数据的采集、预处理、管理、储存、分析及应用等都是其核心技术。由此可见，对大数据处理技术而言，核心并不仅仅在于海量数据信息的处理，而是在海量数据信息中发现有价值的信息，并将其应用到特定领域。大数据技术不仅可以处理海量复杂的信息，还具备非常快的计算速度，且能够对多样化的数据进行处理。相较于网络数据的传统分析和处理技术，大数据技术的优势主要表现在以下几个方面。

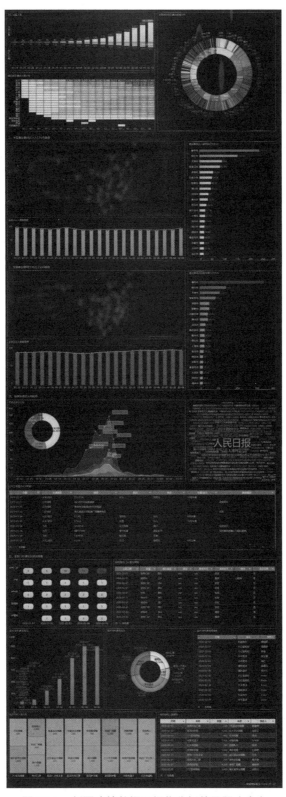

图 20.1 新冠疫情数据可视化分析效果图（全）

第一，它有庞大的数据体，其储存单位可以从 TB（太字节）直接跃升到 PB（拍字节），且这种以 PB 为单位的数据储存方式已经广泛应用到各大企业中，由此可充分证明大数据技术自身所具有的海量性特征。

第二，大数据处理技术在复杂数据信息的处理中更加适用，该技术的应用可以让复杂问题得以简化，并让信息更加直观。

第三，大数据技术可以对更多类型的数据信息进行处理，如地理位置、图片和视频等。

第四，大数据技术具有速度快和实用性等特征，可通过快速传输的方式实现数据传递与取用，可以让很多复杂数据更加便于处理，实现数据处理工作效率的显著提升。

当前，大数据处理技术已经在各行各业中得到广泛应用，而且很多国家已经将此技术和人工智能技术进行良好结合，进而充分发挥出了这两项技术的优势。从目前我国的大数据技术来看，其应用和发展都十分迅速，该技术在信息管理、企业管理、电子政务、金融、制造、科研、教育、能源等各个领域的发展与变革中都发挥出了显著优势。

议一议：说一说生活中有哪些领域用到大数据技术，请举例说明。

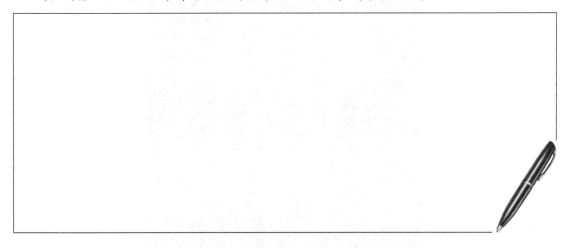

20.2　认识数据可视化工具

1989 年，Garner 的 Howard Dreser 提出了"商业智能（BI）"一词。BI 通过搜索、收集和分析业务中的累积数据，运用可视化数据分析工具，对数据进行清理、抽取、转换、呈现等分析和处理流程，进而转化为知识呈现给管理者，以支持更好的业务决策。以下是常用的数据可视化分析工具，如 Excel、FineBI、Tableau、PowerBI 等。

1. Excel 可视化分析工具

Excel 是微软 Microsoft Office 办公软件中的一款电子表格软件，是常用的可视化分析工具。Excel 通过电子表格工作簿来存储数据和分析数据。从 Excel 2016 版开始嵌入了 Power BI 系列的插件，包括 Power Query、Power Privot、Power View 和 Power Map 等数据建模和查询分析工具。Excel 可编写函数公式来清洗、处理和分析数据，通过条件格式、数据图表、迷你图、动态透视图、三维地图等方式多样化显示数据。

2. FineBI 可视化分析工具

FineBI 是帆软软件有限公司推出的一款商业智能产品，本质是通过分析企业已有的信息化数据，发现并解决问题，辅助决策。FineBI 的定位是业务人员/数据分析师自主制作仪表板，进行探索分析，以最直观快速的方式，了解自己的数据，发现数据的问题。用户只需要进行简单的拖曳操作，选择自己需要分析的字段，几秒内就可以看到数据分析结果，通过层级的收起和展开，可以迅速地了解数据的汇总情况。

3. Tableau 可视化分析工具

Tableau 也是一款具备数据可视化能力的 BI 产品，可以在本地运行 Tableau Deskop，也可以选择公共云或通过 Tableau 托管。与 FineBI 相同，Tableau 的定位也是敏捷和自助式分析工具，它能够根据用户的业务需求对报表进行迁移和开发，实现业务分析人员独立自助、简单快速地以界面拖曳式的操作方式对业务数据进行联机分析处理、即时查询等功能。

4. PowerBI 可视化分析工具

PowerBI 是微软推出的一款数据分析和可视化工具，它能实现数据分析的所有流程，包括对数据的获取、清洗、建模和可视化展示，从而帮助个人或企业来对数据进行分析，用数据驱动业务，做出正确的决策。PowerBI 简单且快速，可以连接多种数据源，通过实时仪表板和报告将数据变为现实，把复杂的数据转化成简洁的视图，并在整个组织中共享洞察，或将其嵌入到应用或网站中。PowerBI 也可进行丰富的建模和实时分析及自定义开发，因此它既是用户的个人报表和可视化工具，又可用作组项目、部门或整个企业背后的分析和决策引擎。

想一想：你还知道哪些数据可视化工具？

20.3　认识 FineBI 可视化分析工具

20.3.1　安装 FineBI

FineBI 支持安装在 Windows、Linux 和 mac OS 三大主流操作系统上，其中 Windows 操作

系统仅支持 64 位版本安装包。FineBI 支持移动端应用，包括在手机、平板等移动数字终端设备上进行数据可视化操作。

FineBI 软件在本地计算机上以"浏览器/服务器"（B/S）形式安装和运行，数据用户不需要预装软件，也不受终端操作系统的限制。通过官网（https://www.finebi.com/）单击页面上的"免费试用"按钮，如图 20.2 所示。

图 20.2　FineBI 官网

可以通过手机验证码登录免费试用，登录后会跳转到如图 20.3 所示的页面。

图 20.3　产品试用界面

单击"复制"按钮复制激活码，并单击"立即下载 FineBI"，会跳转到如图 20.4 所示的软件下载页面。根据自身需要，下载计算机适合的软件版本即可。

图 20.4　FineBI 下载页面

安装成功后，可以通过双击桌面上的快捷图标，启动 FineBI。然后输入上面复制的激活码，如果之前忘记复制了，那么也可以单击"点击获取激活码"重新获取，最后单击"使用BI"，如图 20.5 所示。

图 20.5　FineBI 激活页面

设置账户名和密码，然后单击"下一步"，跳转到登录页面，如图 20.6 所示。

图 20.6　FineBI 登录页面

20.3.2　认识 FineBI 操作界面

FineBI 数据决策系统的主界面如图 20.7 所示。主界面分为菜单栏、目录栏、资源导航栏及右上角的消息提醒与账号设置 4 个区域。

图 20.7　FineBI 数据决策平台主界面

1. 菜单栏

菜单栏设有"目录""仪表板""数据准备""管理系统"和"创建"等 5 项功能菜单。打开 FineBI 后默认选中"目录"菜单，并在右侧展示对应的目录栏。

"仪表板"菜单用于前端的分析，作为面布成容器，可供业务员创建可视化图表进行数据分析。

"数据准备"菜单用于管理员从数据库获取数据到系统并准备数据，业务员进行数据再加工处理，可对业务包、数据表、自助数据集等资源进行管理。

"管理系统"菜单为管理员提供数据决策系统管理功能，支持目录、用户、外观、权限等的管理配置。

"创建"菜单可以让用户快捷新建数据连接、添加数据库表、添加 SQL 数据集、添加 Excel 数据集、添加自助数据集、新建仪表板。

2. 目录栏

目录栏可单击展开或者收起，展开后显示模板目录，选择对应模板单击后即可查看。FineBI 在展开的目录栏的上方提供了收藏夹、搜索模板、固定目录栏等功能选项。

3. 资源导航

资源导航区提供了 FineBI 的产品介绍和入门教程等资源入口，供用户参考，学习使用。

4. 消息提醒和账号设置

消息提醒会提示用户系统通知的消息，账号设置可以修改当前账号的密码，也可以退出当前账号返回 FineBI 登录界面。

20.3.3　体验 FineBI 可视化基本流程

按照数据的处理流程和操作角色的不同，使用 FineBI 进行数据分析与可视化可以分为数据准备、数据加工、可视化分析三个阶段，其中每个阶段又可以作为独立的一环，前一阶段的输出可以作为下一阶段的输入。另外，FineBI 针对企业级应用提供了系统管理功能，用于管理用户、权限等。每个阶段面向的操作对象和具体流程如图 20.8 所示。

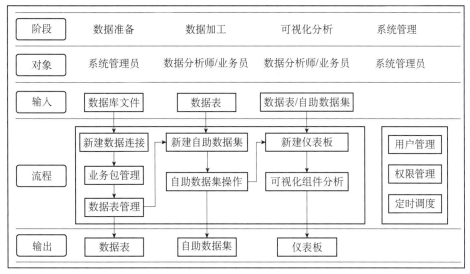

图 20.8 FineBI 使用流程

1. 数据准备

通常来说，企业中的数据主要存储在各类数据库中。数据准备旨在建立 FineBI 和业务数据库之间的连接，并对数据进行分类管理和基础配置，为数据加工和数据可视化分析搭建好桥梁。FineBI 的数据准备过程包括新建数据连接、业务包管理和数据表管理。

（1）新建数据连接。FineBI 提供了各类数据库的连接接口，并且支持自定义数据库连接。系统管理员通过如图 20.9 所示的入口，单击"新建数据连接"按钮后，选择数据库类型，填写对应的数据库信息，即可创建 FineBI 数据决策系统与所选数据库的连接。

（2）业务包管理。FineBI 提供了各类数据库的连接接口，并且支持自定义数据库连接。系统管理员通过如图 20.9 所示的入口，单击"新建数据连接"按钮后，选择数据库类型，填写对应的数据库信息，即可创建 FineBI 数据决策系统与所选数据库的连接。

图 20.9 新建数据连接

（3）数据表管理。数据表管理是指在业务包中添加已有数据连接中的数据库表或上传 Excel 数据表，并且对数据表进行编辑、关联配置、血缘分析等操作。如图 20.10 所示为数据表管理界面。

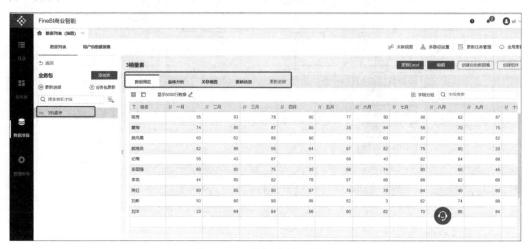

图 20.10　数据表管理界面

2. 数据加工

一般情况下，仅通过原始数据表并不能直接得到想要的数据结果，还需要对数据进行相应的加工处理。针对数据加工处理的需求，FineBI 重点打造了自助数据集功能，用于将基础数据表加工处理成后续可视化分析所需的数据集。数据加工过程包括新建自助数据集和自助数据集操作。

（1）新建自助数据集。业务人员通过创建自助数据集对管理员已创建的数据表进行字段的选择，并提供数据再加工处理等操作，保存以供后续前端分析。进入 FineBI 某一业务包，在数据表管理界面单击"添加表"按钮，选择"自助数据集"选项即可向该业务包中添加自助数据集，如图 20.11 所示。另外，也可以在"创建"菜单中快捷添加自助数据集。

图 20.11　添加自助数据集

（2）自助数据集操作。新建自助数据集后，第一步便是根据自身的需求选择数据表字段。完成后可以对自助数据集进行一系列的基础管理，并且可以对自助数据集中的数据进行加工，包括过滤、新增列、分组汇总、排序、合并等。

3. 可视化分析

FineBI 中的数据可视化分析是通过可视化组件和仪表板来实现的。因此，FineBI 提供了仪表板工作区和可视化组件工作区，作为数据分析和可视化展示的区域。相应地，FineBI 的可视化分析阶段包含新建仪表板和可视化组件分析两个步骤。

（1）新建仪表板。仪表板是图表、表格等可视化组件的容器，能够满足用户在一张仪表板中同时查看多张图表，将多个可视化组件放到一起进行多角度交互分析的需求。

仪表板工作区用于设计仪表板的组件排版和样式属性等。如图 20.12 所示，进入 FineBI 数据决策平台，打开左侧"仪表板"菜单，再单击"新建仪表板"按钮，设置仪表板名称和位置后单击"确定"按钮，进入如图 20.13 所示的仪表板工作区界面。

图 20.12　新建仪表板

图 20.13　仪表板工作区界面

仪表板工作区分为组件管理栏、菜单栏和组件展示与排版三个区域。组件管理栏用于向仪表板中添加可视化组件，包括图表组件、过滤组件和展示组件，还可以在仪表板中复用已有的组件。菜单栏用于移动、导出及调整仪表板样式等。组件展示与排版区域则用于显示当前仪表板中已经添加的可视化组件（空白仪表板仅在中间位置设置了"添加组件"按钮），用户可以在这个区域对组件进行排版和一些调整操作。

（2）可视化组件分析。可视化组件是在 FineBI 中进行数据可视化分析的展示工具，通过添加来自数据表的维度、指标字段，使用各种表格和图表类型来展示多维数据可视化分析的结果。可视化组件工作区用于可视化组件的设置，包括类型、维度和指标、属性、样式等。

仪表板和可视化组件间通过数据表形成连接，用户可以在仪表板工作区单击"组件"按钮进入可视化组件工作区，也可以在数据表管理界面单击"添加组件"按钮进入。可视化组件工作区如图 20.14 所示，我们可以看到它被划分为 6 个区域，分别是待分析维度、待分析指标、图表类型、属性/样式面板、横纵轴和图表预览区域。

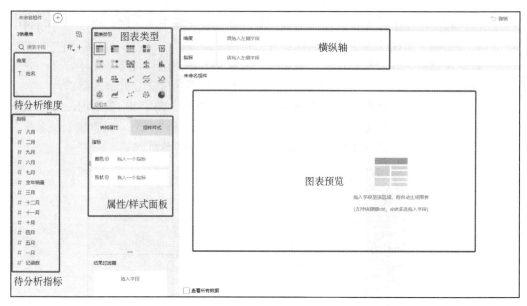

图 20.14　可视化组件工作区

"待分析维度"和"待分析指标"区域用于存放所选数据表的各个字段，FineBI 会自动识别维度和指标字段并显示在对应区域下。

"图表类型"区域用于选择可视化图表的类型。

"横纵轴"区域用于选择图表中所需要分析的数据字段，从"待分析维度"和"待分析指标"区域中拖入即可，当"图表类型"选择表格时，该区域显示为"维度/指标"。

"图表预览"区域用来展示可视化分析结果，结果随用户操作进行相应的调整。"属性/样式面板"区域用于调整图表组件的属性和样式参数。

实施步骤

1. 可视化数据的准备

使用数据包"新冠疫情分析数据包"中的"疫情信息""新型肺炎患者同行查询""春运迁出数据""春运迁入数据""医院物品出库""医院物品入库""医院疫情上报"7 个 Excel 数据集。

数据准备

2. 分析思路

从以下 5 个方面进行分析：全国疫情分布及趋势；全国春运期间迁入人口分布趋势；全国春运期间迁出人口分布趋势；受感染途径分布趋势；医院门诊及物资看板。

注：本项目因数据表比较多，这里以"全国疫情分布及趋势"为例，通过 FineBI 可视化工具进行数据分析与可视化图表制作。

3. 操作步骤

（1）数据准备。新建一个业务包，并命名为"新冠疫情分析"（建议以操作内容命名）。然后单击"添加表"，选择"Excel 数据集"，分别如图 20.15、图 20.16 所示。

图 20.15　添加业务数据包

图 20.16　添加表

将"疫情信息""新型肺炎患者同行查询""春运迁出数据""春运迁入数据""医院物品出库""医院物品入库""医院疫情上报"7 个 Excel 数据集导入。这里以"疫情信息"为例，如图 20.17 和图 20.18 所示。

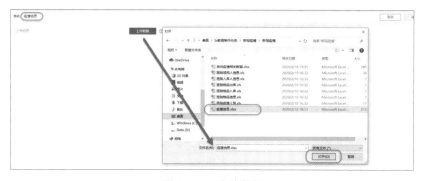

图 20.17　上传数据

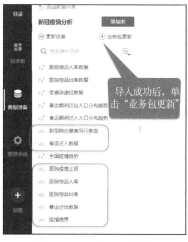

图 20.18　业务包更新

添加一个自助数据集，命名为"全国疫情趋势"，如图 20.19 所示。然后使用"疫情信息"Excel 数据表（字段全选）添加字段，如图 20.20 所示。

① 分组汇总。按照"PN""CN""日期（年月日）"三个维度进行分组，将"CityConfirm""CityDead""CityHeal"三个指标进行汇总，如图 20.21 所示。

② 过滤。为了使数据更加准确，清理掉"PN"为空的数据，如图 20.22 所示。

图 20.19　添加自助数据集

图 20.20　添加字段

图 20.21　分类汇总

图 20.22　过滤空数据

操作完成，保存并退出。

注：其他数据表也做以上类似操作，这里不再赘述。

动一动：根据以上"全国疫情趋势"自助数据集的制作步骤，请动手操作"春运期间迁出人口分布趋势"自助数据集的制作。

_____

_____

_____

_____

_____

（2）仪表板制作。新建一个仪表板，命名为"新冠疫情分析"，如图 20.23 所示。设置仪表板样式，如图 20.24 所示。标题背景设置为"透明"，组件背景设置为"透明"，如图 20.25 所示。

仪表板制作

图 20.23　新建仪表板

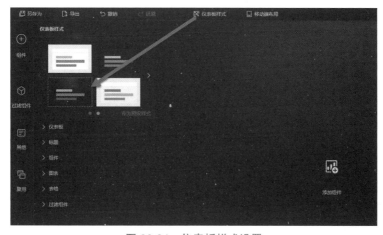

图 20.24　仪表板样式设置

图 20.25　标题组件背景颜色设置

全国疫情分
布表制作

　　添加一个文本组件，输入文本"新型冠状病毒感染疫情分析——Power By FineBi 5.1"；并调整文本样式，如图 20.26 所示。

图 20.26　标题组件设置

　　动一动：根据以上仪表板操作步骤，请创建一个你需要的仪表板。

　　（3）数据可视化分析。以步骤（1）数据准备中的"全国疫情趋势"自助数据集为载体，做"全国疫情分布表"和"全国确诊分布地图"可视化分析。

① 全国疫情分布表。首先，添加一个组件，使用第（1）步中的"全国疫情趋势"自助数据集，如图 20.27 所示。

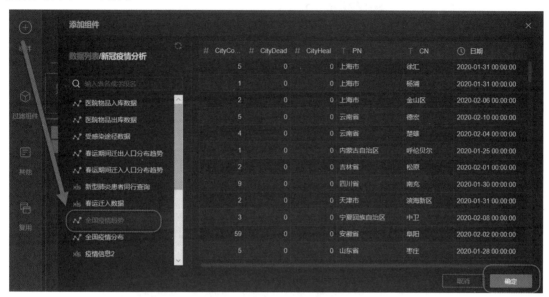

图 20.27　使用"全国疫情趋势"

图表类型选择"交叉表"，将"PN"拖入"行维度"，将"CityConfirm""CityDeal""CityHeal"拖入"指标"，将"日期"拖入"结果过滤器"，并添加过滤条件，筛选出 2020-02-10 这天数据，结果如图 20.28 所示。

在"组件样式"面板中，设置合计列"位置"位于"顶部"，如图 20.29 所示。

修改显示名，将维度"PN"修改为"地区"；将"CityConfirm""CityDeal""CityHeal"分别修改为"确诊""死亡""治愈"，如图 20.30 所示。

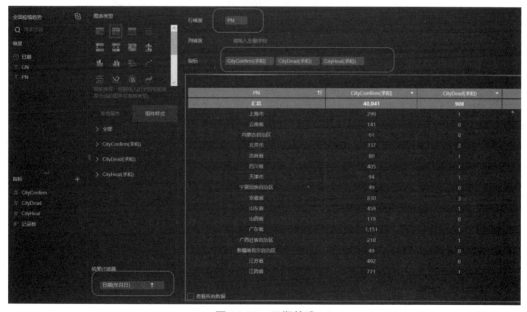

图 20.28　日期筛选

图 20.29　组件样式设置

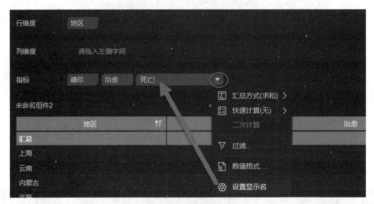

图 20.30　修改显示名

将"地区"按照"确诊"人数降序排列，如图 20.31 所示。

PN	确诊	死亡	治愈
汇总	40,041	升序	3,342
湖北省	29,631	降序	1,795
广东省	1,151	不排序　降序	148
浙江省	1,092		213
河南省	1,073	过滤	170
湖南省	879	1	201
安徽省	830	3	86
江西省	771	1	102
江苏省	492	0	80
重庆市	468	2	51
山东省	459	1	63

图 20.31　按地区排序

在组件样式中，隐藏标题，上传组件背景，如图 20.32 所示。

最后进入仪表板调整大小、位置。全国疫情可视化分布数据如图 20.33 所示。

图 20.32 组件样式

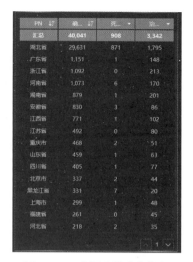

图 20.33 全国疫情分布数据

② 全国确诊分布地图。添加一个组件,使用"全国疫情分布"自助数据集,将"PN"转化为"地理角色(省/市/自治区)",如图 20.34、图 20.35 所示。

全国确诊分布地图制作

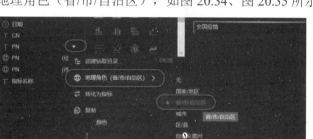

图 20.34 地理角色选择

图 20.35 地理角色匹配结果

将经度、纬度分别拖入横纵轴;图表类型选择"区域地图";图形属性选择"填充地图";

将"CityConfirm"拖入"颜色"和"标签"中;将"日期"拖入"结果过滤器"中,并添加过滤条件,筛选出 2020-02-10 一天,如图 20.36 所示。接着调整颜色,如图 20.37 所示。

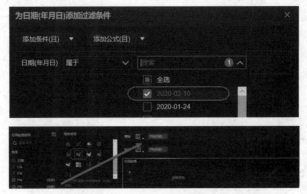

图 20.36　经度纬度设置

图 20.37　颜色设置

接着在组件样式中,编辑标题内容为"全国疫情",隐藏图例,上传组件背景,自适应显示选择整体适应,如图 20.38 所示。

图 20.38　样式设置

最后,进入仪表板调整大小、位置,得到全国确诊分布地图。

动一动:使用"全国疫情趋势"自助数据集,根据以上两个分析项目,请动手制作全国累计确诊趋势图。

通过"全国疫情分布及趋势"可视化分析，最终得到效果图中的前面部分。由于数据较多，故不再赘述，大家可以根据上面操作步骤，自己动手操作，以完成所有效果图的展示。

项目拓展

FineBI 是一款能够支持自助分析的数据可视化分析软件，相比于过去传统的数据分析模式，有其不可替代的优势。首先，业务人员获得分析主导权，分析灵活性和时效性大大提高；重复冗余的工作流程得到优化；数据嗅觉和数据分析思维得到进一步培养。其次，信息部回归自身航道，不再沦为取数机，降低整体部门压力，减少无效沟通；聚焦发展方向，加速企业信息化迭代进程。再者，业务发展获得更多机会；业务决策有数据支撑；业务迭代变得更加敏捷；为新业务提供更多人才储备。最后，企业能够加速发展；培养员工的自主创新的氛围；优化人员组织结构；提高数据资产利用率，让数据来降本增效。

那么 FineBI 如何支撑自助分析的呢？首先，FineBI 支撑用户即时通过数据分析来解决问题。

（1）业务需求为方向：根据不同部门的业务需求，可对数据进行针对化处理，用以达成各个部门的不同用途，处理各方面的业务。

（2）自由探索分析：相较于固定报表、Excel，能够对不同数据、不同图表做探索性分析，有针对性地处理不同事务。

（3）便捷数据处理：较之代码、SQL 处理与人工 Excel 计算，封装好的 ETL 功能更便捷、更易上手、更能满足数据处理需求。

（4）复用性高：周报月报只需要做一次，数据自动化更新。数据、图表可复用，不需要重复提数，做图表。

其次，可以使用 FineBI 链条，如图 20.39 所示。

数据准备	数据处理	数据分析	数据共享
业务系统数据库	自助数据集	固定式报表开发	公共分享
数据快捷关联	前端快速计算	即时性分析	私密分享
数据分发与管理	前端指标公式	探索式分析	目录挂出

图 20.39 FineBI 链条

再者，FineBI 拥有自助分析典型场景，如图 20.40 所示。

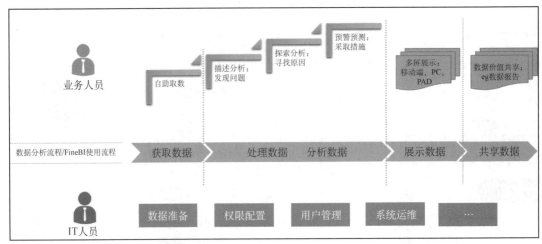

图 20.40　FineBI 自主分析典型场景

问一问：针对 FineBI 的用法，通过自己的练习，是否还有其他的疑问？

项目小结

首先，本项目以认识大数据技术入手，培养学生大数据涵养；其次，介绍了目前常用的可视化工具；最后，认识 FineBI 可视化工具的安装、界面、可视化操作的基本流程，能够使用 FineBI 工具进行自助式数据分析，直观展示数据分析成果。项目借助 FineBI 自助式可视化工具，通过新冠疫情数据的部分可视化分析，希望读者能够明白可视化工具在大数据中的应用。

记一记：学习了本项目后，你觉得有哪些收获呢？

项目练习

通过示例数据连接 FRDemo（FineBI 自带的数据连接），完成以下操作。

1. 通过示例数据连接，选择"FRDemo_s 订单明细"表，创建新字段"运输天数"，其计算公式为运输天数-到货日期-发货日期。

2. 通过示例数据连接，创建自助数据集"客户订购"，"FRDemo_S 订单明细"表与"FRDemo_S 客户"表按"客户 ID"进行关联，"客户订购"数据集中包括"订单 ID""客户 ID""客户名称""运费"等字段。

3. 根据"客户订购"数据集，按"客户 ID"进行分类汇总，计算各客户的"平均运货费"，要求显示"客户 ID""客户名称""平均运费（可通过字段设置）"字段。

4. 对"FRDemo_S 产品""FRDemo_S 类别"表进行关联视图设置，通过"类别 ID"进行关联，要求分类汇总中显示"类别 ID""类别名称""产品数量"字段。

5. 确认"FRDemo_S 产品""FRDemo_S 类别""FRDemo_订单明细"表之间进行的关联，分类汇总计算每类别产品的销售数据、销售金额，汇总结果要求按"类别 ID"进行升序排序。

信息素养

信息素养篇主要介绍信息社会信息素养概念、要素、信息技术发展、信息伦理等知识。该篇通过项目 21 "信息素养分析"，让学生挖掘企业信息技术发展变革过程中蕴含的信息素养元素，培养学生信息搜集能力、信息分析能力、良好信息素养和职业操守。

项目 21　信息素养分析

学习目标

　　知识目标：了解信息素养概念，明白信息素养主要要素，了解信息技术发展过程，体会信息伦理的重要性。

　　能力目标：能快速准确收集信息，能进行有效的信息分析处理。

　　思政目标：培养学生具备良好信息素养和职业操守。

项目效果

　　现代社会是个高效信息时代，创新型信息技术为每个组织提供了变革的技术支撑与动力。本项目以微软（Microsoft）公司的重大变革历程为例进行分析，通过调查、收集、整理微软公司发展历程中重大里程碑事件（见图 21.1），分析、探讨微软公司发展历程中所蕴含的强大信息素养。

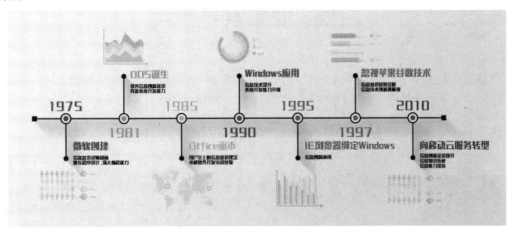

图 21.1　微软重大里程碑及信息素养分析

知识技能

21.1　信息素养

　　信息素养（Information Literacy）概念是信息产业协会主席保罗·泽考斯基于 1974 年在

美国提出的。简单的定义来自 1989 年美国图书协会（American Library Association，ALA），它包括文化素养、信息意识和信息技能三个层面，即能够判断什么时候需要信息，并且懂得如何去获取信息，如何去评价和有效利用所需的信息。

信息素养的本质是全球信息化需要人们具备的一种对信息社会的基本适应能力。美国教育技术 CEO 论坛 2001 年第 4 季度报告提出 21 世纪的能力素质，包括基本学习技能（指读、写、算）、信息素养、创新思维能力、人际交往与合作精神、实践能力。信息素养是其中一个方面，它涉及信息的意识、信息的能力和信息的应用。

信息素养涉及各方面的知识，是一个特殊的、涵盖面很宽的一种综合能力，它包含人文的、技术的、经济的、法律的诸多因素，和许多学科有着紧密的联系。信息素养要求具备了解、搜集、评估和利用信息的知识和技能，既需要熟练运用信息技术的能力，也需要较强的调查、鉴别和推理能力。信息素养是一种信息能力，信息技术是它的一种工具。

1992 年，Doyle 在《信息素养全美论坛的终结报告》中将信息素养定义为：一个具有信息素养的人，他能够认识到精确的和完整的信息是做出合理决策的基础，确定对信息的需求，形成基于信息需求的问题，确定潜在的信息源，制定成功的检索方案，从包括基于计算机和其他信息源获取信息、评价信息、组织信息于实际的应用，将新信息与原有的知识体系进行融合以及在批判性思考和问题解决的过程中使用信息。

21.2 信息素养要素

信息素养包括 4 个方面要素：信息意识、信息能力、信息知识和信息道德。

1. 信息意识

信息意识是指对信息及其产生的问题的敏感程度，是对信息的捕捉、分析、判断和吸收的自觉程度。看一个人有没有信息素养、有多高的信息素养，首先要看其有没有信息意识，信息意识有多强。也就是说，碰到一个实际问题，他能不能想到用信息技术去解决。

2. 信息能力

信息能力是指运用信息知识、技术和工具解决信息问题的能力。它包括信息的基本概念和原理等知识的理解和掌握、信息资源的收集整理与管理、信息技术及其工具的选择和使用、信息处理过程的设计等能力。

发现信息、捕获信息，想到用信息技术去解决问题，是信息意识的表现。但能不能采取适当的方式方法，选择适合的信息技术及工具，通过恰当的途径去解决问题，则要看有没有信息能力了。

想一想：你擅长应用哪些信息工具？

3. 信息知识

信息知识的内容包括传统文化素养、信息理论知识、现代信息技术。

传统文化素养包括读、写、算的能力。尽管进入信息时代之后，读、写、算方式产生了巨大的变革，被赋予了新的含义，但传统的读、写、算能力仍然是人们文化素养的基础。信息素养是传统文化素养的延伸和拓展。在信息时代，必须具备快速阅读的能力，这样才能有效地在各种各样、成千上万的信息中获取有价值的信息。美国前总统克林顿在 1997 年 2 月国情咨文演说中提出的美国教育在 2000 年应达到的 4 个目标之一，就是让每一个 8 岁的儿童能阅读。很难设想，一个人连基本的读、写、算能力都不具备，怎么会有敏锐的信息意识和很强的信息能力，他怎样步入信息时代接受计算机互联网中的信息呢？

信息理论知识包括信息的基本概念、信息处理的方法与原则、信息的社会文化特征等。有了对信息本身的认知，就能更好地辨别信息，获取、利用信息。信息知识是信息素养教育的基础，包括信息的理论知识，对信息、信息化的性质、信息化社会及其对人类影响的认识和理解，信息的方法与原则（如信息分析综合法、系统整体优化法等）。

现代信息技术知识包括信息技术的原理（如计算机原理、网络原理等）、信息技术的作用、信息技术的发展及其未来等。现阶段，物联网、人工智能、区块链、大数据等现代信系技术越来越融于人们的生活实践中，带来生活的诸多便捷，提高了工作效率。

4. 信息道德

信息技术特别是网络技术的迅猛发展，给人们的生活、学习和工作方式带来了根本性变革，同时也引出许多新问题，如个人信息隐私权、软件知识产权、软件使用者权益、网络信息传播、网络黑客等。针对这些信息问题，出现了调整人们之间以及个人和社会之间信息关系的行为规范，这就形成了信息伦理。能不能在利用信息能力解决实际问题的过程中遵守信息伦理，体现了一个人信息道德水平的高低。

简言之，信息意识决定一个人是否能够想到用信息和信息技术；信息能力决定能不能把想到的做到、做好；信息道德决定在做的过程中能不能遵守信息道德规范、合乎信息伦理。

信息能力是信息素养的核心和基本内容，信息意识是信息能力的基础和前提，并渗透到信息能力的全过程。只有具有强烈的信息意识，才能激发信息能力的提高。信息能力的提升，也促进了人们对信息及信息技术作用和价值的认识，进一步增强了应用信息的意识。信息道德则是信息意识和信息能力正确应用的保证，它关系到信息社会的稳定和健康发展。

21.3　信息技术的发展

信息技术的发展历史悠久，其历程分以下 5 个阶段。

第一阶段：语言时代。距今 35000～50000 年前，语言成为人类进行思想交流和信息传播不可缺少的工具，这是信息技术发展第一阶段的主要特征。

第二阶段：文字时代。大约在公元前 3500 年，出现了文字，文字的出现和使用，使人类对信息的保存和传播取得重大突破，较大地超越了时间和地域的局限，这是信息技术发展第二阶段的主要特征。

第三阶段：印刷术时代。在公元 1040 年左右，开始有活字印刷术，至 15 世纪进入臻于完善的近代印刷术时代。印刷术的发明和使用，使书籍、报刊成为重要的信息储存和传播的媒体。

第四阶段：电磁波时代。1837 年美国人莫尔斯研制了世界上第一台有线电报机。1844 年5 月 24 日，人类历史上的第一份电报从美国国会大厦传送到了 40 英里外的巴尔的摩城。1864年英国著名物理学家麦克斯韦发表了一篇论文《电与磁》，预言了电磁波的存在。1876 年 3 月10 日，美国人贝尔用自制的电话同他的助手通了话。1895 年俄国人波波夫和意大利人马可尼分别成功地进行了无线电通信实验。1894 年电影问世。1925 年英国首次播映电视。电话、广播、电视的使用使人类进入利用电磁波传播信息的时代。

第五阶段：网络时代。随着 1946 年电子计算机的问世开始，计算机逐渐普及应用，20 世纪 60 年代，随着互联网开始使用，计算机与网络有机结合，逐步步入网络时代。

下面以 HUAWEI 为国内信息创新企业代表分析创新信息技术企业发展历程。

华为的奋斗史体现了一家高科技企业全生命周期所经历的四大阶段：产品定位期（聚焦于"做成"）、市场复制期（聚焦于"做大"）、管理规范期（聚焦于"做强"）、生态联动期（聚焦于"做久"）。而在这 4 个阶段，每个阶段都有异于一般企业的做法去迎接和应对变化，值得每个企业认真了解，并结合自己的情况在未来走上变革之路。

1. 产品定位期（1987—1994 年）

产品定位期，企业创始人需要亲自关心产品的研发工作。现在很多创业企业的领导层都深刻理解产品对于一个企业的重要性，会花很多时间和精力与团队共同研究。而很多传统企业转型时，领导层对产品的关注程度就相对弱些。实际上转型也是一种再创业，此时产品也会决定企业未来转型成功与否。因此，领导层都应该亲自关心产品的研发工作，打造出过硬的产品，保证转型的成功。

华为产品定位期的激励机制保证了这一时期的稳妥过渡。华为员工持股计划，虽然初衷不是激励员工，而是内部融资，但是却真正地激励了员工。激励措施是一个企业创始人无论在什么阶段都应该深度思考的问题。很多企业负责人不懂激励，始终还停留在泰勒科学管理时期，把惩罚看得比激励重要。所以，产品定位期肩负着经营和研发的双重责任，缺少哪个都将会对未来造成巨大影响。只有负责人最大限度地想办法平衡和创造合理的机制，才能解决这个时期生存和发展的问题。

2. 市场复制期（1994—1998 年）

在这个阶段，市场强迫企业必须做"大"，而且要迅速做大。企业要想迅速壮大，不仅需要大量的人才，还需要大量的资金。市场份额的扩大，往往是企业舍弃眼前利益，换取未来利益得来的，是需要大量的资金做支撑的：要么将资金花在客户身上，要么花在一线员工身上。华为要发展，就要考虑如何保证这种有序的扩张。1998 年 3 月，《华为公司基本法》正式颁布，让任正非的个人意志转化为企业集体行动纲领的产物。

当然中国很多企业也会颁布这样的制度，但是总会不了了之。企业的任何制度，要想从墙上的理念落实到员工的行为习惯上，面临的最大挑战是企业领导者能否以身作则，做出表率。"以身作则不是最重要的，以身作则是唯一重要的。"华为权力集中带来的问题在 2006 年之后逐步显现，任正非在 2015 年发表讲话时说："《华为基本法》已经过时了，急需变革创新。"这说明华为能够应对不断变化的环境，做出相应的调整，使企业不断地找到新的大陆。

3. 管理规范期（1998—2011 年）

企业进入到管理规范期，证明已经经受住了市场的考验，产品、团队都趋于成熟，但是也进入了一种没有冲劲的状态。比如，各个部门开始各自为政，出现山头主义，相互争夺利益；整个组织结构越来越臃肿，官僚主义横行，创新能力下降。其实，有很多企业的负责人在管理规范期也了解到了这些状态，但就是无力改变，他们知道如果变革会引起很多矛盾，让现有的一些平衡失去，变革不好会让企业面临更大的危机。

华为在管理规范期有多个推进历史进程的关键事件，每一个都堪称经典，值得仔细研读。在这其中，1998 年启动管理变革之路后提出来的"7 个反对"：坚决反对完美主义、坚决反对烦琐哲学、坚决反对盲目创新、坚决反对没有全局效益提升的局部优化、坚决反对没有全局观的干部主导变革、坚决反对没有业务实践经验的人参加变革、坚决反对没有充分论证的流程进行试用，值得广大企业学习。

4. 生态联动期（2011 年至今）

进入生态联动期的企业，志向已经不是"做成"和"做大"，也不是"做强"，而是"做久"。整个组织的边界开始跨出企业，建立在企业之外。在这个阶段，企业发展的重点是整合内外部资源，进行多元化业务孵化与并购。这种转变是要能够真正理解平台赋能型的生态战略，要能够帮助生态伙伴赚钱。华为始终了解市场的需求，也能够与生态伙伴一起形成生态，不断衍生新的业务。

2011 年，华为将公司业务拆分为 3 个业务集团：运营商业务集团、企业业务集团和消费者业务集团。到了 2020 年，又增加了第四大业务集团——云与人工智能业务集团。

任何一个企业在面对业务增长乏力的时候，都要有新的增长动力，也需要有保证新的增长动力出现的机制。华为在这个时期启动轮值 CEO 制、创立 2012 实验室，尤其是编制《华为公司人力资源管理纲要 2.0 总纲》，华为面对从小在物质方面都不缺乏的新生代员工，把过去的不信任文化转向信任文化，获得了新一代青年才俊的青睐，也保证了华为的持续发展。

没有成功的企业，只有时代的企业。在企业成长的阶段中，只有融入时代的新要素，才能走得更远。未来的所有企业都要面对变革，变革之前的准备、什么时候变革、如何变革将会是我们永恒的话题，在这其中保证变革的顺利实施，就需要及时调整机制和人才策略。

21.4　信息伦理

信息科技的发展将人类文明带进了信息时代，但也带来了一系列新的伦理问题，如信息隐私权、信息产权及信息资源存取权等问题。社会信息化的深入，使信息产品的影响力也随之扩大。无论信息产品的开发、生产、交易或使用，决策者都可能因为信息行为不当而引起伦理问题。因此，信息伦理问题是信息时代不可忽视的重要课题。

信息时代，信息的存在形式与以往的信息形态不同，它是以声、光、电、磁、代码等形态存在。这使它具有"易转移性"，即容易被修改、窃取或非法传播和使用。加之信息技术应用日益广泛，信息技术产品所带来的各种社会效应也是人们始料未及的。例如信息技术产品对传统人际关系的冲击。在信息社会，人与人之间的直接交往大大减少，取而代之的是间接的、非面对面的、非直接接触的新式交往。这种交往形式多样，信息相关人的行为难以用传统的伦理准则去约束。

信息社会中出现的信息伦理问题主要包括侵犯个人隐私权、侵犯知识产权、非法存取信息、信息责任归属、信息技术的非法使用、信息的授权等。一个普遍的现象是，网络信息的个体拥有性与信息共享性之间产生激烈冲突，产生了各种新的矛盾。这种矛盾应用以往的社会伦理法难以定义、解释和调解，为此制定的信息化相关法律和法规又具有相对的滞后性。这种现状需要信息化建设者、学术界和法律界共同研究和探讨。

"信息伦理"作为一种伦理，主要还是要依赖于社会个体的自律。同时，只有借助于信息伦理标准提供的行为指导，个体才能比较容易地为自己所实施的各种信息社会行为做出伦理道德判断。在伦理标准"他律"的氛围下和自身反复实践的过程中，个体就可能将这种外在的准则自律为自己的道德意识。如果更多的个体将基本的伦理准则化为自己自觉的道德意识，则可以推而广之，推断出信息社会的行为是非标准，这同时也是信息素养的体现。

伦理、道德毕竟是一种软性的社会控制手段，在信息领域，仅仅依靠信息伦理并不能完全解决问题，它还需要硬性的法律手段支撑。因此，信息立法就显得十分重要。通过有关的信息立法，依靠国家强制力的威慑，不仅可以有效地打击那些在信息领域造成严重恶果的行为者，而且为信息伦理的顺利实施构建了一个较好的外部环境。信息领域的法律手段也需要信息伦理的补充，只有信息立法与信息伦理形成良性互动，才可能使信息领域、信息社会在有序中实现发展。

从伦理角度导入个人信息行为的规范，对于信息时代中不道德行为的防止将具有积极的效果。首先，信息伦理的构建将强调人伦伦理理念融入决策及生活细节中。伦理议题的复杂度高，范围亦广，社会、组织或协会所制定的规范条文不仅难以完全涵盖所有的情况，规范之间可能也会有冲突，因此最积极的做法和最高的境界应当是从个人的伦理道德做起。

但是，要建立一套长久的一成不变并且适用的伦理守则是不现实的。随着信息科技的成熟及信息化社会的形成，信息行为的决策者的行动不能从以往传统的单方面道德标准出发，而必须是随着情境而变，兼顾社会责任、权利、信息伦理等方面的因素。也就是在信息伦理的影响因素中，将由以个人经验和道德标准主导，转向以信息社会情境为主导来做决策。合法传播信息，崇尚科学理论，弘扬民族精神，塑造美好心灵，为信息空间提供有品位、高格调、高质量的信息和服务，是每一个在信息社会生活的人应该树立的基本信息伦理标准。和谐的信息社会应该是指以信息技术为运作基础的社会，是信息伦理成为现代人遵守的基本准则的社会，是人们善于应用信息内容和信息流提升群众生活品质的社会。从下列示例中我们可以窥见信息伦理在现今信息社会的重要性。

示例一：江苏扬州金融盗窃案

1998年9月，郝景龙、郝景文两兄弟通过在工行储蓄所安装遥控发射装置，侵入银行电脑系统，非法存入 72 万元，取走 26 万元。这是被我国法学界称为 1998 年中国十大罪案之一的全国首例利用计算机网络盗窃银行巨款的案件。本例存在的信息伦理问题主要是犯罪者道德意识不正确。

示例二：一学生非法入侵 169 网络系统

江西省一位高中学生出于好奇心理，在家中使用自己的计算机，利用电话拨号上了 169 网，使用某账号又登录到 169 多媒体通信网中的两台服务器，从两台服务器上非法下载用户密码口令文件，破译了部分用户口令，使自己获得了服务器中超级用户管理权限，进行非法操作，删除了部分系统命令，造成一主机硬盘中的用户数据丢失的后果。该生被南昌市西湖区人民法院判处有期徒刑一年，缓刑两年。本例存在的信息伦理问题主要是忽视信息安全，非法获取信息，非法篡改信息。

示例三："熊猫烧香"

"熊猫烧香"是一种经过多次变种的蠕虫病毒变种，2006 年 10 月 16 日由 25 岁的中国湖北武汉新洲区人李某编写，2007 年 1 月初肆虐网络，它主要通过下载的档案传染。对计算机程序、系统破坏严重。本例存在的信息伦理问题主要是病毒编制者没有意识到病毒在网络上的传播快、广，网民的网络安全意识不强，对网络安全的了解不多。

议一议：如何在生活工作中遵守信息伦理规范与职业操守？

智能时代的到来对人的信息素养提出了更高的职业操守要求，信息安全、人机交互与协作、信息创新、信息思维及终身学习等高阶素养进入了人们的视野，成为人是否能适应智能社会发展的新的关键指标。因此为了适应智能化时代的发展需求，应培养学生具备运用人工智能技术解决学习和生活中所遇问题的能力、计算思维以及创新创造能力、应对智能时代道德问题的能力。要更好地开展 AI 教育，就必须要更加充分地将理论课程与应用技能相互连接、相互打通。

实施步骤

下面以 Microsoft 为代表来剖析其企业发展里程碑事件及其给我们带来的诸多有关信息素养方面的借鉴与思考。

步骤一：收集公司发展重要历程事件

1. 微软公司的创建

1975 年，比尔·盖茨（Bill Gates）和保罗·艾伦（Paul Allen）联合创建了微软。当年，盖茨和艾伦在一期美国《大众电子》（*Popular Electronics*）杂志上看到了关于 Altair 8800 计算机的介绍，认为有机会为该系统开发 BASIC 程序，于是两人迅速着手开发。从中我们可以看出比尔·盖茨和保罗·艾伦对于计算机信息的敏感性高度。正因为他们有着不同常人的信息素养，才引领了微软帝国的创建。

2. DOS 操作系统诞生

MS-DOS 是微软早期取得成功的最为重要的一项开发业务。该操作系统提供的命令行界面如图 21.2 所示，允许用户在一系列由 IBM 设计的 PC 上操作。MS-DOS 为那些想要从他们的 PC 上获得更多功能的用户打开了一个新世界，也为 IBM 开发 PC 硬件业务提供了一个平台。凭借强大的信息系统开发能力，IBM 为广大计算机用户开创了方便的人机接口。

3. Office 面市

在基于 Works 基础上，微软在 1989 年开始推出 Office。Office 是不同应用的组合，包括 Word、Excel、PowerPoint 等，为个人和企业提供了生产力解决方案。很快，Office 开始受到市场热捧，并成为微软迄今为止利润最为丰厚的产品。

4. Windows 图形操作系统应用

和 MS-DOS 不同的是，Windows 提供了一个图形用户界面如图 21.3 所示，让用户更加容易地控制操作系统。该设计让普通、"非技术流"用户更加易于接受 PC，也是戴尔等公司的 PC 产品在 20 世纪 90 年代备受欢迎的原因之一。Windows 生态系统的爆炸性增长得益于 Windows 95，后者随后被另一款主流系统 Windows 98 取代。Windows 一度控制着全球 90%以上的 PC 市场。

图 21.2　MS DOS 界面

图 21.3　Windows 界面

5. IE 浏览器绑定 Windows

Windows 95 在推出时实际上还没有网页浏览器。不过，随着互联网的逐步流行，微软开发了 Internet Explorer。IE 与网景浏览器 Netscape Navigator 进行了长期竞争，并对簿公堂。但是将 IE 与 Windows 相绑定被证明是微软浏览器历史上的一个重要举措。IE 一直统治着浏览器市场，直到政府监管部门介入才改变这一格局。

6. 忽视苹果和谷歌技术

微软的最大失误很可能就是早期未能预见互联网的增长、谷歌搜索引擎营销模式取得的巨大成功及苹果 iPhone 领衔的移动计算的爆炸性增长。对于谷歌，微软不相信一个搜索引擎能够成为在线广告的统治性力量，也不相信软件会退居次要地位。对于苹果，微软未能适应苹果品牌包含的"酷"因素，未能预料到 iPhone 等设备可能具有的重大影响力。到 2010 年时，微软已经在搜索、广告和移动领域处于落后地位，目前依旧在追赶。

7. 向移动和云服务转型

数十年来，微软一直是一家软件公司，但是微软新任 CEO 纳德拉相信，移动、云端服务将主导未来。新策略意味着微软正在改变对于未来的立场，这是微软商业模式的一次重大转变，将大幅改变微软未来的创收方式，微软正走向一家移动和云服务的公司。

步骤二：分析各个里程碑事件所蕴含的信息素养

请根据所搜集的信息分析微软公司在发展历程的各个里程碑事件中所体现的信息素养要素，填入表 21.1。

表 21.1　公司信息要素呈现情况

里程碑事件	信息意识	信息能力	信息知识	信息道德
微软公司的创建				
DOS 操作系统诞生				
Office 面市				
Windows 图形操作系统应用				
IE 浏览器绑定 Windows				
低估苹果和谷歌技术				
向移动和云服务转型				

项目拓展

信息素养的具备、信息技术的应用固然是信息社会中个人和企业赖以生存发展的基础，但若离开了信息政策法规的保障与制约，社会也将混乱如麻。

信息政策与法规是信息政策、信息法和其他信息法规、条件、规章等的统称，内容包括：知识产权法律制度、信息技术政策法规、信息网络政策法规、信息保密与公开政策法规（公民知情权）、电子商务法等。信息政策具有战略全局性、指导性、时间性、变异性，而法规是具体的。但二者都是管理手段，且相辅相成。信息政策是信息法律的前提和基础，信息法律是保障信息政策实施的手段。

为了进一步推动信息技术更快更健全的发展，我国本着透明、公开、安全的原则，正在不断地推行出诸多有关信息伦理道德规范的法规政策。

项目小结

信息素养是当今信息社会个人立足社会、企业生存发展的必备之项，只有具有完备的信息素养，才能获得更好的发展。

本项目剖析微软、华为当今社会两大典型的信息技术创新型企业的发展之路，为其他企业的发展提供借鉴，强调了信息素养对企业生存发展的重大意义。

记一记：通过本项目学习，你有了哪些收获？

_____

_____

_____

_____

_____

项目练习

1. 简述信息素养对于个人和社会的意义。
2. 试举例说明现代信息技术在生活中的应用。
3. 搜索国内知名信息技术创新的过程分析其信息素养。
4. 试述我国在信息伦理道德方面有哪些措施。
5. 试结合信息素养谈谈如何在不同生活工作行业中探求职业发展的共性策略。

参考文献

[1] 张焰林. 计算机应用基础（人文类）[M]. 北京：科学出版社，2016.

[2] 李坚，蔡文伟. 计算机应用基础[M]. 西安：西安交通大学出版社，2019.

[3] 李永平，朱晓鸣，谢红霞. 信息化办公软件高级应用[M]. 北京：科学出版社，2009.

[4] 张红，王志梅. 计算机应用基础[M]. 杭州：浙江大学出版社，2021.

[5] 陈清华，施莉莉. Excel 2019 数据分析技术与实践[M]. 北京：电子工业出版社，2021.

[6] 罗倩倩，杨国华，袁华杰. FineBI 数据可视化分析[M]. 北京：电子工业出版社，2021.

[7] 倪晨皓. 大数据技术应用现状及发展趋势研究[J]. 中国管理信息化，2021（8）：179.

[8] 帆软数据应用研究院. FineBI 新冠疫情分析教程[M]. 2020.

[9] 统信 UOS 家庭版下载地址[EB/OL]. 2021-11-08. https://www.chinauos.com/resource/download-home

[10] 大河网. 2014-05-22. 关注留守儿童，关注祖国未来[EB/OL]. （2014-05-22）. http://newpaper.dahe.cn/hnsb/html/2014-05/22/content_1079969.htm.

[11] 家庭教育专家. 2018-12-26. 智库教育：贫困地区留守儿童比例达 20.3%心理健康问题突显[EB/OL].（2018-12-26）. https://www.163.com/dy/article/E3UN4PUV0518RNPR.html.

[12] 烟寒若雨. 2021-08-18. 武汉大学教授的调查：中国农村当前的问题，并不是农民收入太低. [EB/OL].（2021-08-18）. https://www.163.com/dy/article/GHMOFSGK0543KALT.html.

[13] 垃圾分类 变废为宝，[EB/OL]. 2019-02-27. http://zfcxjst.gd.gov.cn/zwzt/ljfl/flzs/content/post_2540521.html

[14] anders94. 区块链演示平台源码[EB/OL]. https://github.com/anders94/blockchain-demo.

[15] 飞利浦 PHILIPS 智能 Wi-Fi 白光可变色温 LED 球泡[EB/OL]. https://item.jd.com/100013053744.html

[16] 信息技术的发展历史[EB/OL]. 2018-11-21. https://zhidao.baidu.com/question/716213391174621725.html

[17] 龚雪，10 图述说微软公司 40 年发展历程[EB/OL]. 2015-04-09. https://www.evget.com/article/ 2015/4/9/22271.html